可持续性设计

Tim Frick 著

杜春晓 司韦韦 译

Beijing · Boston · Farnham · Sebastopol · Tokyo

O'Reilly Media, Inc. 授权中国电力出版社出版

中国电力出版社

图书在版编目（CIP）数据

可持续性设计 / (美) 蒂姆・弗里克（Tim Frick）著；杜春晓，司韦韦译. -- 北京：中国电力出版社，2018.11

书名原文：Designing for Sustainability

ISBN 978-7-5198-2661-1

I. ①可… II. ①蒂… ②杜… ③司… III. ①网页－程序设计 IV. ①TP393.092

中国版本图书馆CIP数据核字(2018)第265579号

北京市版权局著作权合同登记 图字：01-2018-7456号

出版发行：中国电力出版社

地　址：北京市东城区北京站西街19号（邮政编码100005）

网　址：http://www.cepp.sgcc.com.cn

责任编辑：刘 炽（liuchi1030@163.com）

责任校对：黄 蓓，太兴华

装帧设计：Karen Montgomery，张 健

责任印制：杨晓东

印　刷：三河市航远印刷有限公司

版　次：2018年11月第一版

印　次：2018年11月北京第一次印刷

开　本：750毫米×980毫米 16开本

印　张：22.5

字　数：426千字

印　数：0001—3000册

定　价：78.00元

O’Reilly Media, Inc.介绍

O’Reilly Media通过图书、杂志、在线服务、调查研究和会议等方式传播创新知识。自1978年开始，O’Reilly一直都是前沿发展的见证者和推动者。超级极客们正在开创着未来，而我们关注真正重要的技术趋势——通过放大那些“细微的信号”来刺激社会对新科技的应用。作为技术社区中活跃的参与者，O’Reilly的发展充满了对创新的倡导、创造和发扬光大。

O’Reilly为软件开发人员带来革命性的“动物书”；创建第一个商业网站（GNN）；组织了影响深远的开放源代码峰会，以至于开源软件运动以此命名；创立了《Make》杂志，从而成为DIY革命的主要先锋；公司一如既往地通过多种形式缔结信息与人的纽带。O’Reilly的会议和峰会集聚了众多超级极客和高瞻远瞩的商业领袖，共同描绘出开创新产业的革命性思想。作为技术人士获取信息的选择，O’Reilly现在还将先锋专家的知识传递给普通的计算机用户。无论是通过书籍出版，在线服务或者面授课程，每一项O’Reilly的产品都反映了公司不可动摇的理念——信息是激发创新的力量。

业界评论

“O’Reilly Radar博客有口皆碑。”

——*Wired*

“O’Reilly凭借一系列（真希望当初我也想到了）非凡想法建立了数百万美元的业务。”

——*Business 2.0*

“O’Reilly Conference是聚集关键思想领袖的绝对典范。”

——*CRN*

“一本O’Reilly的书就代表一个有用、有前途、需要学习的主题。”

——*Irish Times*

“Tim是位特立独行的商人，他不光放眼于最长远、最广阔的视野并且切实地按照Yogi Berra的建议去做了：‘如果你在路上遇到岔路口，走小路（岔路）。’回顾过去Tim似乎每一次都选择了小路，而且有几次都是一闪即逝的机会，尽管大路也不错。”

——*Linux Journal*

O'Reilly Media, Inc.介绍

业界评论

谨以本书献给 Climate Ride 组织的团队和全球共益企业社区。感谢你们每天都在鼓舞我。

目录

前言

> 建设更清洁、更绿色的因特网。

歌利亚风暴和弗兰克风暴：一段假期往事

2015 年年末，我在密歇根州上半岛写作本书时，当年打破 2014 年的记录[注 1]，夺得有记录以来“最热的一年”的称号并无悬念。在这不久前，我骑自行车外出，发现路上并没有积雪，且我只穿一件薄夹克衫，也不觉得冷。这里可是距美国天气频道（The Weather Channel）所封的美国第三大雪城仅有几英里之遥，[注 2] 如图 0-1 所示。

事实上，据报道美国东部多地的平安夜是有记录以来最温暖的，比平均气温高出 20~30 ℉。[注 3] 纽约市、费城和其他几个东部沿海城市的最低温则高达 75 ℉。伯灵

注 1： Jonah Bromwich,“A Fitting End for the Hottest Year on Record”, New York Times, December 23, 2015 (*http://www.nytimes.com/2015/12/24/science/climate-change-recordwarm-year.html?_r=1*)。

注 2： Michael H. Babcock,“Hancock Named‘3rd Snowiest City’”, The Daily Mining Gazette, December 20, 2010(*http://www.mininggazette.com/page/content.detail/id/518181/Hancock-named--3rd-snowiest-city-.html?nav=5006)*。

注 3： Brett Rathbun,“Warm Christmas Eve Shatters Records Across Eastern US”, AccuWeather.com, December 26, 2015(*http://www.accuweather.com/en/weather-news/warmth-recordhigh-temperatures-northeast-southeast-christmas-2015/54388777*)。

顿、佛蒙特报出了有记录以来的 12 月份最高气温 68 ℉。2015 年 12 月，仅美国就有 6000 多项气温纪录被打破。[注4]

图 0-1
温和宜人的 12 月份的一天，摄于美国第三大雪城附近

这之后没过多久，一个风暴系统 [美国天气频道将其命名为“歌利亚”（Goliath，巨人）很贴切（但英国和爱尔兰的气象机构称其为弗兰克，英文名为 Frank[注5]）] 席卷了大半个美国。一周之内，它接连带来了至少 55 场龙卷风，毁坏房屋无数，还夺走了

注 4： Chris Dolce, “6 Incredible Facts About December's Warmth”, The Weather Channel, December 22, 2015(*http://www.weather.com/news/weather/news/weird-facts-december-2015-warmth*)。

注 5： Wikipedia, “2015–16 UK and Ireland Windstorm Season” (*https://en.wikipedia.org/wiki/2015%E2%80%9316_UK_and_Ireland_windstorm_season*)。

20个人的生命，[注6]使这个12月成为62年来龙卷风致死率最高的一个月[注7]。德克萨斯州西部和新墨西哥州的暴风雪，也打破了原有记录，带来大量降雪，积雪极其严重。新墨西哥州不得不宣布全州进入紧急状态。新墨西哥州的一对夫妇被困在车中近20小时，他们的车被埋在12英尺的雪下。这场风暴中，德克萨斯州和新墨西哥州的奶农损失了约三万头奶牛。[注8]歌利亚还带来自1993年大洪水以来密西西比河所发生的最严重的洪水，一些地区的洪水泛滥程度甚至有过之而无不及，[注9]密西西比河中南部和河谷低地，水位直到来年1月份才降下去。密苏里州也宣布进入紧急状态。此外，歌利亚还为美国中西部和东北部带来降雪，出行条件恶化，致使美国国内2800多次航班被取消，另外4800次航班滞留机场，成千上万架飞机燃料短缺。[注10]

不足为奇的是，这场风暴过后，留下的是一片饱受死亡威胁和摧残的地带，至少52人丧命，财产损失巨大。虽然美国天气频道称其为2015年最致命的风暴，[注11]但美

注6：The Weather Channel，“Tornadoes and Flooding Rain Hit the South, Midwest Christmas Week 2015”，December 28, 2015(*http://www.weather.com/storms/tornado/news/stormstornadoes-christmas-week-december-21-28-2015*)。

注7：The Weather Channel，“Tornadoes: Deadliest December in 62 Years”，December 28, 2015(*http://www.weather.com/news/weather/video/tornadoesdeadliest-december-in-62-years*)。

注8：Ada Carr，“Dairy Cow Death Toll to Surpass 30,000 in Texas, New Mexico Due to Winter Storm Goliath”，The Weather Channel, January 1, 2016(*http://www.weather.com/news/news/dairy-cows-winter-storm-goliath-texas-new-mexico*)。

注9：Jon Erdman，“Historic Winter Flood Along Mississippi River Sets Record in Cape Girardeau”，The Weather Channel, January 6, 2016 (*http://www.weather.com/news/news/mississippi-river-?ooding-december-2015*)。

注10：The Associated Press，“Latest: More Than 2,800 Flights Canceled Amid Winter Storm”，December 29, 2015 (*http://bigstory.ap.org/article/19191dfd426042d5979cafa87e188a40/latest-weather-forces-i-40-closure-new-mexico-texas*)。

注11：Andrew MacFarlane，“Goliath: The Deadliest U.S. Storm System of 2015”，The Weather Channel, December 31, 2015(*http://www.weather.com/news/news/goliath-deadlieststorm-of-2015*)。

国国家环境信息中心（NCEI）表示该风暴只是 2015 年损失逾 10 亿美元的 10 场风暴中的一场而已。[注12]

该风暴继续向欧洲挺进，它从墨西哥湾暖流更温暖的海水中获得动能，它的名字随之变为弗兰克。等到弗兰克袭击爱尔兰时，它的气压与有记录以来的一些最猛烈的飓风的气压相当，跻身北大西洋风暴的前 5 名之列。[注13] 英格兰北部、威尔士、苏格兰和爱尔兰，狂风、巨浪和暴雨袭击了本已遭受了史上为数不多的大洪水侵袭的地区。风暴奔至北海上，吹跑一只油驳船，使其失去控制，沉浮于惊涛骇浪之中，一人因之丧命，迫使英国石油公司（BP）紧急转移并安置 Valhall 油田的员工。[注14]

北极 12 月平均气温在 −15~ −20 ℉之间徘徊，歌利亚（弗兰克）侵袭北极之后，它所带来的大西洋热带地区的暖湿气流将其气温提升到 32 ℉以上，以至于高过冰点。气温波动高达 50 ℉，比往常要高。1948 年以来，该情况只出现过三次。[注15] 我们再来领会一下：12 月份北极处于极夜期间，白天 100% 被黑暗笼罩，气温却在冰点之上。

三周后，另一场大风暴带来 42 英寸厚的降雪，为大西洋的中部和东北部盖上了一床厚重的毯子，它造成的停电事故波及 25 万人，它封锁了纽约和华盛顿，它夺走了 48 人的生命。[注16] 据估计这场风暴造成的经济损失高达 8.5 亿美元。

细思起来，这些故事就像是《后天》（*The Day After Tomorrow*）这类好莱坞大片中的场景。不幸的是，它们并非虚构。虽然一些科学家警告人们不要利用极端天气事

注 12：National Centers for Environmental Information, "Billion-Dollar Weather and Climate Disasters: Table of Events" (*http://www.ncdc.noaa.gov/billions/events*)。

注 13：Andrew Freedman, "Historic Storm Set to Slam Iceland, Northern UK with HurricaneForce Winds", Mashable, December 28, 2015(*http://mashable.com/2015/12/28/freakatlantic-storm-uk-frank/#4CbtAB7_haqJ*)。

注 14：Don Melvin, "One Killed, Oil Rigs Evacuated, Barge Drifts Loose in Violent North Sea", CNN, December 31, 2015 (*http://www.cnn.com/2015/12/31/europe/bp-evacuation-northsea-oil-feld*)。

注 15：See meteorologist Bob Henson's December 28, 2015 tweet (*https://twitter.com/bhensonweather/status/681685436264132608*)。

注 16：Sean Breslin, "Winter Storm Jonas: At Least 48 Dead; Roof Collapses Reported; D.C. Remains Shut Down", The Weather Channel, January 26, 2016(*https://weather.com/storms/winter/news/winter-storm-jonas-impacts-news*)。

件鼓吹气候变化[注 17]，但大多数认为全球气温不断上升[注 18]，像歌利亚（弗兰克）这类更猛烈的风暴，它们出现的可能性也在增加。全球已真切领教过这些风暴的威力。

那又怎样？拜托你告诉我，这些内容跟我成为一名更优秀的设计师有丝毫关系吗（这可是你捧起本书的原因，对吧）？

天气与气候的区别

天气是指任意一天你窗外所发生的。它不同于气候，气候度量的时间更长。一个极端的例子，比如我刚刚所举的，不足以说明问题，但图 0-2 所示的图表却很有说服力。

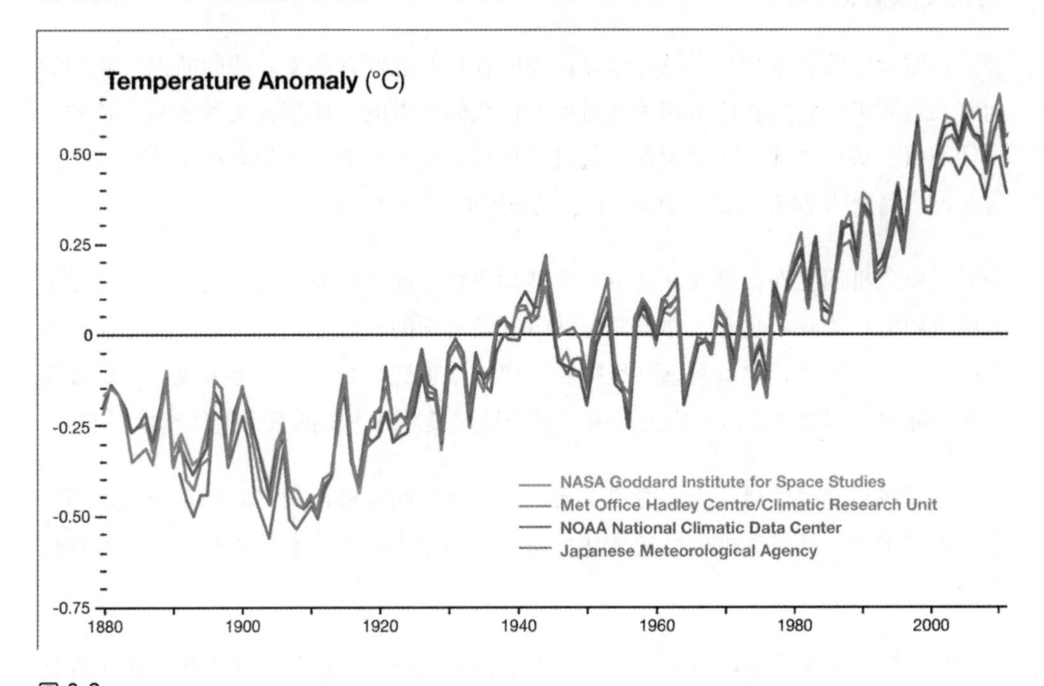

图 0-2

4 个国际科学机构给出的 1880 年至今的气温变化趋势

注 17：John Michael Wallace, "Confronting the Exploitation of Extreme Weather Events in Global Warming Reporting", The Washington Post, February 28, 2014(*https://www.washingtonpost.com/news/capital-weather-gang/wp/2014/02/28/confronting-theexploitation-of-extreme-weather-events-in-global-warming-reporting*)。

注 18：Union of Concerned Scientists, "Is Global Warming Linked to Severe Weather?" (*http://www.ucsusa.org/global_warming/science_and_impacts/impacts/global-warming-rainsnow-tornadoes.html#.VogKaxqAOko*)。

据美国国家航空航天局（NASA）的全球气候变化网站，97% 的科学家认可“上世纪的气候变暖趋势，很可能是由人类活动造成的。”从 20 世纪 30 年代起，全球变暖趋势就不停地被报道出来，每十年就有一些重大发现，不断证实二氧化碳、甲烷、一氧化二氮、一氧化碳和其他温室气体，极大地影响了环境。温室气体是由燃烧和生产化石燃料、去森林化、农业产业化和其他人类生产实践所产生的。更可怕的是，随着全球气温升高，环境变得暖和起来。像北极苔原这些地区，千万年以来一直存储着碳元素。随着这些环境中的冰融化，存储的碳元素也会被释放出来，这使得原本已处于气候变暖预警状态的形势更加严峻。如图 0-3 所示。

将点连起来

有关极端天气的故事和负责设计移动应用的设计师之间存在着一些间断点，我们如何将其连起来？它们貌似不相关，对吧？但我们所做的一切都有某种影响。是的，设计网页、买杯咖啡、吃顿大餐，甚或是呼吸这类无害的行为都会产生某种废物，将其推广到全球 74 亿多人，其影响真不容小觑。[注 19]

应对气候危机面临许多挑战，其中一个是如何将之前提到的这类极端天气事件和个人或组织的行为联系起来。你若刻苦钻研气候科学的基础知识，并意识到了我们所面临形势的严峻性，你就会感到压抑和绝望。你也许想知道，一个人或一家小公司怎么可能对冰川融化、海平面上升或长年干旱这类地球史上的重大事件产生影响。

政治和经济思潮经常会让人们变得冷漠，当你把气候危机再和它们联系起来，那么很多人并未感到气候危机已经到了非行动不可的地步，也就不足为奇了。这里有两个例子：

- 2015 年美国参议院环境和公共工作委员会主席议员（误将天气当作气候，请见上文“天气与气候的区别”），丢给坐在参议院议员席上的参议院主席一个雪球来反驳全球变暖，因为外面冷得不合时令。[注 20]

注 19： Worldometers，“Current World Population”（*http://www.worldometers.info/worldpopulation*）。

注 20： Wikipedia，“Jim Inhofe”（*https://en.wikipedia.org/wiki/Jim_Inhofe*）。

图 0-3

每年的气候骑行（Climate Ride）活动，成百上千的普通人徒步或骑车穿越美国，为他们所钟爱的非营利环保机构募捐

- 2015 年一项调查发现的证据表明埃克森公司（今埃克森美孚公司）早在 20 世纪 80 年代就已意识到气候变化的影响，但该公司选择掩盖这一事实长达 40 多年之久。[注21]

每日面对这类故事的狂轰滥炸，极易使我们感到不堪重负，使我们安于现状，冷漠无情。即使你个人确实渴望有所改变，但是减少你所产生的碳排放的影响，通常不会像捐钱救治癌症患者或到无家可归人员收容所当志愿者那样触动人心。你得真正喜欢统计学，且为了日后能有所改变，你还得信赖集体的努力会带来质的变化。人们可不是天生就会这么想的。

化石燃料公司不会立即停止出售燃油，但是我们可以在燃料和交通出行方面做出更佳的选择。可再生能源价格的大幅下降，其市场份额得到明显提升。全球的公司、大学和非政府组织（NGO）正在减少化石燃料的使用，该潮流还在进行中。

此外，个人也确实找到了真正能有所改变、具有改革意义的方式。小型、虚拟的非营利组织 Climate Ride，就是一个很好的例子。该组织使普通人也有能力筹集资金，帮助美国的环保机构，他们的筹资总额高达数百万美元，自行车骑行里程达数万英里。他们长达数天的徒步和骑行活动，对参与者而言是一次自我升华的经历，有助于 Climate Ride 组织团结成员，构建联系紧密的社区，以有所改变。他们筹集的资金帮到的环保组织，可不只有一两所，而是高达 150 多家。该募捐活动为他们提供了关键资金，以推动他们在可持续性、环境保护、气候教育以及宣传绿色交通方面的积极性。

一位设计师的影响

为了更好地理解个人的影响，下面举一个例子，这个例子来自于一位设计师，本书后面将介绍其个人信息。美国用户体验（UX）设计师 James Christie 用公开的电子表格跟踪记录了每年与其工作相关的常见行动的碳足迹：外出开会、拜访客户、买杯拿铁、开车上班、使用便利贴、买书，甚至是发邮件和参加网络研讨会。[注22] 结果表明 James 每年仅工作就产生大约 20 美吨二氧化碳当量（CO2e），大多数美国

注 21：Suzanne Goldenberg,“Exxon Knew of Climate Change in 1981, Email Says – But It Funded Deniers for 27 More Years”, The Guardian, July 8, 2015(*http://www.theguardian.com/environment/2015/jul/08/exxon-climate-change-1981-climate-denier-funding*)。

注 22：See “Work and UX Activities Measured in CO2e”(*https://docs.google.com/spreadsheet/ccc?key=0ApAANR80NbMVdEMxOXNiS1dDZkNjemlmOGdRMVg5VVE&usp=sharing*)。

人也都是这个数（发展中国家每人每年约产生 3 美吨）。

那么，这是否意味着 James 应停止上班？当然不是。他能否在每天的工作中探索以对环境更友好的方式来完成相同的事情，比如远程办公或骑自行车上班？当然可以。

知道并理解你自己的影响是第一步，这一步很了不起，大家都这么做，作用就会显现出来，从而真正有所改变。James 还在他的电子表格中增加了一列，专门记录什么行为能减少碳排放，以便比较当前的行为和潜在的更可持续的替代方案在减排效果之间的差异。

这也并非意味着你应该住没有通电的蒙古包。选择生活方式的标准是，你应选择自己感到舒服的。本书并非要让你羞于分享猫咪的视频，而是想帮你对自己的在线行为做出更有教养的决策。通过集体行动，我们就能有所改变。或者，我们不这么做也可以。反正想不想改变，取决于自己，如图 0-4 所示。

CO_2 与 CO_2e 的区别

CO_2e 这个术语贯穿全书，它不同于二氧化碳（CO_2），CO_2 是一种无色、无臭的气体，燃烧燃油、煤和天然气这类化石燃料自然就会释放 CO_2。然而，CO_2 不是人类活动过程所释放的唯一温室气体。甲烷、臭氧、一氧化二氮和其他气体也会扰乱气候。

为了解决这一问题，科学家采用 CO_2 等价物（或 CO_2e）度量所有温室气体的 GWP 或称全球变暖潜能值。例如甲烷的 GWP 约为 25，表示每释放一美吨甲烷等价于释放 25 美吨 CO_2。

举个例子，2016 年年初，加利福尼亚州洛杉矶市郊的 Porter Ranch 小镇甲烷泄漏，112 天中释放了 10 万美吨甲烷到空气中，据研究人员估计，这次泄漏的 CO_2e 为 250 万美吨，是美国历史上最严重的一次。[注 23]

注 23：Emma Foehringer Merchant, “The Porter Ranch Methane Leak Was the Worst in US History” ,Wired,February 25, 2016(*Source:http://www.wired.com/2016/02/porterranch-methane-leak-worst-us-history*)。

Current activity	CO2e cost	Source	Frequency	Annual CO2 in KG	Reduction method	New CO2e cost	New Annual CO2 in KG	Savings (Kilograms)
Lifestyle								
A latte	343g	HBB	2 a day, 250 days a year	171.5	Switch to Black coffee	23g	11	**160.5**
Drive to work 5 miles	11kg		2 a day, 250 days a year	**5500**	Cycle to work half the time		2750	**2750**
New iPhone	16kg			16	Get a new phone less often (every 3 years)		5.3	**10.7**
Using iPhone 1hr day on a 4g connection	3.4kg	HBB	365	**1250**	Limit 4g use to 10min a day		208	**1042**
An ipad every other year	130kg	Apple	0.5	75	An iPad last 3 years instead		43	**32**
In the office								
A paper UX book	1 kg		10	10	Read ebooks instead (no data available)		1	**9**
New iMac every other year	720kg		0.5	**360**	Replace your computer every 4 years, not 2	720kg	180	**180**
Postits- 2kg of these a year	2kg	http://www.twosides.info/Paper-Has-A-High-Carbon-Footprint		2	Use eco-postits, and fewer postits		0.3	**1.7**
New pens (sharpies)	84g	http://www.eco-pens.com/papermate-earth-write	25	2.2	Be thriftier with pens, and use refils		1	**1.2**
1 hr on computer (laptop much more energy efficent than tower PC)	69g		10 hr x 312 days	**169**	20% reduction in hours.		135	**34**
1 hr online	55g		4 hr x 312 days	68.8	30% reduction		47	**21.8**
1 web search	4.5g							**0**
1 hr webex								**0**
1 day in office					Work from home 1x a week saves 1.2lb (weak evidence)	544g	27	**-27**
Downloading data at 250MB/day.	136g	1GB = 13kWh = 544g	312	42.43	Try to avoid video	80g	25	**17.43**
Client visits								**0**
Driving for client visits (1 mile)	890g		60 miles x 2 x 25 a year	**2670**	More webexes - save 40% journeys	150g	1602	**1068**
Cycle 1 mile	65g							**0**
1 flight of 5000 miles								**0**
1 year email	135kg	HBB		**135**	Try to send fewer emails, I guess		120	**15**
1 hr big tv (what up)	240g							**0**
Conferences								
Air travel: conferences & client visits (2 a year, 3 days average)					2 conferences, nearer, by train			**0**
A night in a hotel	22kg		3x2	132	Airbnb instead of a hotel (no data)		80	**52**
Flights	2.3 tons		4 total	**9200**	Train for 500 miles each way	120 x 4	480	**8720**

图 0-4

设计工作的影响：James Christie 的电子表格列出了其工作对环境的影响

清洁的点击

美国绿色和平组织（Greenpeace USA）创办了一份称为《点击清洁》（Clicking Clean）的年度报告［聚焦因特网、信息和通信技术（ICT）］，以翔实的例子来说明我们个人的选择对环境和世界能源消耗的影响。

2014 年，该报告给出了如下统计数据：

> 如果因特网是一个国家，它将是仅次于中、美、日、印度和俄罗斯的第六大用电量大国。

据此来看，因特网的用电量还真不少，况且该报告援引的数据还是2011年的。想想自2011年以来，因特网的规模增长了多少。既然因特网是要用电的，那么我们不难得出这样的结论：发推文、更新Facebook、写博客或浏览网站等，都会向大气中释放大量CO_2e，如图0-5所示。

然后，我们再介绍下Tweetfarts网站。据该网站研究表明，一条推文（大约200字节数据）产生的CO_2e大约与人一次排气量相当。写作本书时，据绿色和平组织的Click Clean Scorecard应用，Twitter服务器的用电量之中仅有10%是可再生能源电力。2012年，Twitter用户每天发5亿条推文，仅此一家公司每天就产生10公吨[译注1] CO_2e。Tweetfarts以幽默的方式，客观地向人们讲清楚了推文对环境的影响。从整体上考察因特网的影响，将视频、音频和云服务等产品和服务纳入考量的范围，就会得出结论：每年CO_2e的排放量攀升至8.3亿美吨，[注24] 如图0-6所示。

虽然因特网所排放的大部分CO_2e来自数据中心，但也有相当一部分是前端排放的。哈佛一项研究表明，以内容为主的新闻网站，若网页打开后长时间未关闭，它产生的温室气体估计比将新闻印成报纸所排放的还要多。[注25] 而我们工作时，谁的浏览器不是开着多个页卡呢？

译注1：公吨，英文为metric ton，即我国所用的吨。美吨或英吨，英文为ton，1美吨等于907公斤。鉴于作者是美国人，本书将ton译为美吨。

注24：American Chemical Society, "Toward Reducing the Greenhouse Gas Emissions of the Internet and Telecommunications", ScienceDaily, January 2, 2013(*http://www. sciencedaily.com/releases/2013/01/130102140452.htm*)。

注25：Pete Markiewicz, "Save the Planet Through Sustainable Web Design", Creative Bloq, August 17, 2012(*http://www.creativebloq.com/inspiration/save-planet-throughsustainable-web-design-8126147*)。

图 0-5
《点击清洁》是绿色和平组织发布的因特网对环境影响的年度报告。它提供的数据很有帮助，统计资料极具冲击力，有助于我们客观看待这一问题。该报告价值颇高，值得收藏

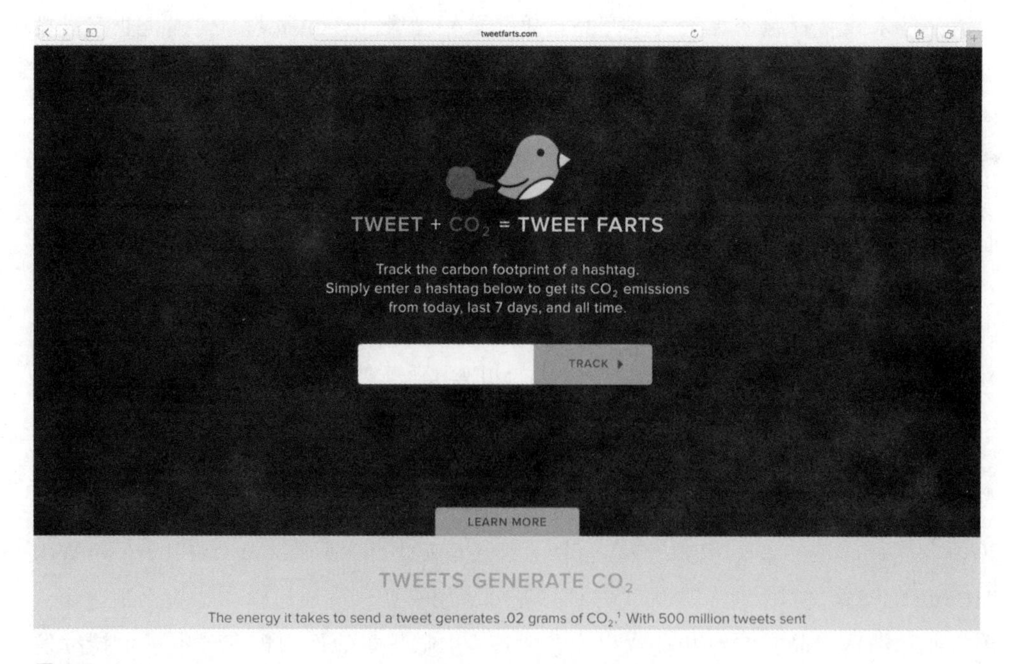

图 0-6
Tweetfarts：一条推文产生的 CO_2e 相当于人放一次屁

Netflix 或 Hulu 之类的流媒体服务对环境的影响也很大。想想新一季的 *House of Cards* 或 *Orange Is the New Black* 电视剧推出后，有多少人追剧。仅 2015 年第一季度，Netflix 用户共观看了 100 亿小时的流媒体资源。[注 26] 2013 年，北美因特网流量高峰时段半数以上流量是 Netflix 和 YouTube 带来的。[注 27]

考虑到因特网正飞速发展，我们很快就会见证它每年排放 10 亿美吨 CO_2e 这一时刻的带来。

但虚拟化不是一件好事吗？

靠什么解决气候危机？对很多人而言，技术是最有希望解决这一问题的，我们可采

注 26：Julia Greenberg，"Netflix Says Streaming Is Greener Than Reading (or Breathing)"，Wired, May 28, 2015(*http://www.wired.com/2015/05/net?ix-says-streaming-greener-readingbreathing*)。

注 27：Joan E. Solsman，"Netflix, YouTube Gobble Up Half of Internet Traffc"，CNET, November 11, 2013(*http://www.cnet.com/news/net?ix-youtube-gobble-up-half-of-internet-traffc*)。

用清洁技术或将资源密集型实体产品转化为更轻量级的在线服务。美国企业家、投资人和软件工程师Marc Andreessen，在2011年《华尔街日报》的一篇文章中谈道“软件正在吞噬我们的世界”。他认为“我们正处于剧烈的、大范围技术和经济转型之中，软件公司随时准备接管经济的大块领地。”[注 28]

面向全球交付软件的能力，带动了数字和信息经济的发展，据联合国统计，企业对企业（B2B）的贸易规模估计超过15万亿美元，企业对消费者（B2C）的贸易规模则为1.2万亿美元，且两者的规模还在迅速扩张之中（后者快于前者）。请注意，这还只是电子商务。联合国于2015年发布的《信息经济报告》（Information Economy Report）并未考虑公司通过物质转化（transmaterialization，该术语将在第5章讲解），将资源密集型的实体产品转换为线上服务所节省的资金。[注 29]

2015年第四季度的*Digitalist*杂志刊登了Kai Goerlich、Michael Goldberg和Will Ritzrau的一篇文章。他们研究了六种行业（公用事业、交通运输和物流、制造业、零售业和消费产品、农业和食物生产、建筑业）。[注 30] 他们根据全球电子可持续发展推进协会（Global e-Sustainability Initiative，GeSI）和埃森哲（Accenture）的一项研究，估计这六种行业若采用技术手段，将业务流程和数据数字化，推动资源利用相关决策，总共可削减76亿美吨排放量。[注 31] 削减的幅度非常大！但这并不意味着问题必然会得到解决。所有数字化的业务流程需托管在数据中心。用户通过平板计算机、笔记本计算机和智能手机使用它们。这一切的正常运转都离不开电力。

同时，就气候变化谁应该为什么事负责，虽然政客们争论不休，故作姿态、讨价还

注 28：Marc Andreessen，“Why Software Is Eating the World”，Wall Street Journal, August 20, 2011(*http://www.wsj.com/articles/SB10001424053111903480904576512250915629460*)。

注 29：United Nations Conference on Trade and Development，“Information Economy Report 2015”（*http://unctad.org/en/PublicationsLibrary/ier2015overview_en.pdf*）。

注 30：Kai Goerlich, Michael Goldberg, and Will Ritzrau，“Is Digital Business the Answer to the Climate Crisis?”，Digitalist, November 18, 2015(*http://www.digitalistmag.com/resourceoptimization/2015/11/18/is-digital-business-the-answer-to-the-climate-crisis-2-03765081*)。

注 31：Global e-Sustainability Initiative，“GeSI SMARTer2030”（*http://smarter2030.gesi.org*）。

价，但大大小小的企业则在碳捕获、生物燃料、电力存储、氢燃料电池和廉价的可再生资源等方面开展了相关工作。科学家则把精力放在更具推测性的技术上，比如冷聚变，这些研究都是为了在保证经济稳定增长的同时，削减碳排放。《纽约时报》记者 Eduardo Porter 发表了类似看法“我们也许能战胜困难，取得成功，但这得对我们使用能源的方式大检修，并需斥巨资开发和部署新能源技术。”注32

Google和Facebook这类大技术公司选用可再生能源电力为数据中心供电，令人鼓舞，但剩余我们这些人该怎么做？在这一前沿问题上，技术公司发挥了带头作用，但他们并不是唯一要为因特网对能源的影响而负责的。例如，据在线营销平台 Agency Spotter 研究，全球共有 56 万家数字机构，其中 12 万家在美国。注33 该数字包括了业务为数字类型的公司和团队，比如广告公司、营销和公关公司、软件开发团队等。这些机构的员工每天就如何设计、开发和托管数百万网页出谋划策。为了本书的写作，我采访过很多机构或自由职业者，结果发现他们在制定工作决策时，很少有人会考虑可持续性或可再生能源问题。

这些机构往往不关注能源利用效率，也不想着用清洁电力，他们开发的数字产品速度慢且不可靠，他们选用 GoDaddy（1300 万客户）或 HostGator（900 万客户）这类廉价的托管商托管其网站。类似于其他行业，他们像快餐或快时尚（Fast Fashion）那样从供应商那里购买这些产品和服务，而这种决策并不健康，这样做实际上是在支持一个具有破坏性的系统。只提供网站托管这种服务的行业，缺少透明度，使其很容易洗绿。假如所有这些机构有机会使用简单、能负担得起、可靠的绿色托管服务，削减的排放量将比前面所讲的 76 亿美吨多得多。

注 32：Eduardo Porter, “Blueprints for Taming the Climate Crisis”, New York Times, July 8, 2014(*http://www.nytimes.com/2014/07/09/business/blueprints-for-taming-the-climate-crisis.html*)。

注 33：Quora, “How Many Web Agencies Are There in the World in 2014?”(*https://www.quora.com/How-many-web-agencies-are-there-in-the-world-in-2014*)。

洗绿的定义

公司将更多时间用在宣传它为环境保护所做的贡献上，而不是采取实际行动，以图真正有所改变，这一做法称为洗绿。“这是一种为自己洗白的行为，只不过用的是绿刷子而已”，Greenwashing Index[注34] 网站的员工说道。

这种做法常见于广告。很多公司宣称某一特定产品或服务是绿色的，以诱导消费者购买，但稍加调查就会发现这些公司的环保记录很糟糕。这就是洗绿。

洗绿的真实例子将贯穿于全书，如图 0-7 所示。

所有这些基于技术的解决方案，不论是面向企业还是消费者，不论是由机构、创业公司或科学家开发的，其用户都需要快速和高效获取信息。它们需要运行在数据大量冗余的服务器上，并且得保证这些服务器一年 365 天 7 × 24 小时电源供应不间断。开发这些工具，我们不仅要考虑它们能够解决什么问题，还应同等重视我们赖以生存的这颗星球的未来。谢天谢地，我们已经看到技术公司以前所未有的力度采用可再生能源，但我们还有很长的路要走。如何为数字经济创造一个更可持续的未来，是本书要解决的问题。

可再生与效率孰轻孰重

某气候行动方案因其雄心勃勃而广为人知，该方案计划到 2030 年减少 60 亿公吨碳排放，其中最受人瞩目的是限制发电厂的碳排放上限，若一切据方案执行，电力部门的碳排放量将削减 32%。[注35]

注 34：Greenwashing Index，“About Greenwashing” (*http://greenwashingindex.com/aboutgreenwashing*)。

注 35：WhiteHouse.gov，“President Obama's Climate Action Plan”，June 2015(*https://www.whitehouse.gov/sites/default/fles/docs/cap_progress_report_fnal_w_cover.pdf*)。

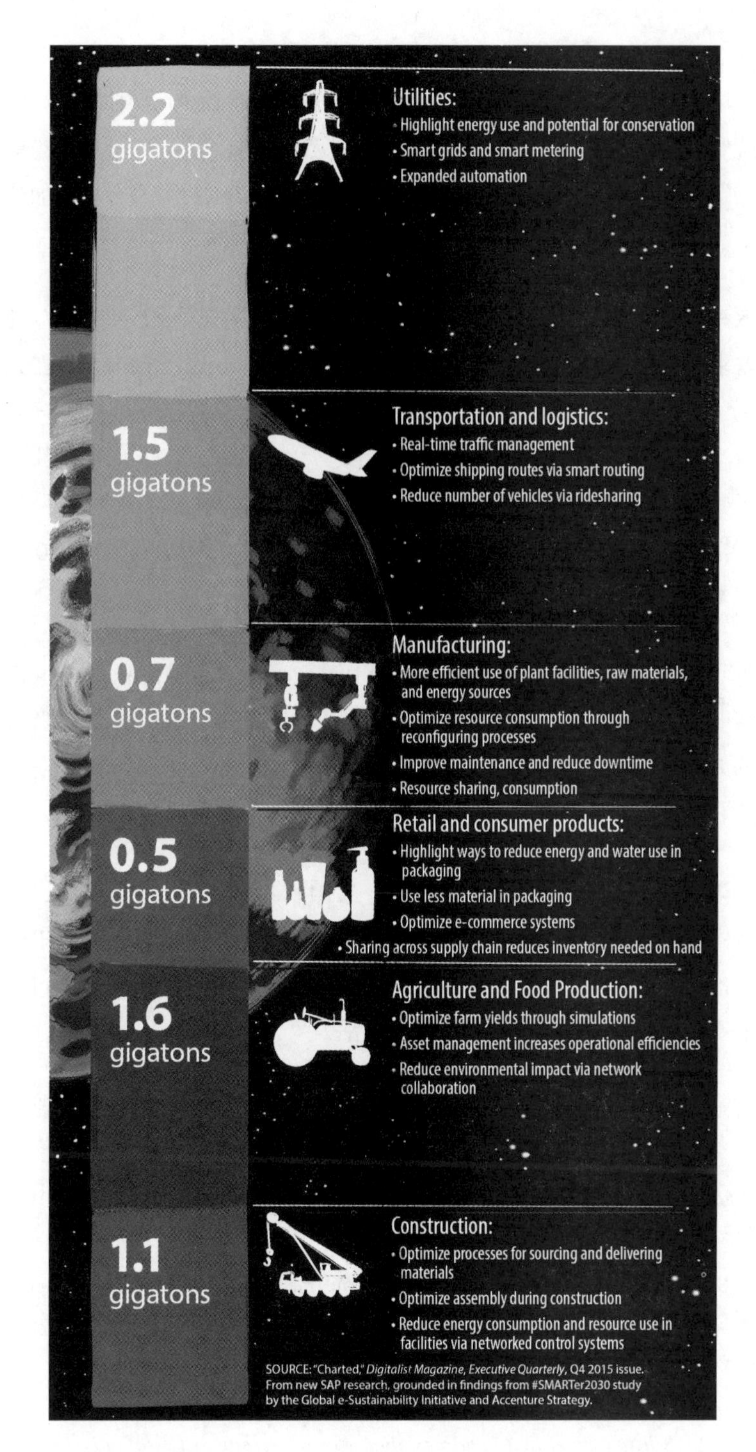

2.2
gigatons
Utilities:
• Highlight energy use and potential for conservation
• Smart grids and smart metering
• Expanded automation
1.5
gigatons
Transportation and logistics:
• Real-time traffic management
• Optimize shipping routes via smart routing
• Reduce number of vehicles via ridesharing
0.7
gigatons
Manufacturing:
• More efficient use of plant facilities, raw materials, and energy sources
• Optimize resource consumption through reconfiguring processes
• Improve maintenance and reduce downtime
• Resource sharing, consumption
0.5
gigatons
Retail and consumer products:
• Highlight ways to reduce energy and water use in packaging
• Use less material in packaging
• Optimize e-commerce systems
• Sharing across supply chain reduces inventory needed on hand
1.6
gigatons
Agriculture and Food Production:
• Optimize farm yields through simulations
• Asset management increases operational efficiencies
• Reduce environmental impact via network collaboration
1.1
gigatons
Construction:
• Optimize processes for sourcing and delivering materials
• Optimize assembly during construction
• Reduce energy consumption and resource use in facilities via networked control systems
SOURCE: "Charted," Digitalist Magazine, Executive Quarterly, Q4 2015 issue.
From new SAP research, grounded in findings from #SMARTer2030 study
by the Global e-Sustainability Initiative and Accenture Strategy.

图 0-7

Digitalist 杂志宣称采用数字化可大幅削减排放量，但所有数字化服务的运行仍需要电

该方案中知名度远低于上面这条却更具雄心的部分是“电器和设备标准”。该标准力争通过采用能源效率新标准，使得美国生产的产品到2030年削减30亿美吨排放。奥巴马总统宣誓后进入总统办公室不久，就提及“能源效率革命”，甚至称能源效率很“性感”。自此，美国能源部（DOE）为冰箱、干衣机、游泳池加热器、电灯泡等制定了39项新标准，但没有为数字产品或服务制定标准。

自从能源效率成为气候行动方案的关键部分，美国能源部积极制定新标准，于是美国的电力需求增长了几十年之后开始趋于平稳，据Michael Grunwald在政客新闻网（Politico）所写的一篇文章，[注36]该举措成功“避免了新建发电厂，同时还为消费者节约了数十亿美元”。这些新标准是一组更大的效率创新标准的一部分，这套标准还涵盖了重型卡车及其他机动车的燃料效率，以及构建绿色政府的种种措施，甚至为五角大楼也制定了标准。推行新标准获得了喜人的效果，迎来了40年来能源使用最少的一年。

若想开发更可持续的数字产品和服务，我们应将效率、可用性和可再生资源一并作为关键策略。确实如此，很多网站流量增加，其排放量与悍马汽车相当时，就不能忽视网站的效率和可用性。当然很多网站负责人非常期待这一天的到来，但高排放的代价也是非常高的。

举个例子，2015年7月8日，因技术故障，美国联合航空公司所有航班均无法起飞，美国纽交所停止交易一天，中国股票市场45%的交易被迫延期，《华尔街日报》网站下线。虽然一些朋友告诉我们不要慌，[注37]但其他人则明确告诉我们应该担忧，原因很简单：糟糕的软件会影响到我们的生活。[注38]

“很难向普通人解释仅技术自身能起多大作用，又或是生活所用的基础设施有多少

注36：Michael Grunwald, “The Nation He Built”, Politico, January/February 2016(*http://www.politico.com/magazine/story/2016/01/obama-biggest-achievements-213487?o=3*)。

注37：Felix Salmon, “You Don’t Need to Panic About the New York Stock Exchange, or Anything Else”, Fusion, July 8, 2015(*http://fusion.net/story/163160/you-dont-need-to-panic-aboutthe-new-york-stock-exchange-or-anything-else*)。

注38：Zeynep Tufekci, “Why the Great Glitch of July 8th Should Scare You”, The Medium, July 8, 2015(*https://medium.com/message/why-the-great-glitch-of-july-8th-should-scare-youb791002fff03#.dslmkmns2*)。

是由与线缆相对应的 IT 软件联系在一起的”，Quinn Norton 在 Medium 网站“一切都坏掉了”[注 39] 文章中讲道。建设更可持续的因特网，我们还需要形成更具前向思维和更有效的方案。本书有关用户体验、内容策略、性能优化的章节均以效率为导向。

综合考虑这一切，我们要落实到行动，开发更可持续的数字产品和服务，需要问的两个重要问题是：

- 如何用可再生能源驱动工作？
- 如何使我们的产品和服务（及其用户体验）尽可能高效？

从本书的厚度就可以看出这两个问题很快就会变得复杂起来。但它们也提供了巨大的机会，如图 0-8 所示。

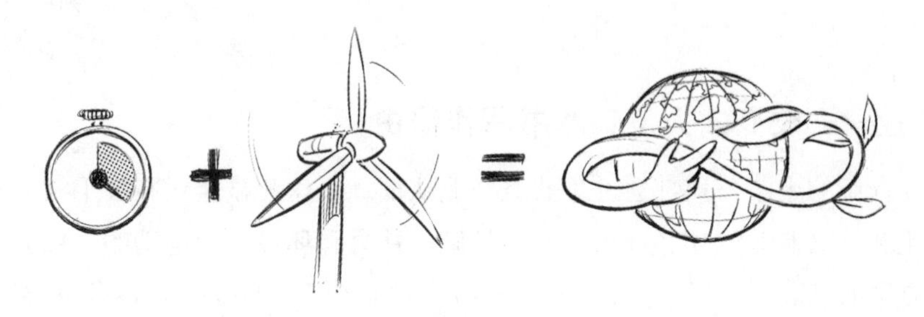

图 0-8
效率和可再生能源是本书所有内容的核心

意识和消费者问题

若考虑到因特网的能耗（大多数人不会），很多人就会认为因特网是绿色媒介：它毕竟代替了纸张，为什么不是绿色的呢？然而，虽然节约纸张有助于保护环境，这一点讲得通，但可能会让很多人感到惊奇的是，发邮件、用 Google 搜索或发推文，所有这些行动都会影响环境。更糟的是，误导人的信息无处不在：“Quora 等网站的讨论区充斥着所谓的专家嘲笑‘Web 对可持续性有影响’这一看法的言论”，身兼作者与教授身份于一身的 Pete Markiewicz 说，“消费者从技术乌托邦者那里获得了关于该主题的错误信息。”

注 39： Quinn Norton, “Everything Is Broken”, The Medium, May 20, 2014(*https://medium.com/message/everything-is-broken-81e5f33a24e1#.2362w8uqo*)。

虽然一条推文的影响微不足道，但乘上全球每天发布、搜索和转发的人数（全球半数人口，预计到 2020 年全球总人口将达到 76 亿），稍经计算就会发现它的影响变得极其。注 40 不幸的是，很多人并未考虑到，为因特网提供电力所用的能源对地球的负面影响。

你分享的每张照片，浏览的每个网页，在 Netflix 观看的每场电影等，基本而言，你在计算机、手机、智能电视或其他接入因特网的设备上所做的一切事情，都需要用电去托管、提供服务、传输视频、显示和交互。虽然情况有所改善，但大部分电力仍来自于煤炭或天然气之类的不可再生资源。实际上，根据美国能源信息管理部门统计，美国只有 13% 的电力来自可再生资源。注 41

增强意识是迈向更可持续的因特网的另一要素。人们需意识到电力的来源很重要，如图 0-9 所示。

共益企业——改变的力量：本书写作缘由

本书重点介绍的多家公司都通过了共益企业认证。全球共益企业有数千家，它们属于全球重新定义商业成功和利用商业力量解决社会和环境问题运动的一部分。它们当中既有诸如巴塔哥尼亚（Patagonia）、菲尔兹葡萄酒（Fetzer Wines）、新比利时酿造（New Belgium Brewing）、Ben & Jerry's 冰激凌和 Method 清洁产品这类生产消费类产品的公司，也有像 Rubicon Global、Arabella Advisors、Community Wealth Partners 和 Cascade Engineering 这类 B2B 公司。Etsy、Hootsuite 和 Kickstarter 等数据量很大的数字公司也是共益企业社区的成员。

注 40：Broadband Commission for Digital Development，"The State of Broadband 2014:Broadband for All"，September 2014（*http://www.broadbandcommission.org/Documents/reports/bb-annualreport2014.pdf*）。

注 41：US Energy Information Administration，"How Much US Electricity Is Generated from Renewable Energy?"（*http://www.eia.gov/energy_in_brief/article/renewable_electricity.cfm*）。

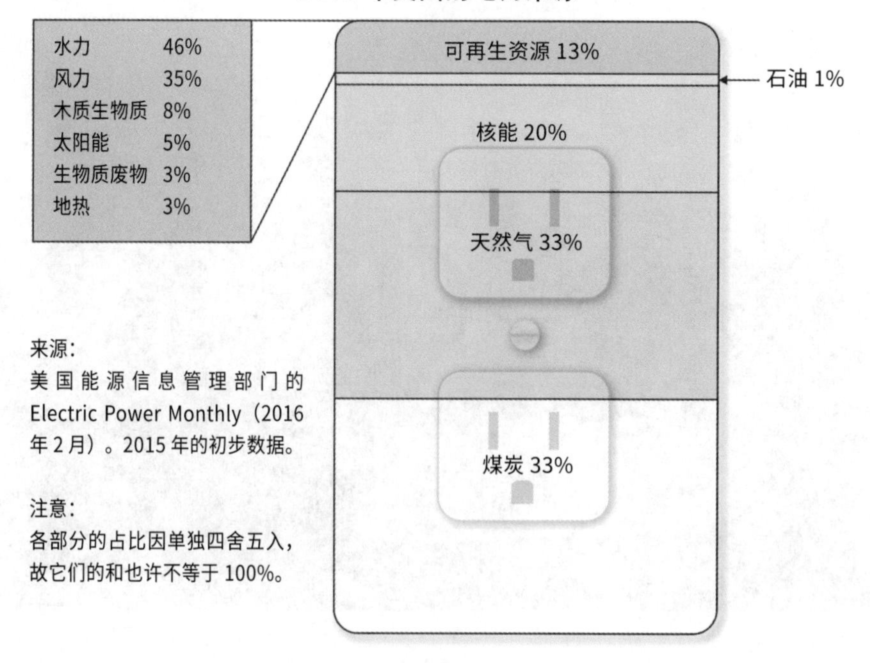

图 0-9
在美国只有 13% 的电力来自可再生能源

以我的经验，共益企业，特别是共益企业社区专注于数字产品和服务的这一部分（营销公司、Web 设计公司和软件开发公司），正在为更可持续的因特网开辟道路。DOJO4、Open Concept Consulting、Etsy、Manoverboard、Canvas Host、Green House Data 和 Exygy 等公司，在其他机构的帮助下，已在内部采取相关措施，或积极推进更可持续的数字产品和服务这一理念。一些公司跟 Green America 或绿色和平这类非营利机构合作，推动清洁云端的宣传活动，呼吁数据中心使用可再生能源。例如，DOJO4 联手绿色和平改进其 Click Clean Scorecard Chrome 插件（*http://www.clickclean.org*），以帮助用户更好地理解他们最喜爱的网站之中哪些使用可再生能源。如图 0-10 所示。

图 0-10
通过认证的共益企业：人们将商业作为行善事的力量

每家共益企业以自己独特的方式解决社会和环境问题。通过认证的共益企业经历了严格的评估过程，该过程帮助测量企业在责任、透明度、社会使命和环境影响方面的绩效水平。共益企业是营利的，但保证利润的同时，还须平衡和服务干系人而不只是股东之间的关系，并为之服务。这种严格的评估 [称之为共益影响评估（B Impact Assessment），*http://www.bimpactassessment.net*] 帮公司仔细考察其业务的各个组成部分，并确定所有干系人的需求是否都能得到满足，比如：

- 员工是否拿到了生活工资？
- 公司是否循环利用某些资源？
- 公司是否有分红机制？
- 公司是否雇用了一定比例的少数民族员工或来自个人缺少进步机会的社区的员工？
- 公司内性别不同的员工是否地位平等？

- 是否有社区志愿者项目？
- 公司为慈善事业捐献了多少？
- 公司是否测量它的能源利用情况？
- 公司是否投资了可再生能源？
- 公司是否有董事会或咨询委员会指导它排除困难，作出商业决策？

评估过程，类似前面这样的问题有成百上千个。这些问题可分成五大类（环境、员工、顾客、社区和管理），它们可指导公司改善业务，使其在获利之余，也能行善事，真可谓一举两得。

其中，环境类的很多问题，关注的是公司的供应链：

- 公司从何处获得供给？
- 供给的获得、使用和处置过程，能消除废物吗？
- 供应商也作出了适当的、对社会或环境负责的决策吗？

我正是在琢磨怎么回答多个评估问题的过程之中，逐步形成了关于如何构建更可持续的因特网的想法。

做负责任的企业

Mightybytes 公司是一家数字公司，始建于 1998 年，座落在芝加哥。2011 年，公司通过了共益企业认证。共益企业认证是我最明智的商业决策，这为团队构建更好、更尽责的公司提供了清晰的路线图。共益影响评估的很多问题与供应链有关（2011 年，我对这块了解较少），接受评估时要回答这些问题的，这促使我思考一家提供网站设计和软件开发解决方案的几乎全面数字化的公司，对环境有何影响。我们不生产实体产品，不需要从海外供应商处进口织物或塑料之类的原材料。除去拥有一个核心团队之外，我们顶多就是买些办公用品，但次数很少，偶尔也会雇佣几位自由职业者，我们的供应商也很少。因此，我认为我们的供应链是绿色的。

只不过我们开发的一切都离不开电，如图 0-11 所示。

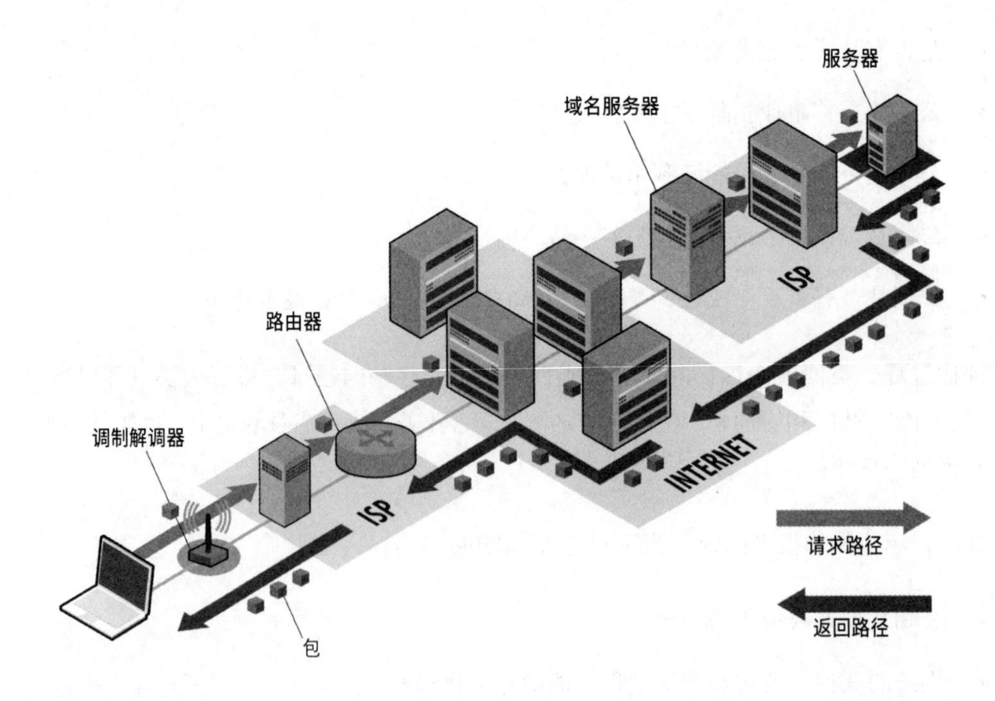

图 0-11
数字供应链有多绿

断电之后，我们开发的产品和服务就会下线。帮我们托管产品和服务的服务器一年 365 天 7×24 小时不断电。其中一些网站的流量很大，数据传输和用户所用的前端功能耗电量很大。我突然意识到我们这家小公司对环境的影响比最初预想要大得多。因此，2011 年我们第一次完成共益企业影响评估之后，我开始思考如何将我们开发的数字产品和服务的影响降至最低。如何才能使我们开发的网站、应用和数字营销活动更节能，对用户更友好呢？

业务和业务流程的虚拟化是驱动因特网增长的主要力量，本书既以此为主题，就很有必要重点介绍一些起模范带头作用的公司，它们不仅积极探索数字产品和服务能为自己带来什么价值，还肯为未来的更可持续投资。我发现共益企业就是这种类型的公司。本书的很多想法和概念，我们自己的公司在采纳它们之前，已由共益企业社区的成员测试或运用过。本书的成书过程，共益企业成员提供了宝贵的支持和深刻的见解。

当然，也不是只有共益企业才关注可持续发展。自觉性比较强的公司和可持续品牌，如雨后春笋般在全球涌现出来，它们关注三重底线（人口、地球和繁荣），重新定义商业成功。还有很多非营利机构，努力寻求更可持续的技术方案。商务社会责任国际协会（BSR）的技术和可持续性中心、绿色网格（The Green Grid）以及绿色和平或绿色美国等机构内部举行的特定活动，都是很好的例子。然而，它们的大部分努力都把注意力放到了数据中心，而很少关注设计或前端的使用。

共益企业所用的严格的评估，以我之见，为构建和发展对社会和环境负责任的商业提供了最为清晰、可测量的路线图，它与本书的使命直接相关。数据会讲故事。说起可持续设计和用户体验问题，我发现这些公司比起只注重理论的同类型公司，已远远走在它们前面。这正是我在本书中介绍这么多公司的原因。

自觉公司与有良知的公司的对比

本书中，自觉公司（conscious company）和有良知的公司（conscientious company）这两个术语用来描述在追求利润的同时兼顾人类和地球利益的公司（通常称为三重底线）。根据这场运动的领导者就什么方法是最合适的所采取的不同立场，分为几个不同的阵营。

“根据定义，有良知的努力是指勤奋，努力工作，以小心谨慎的态度来满足外界的期望。外界的期望根本上是由付出努力的这一方的周围世界来定义，或者‘将外界的期望内化为自己的期望’，”芝加哥自觉资本主义（Conscious Capitalism Chicago）的创始人和主席 Thea Polancic 说道。“自觉资本主义中的自觉，既指一种更加清醒或更有觉悟地从事商业的方式，又指人类意识的发展。一种新形式的领导力正在崛起，它反映了我们人是如何朝更复杂的系统思考方式以及对爱和关怀更大的接受能力而进化的。”

Conscious Company 杂志的合伙人 Maren Keeley 赞同以上观点（*http://consciouscompanymagazine.com*）。“为杂志命名时，我们认为杂志名应该能传递出两种公司的区别，很多公司从自身利益出发行事，它们看似没有意识到环境或他人，对其缺乏尊重或关怀，还有一类公司在行事时表现出它们是有意识的”，她说道。“‘有良知’对我而言仅仅意味着关乎道德，当然这也是关键因素，但同时我也认为公司若能这样做，从整体而言它们也将会更具活力。”

“在美国，我们对待公司往往像对待人一样，”Maren 说道。“严格来讲，它们是一群人而不是单打独斗的个人。公司本身既不自觉也缺乏良知，”Maren 继续讲道，“但我希望经营这些公司的人能自觉意识到其行动和公司对世界及他人的影响。”

B the Change Media 的 CEO Bryan Welch 则持有不同的观点：“做自觉的公司，照字面意思，仅仅指我们不是‘不自觉’。贪污、贪婪和无原则的公司十分自觉。他们清楚地知道自己的收入和支出、供应和需求、顾客和供应商。然而，他们没有良知”（*http://bthechange.com*）。

“更糟的是，”他说道，“据我观察，只有我们行善‘部落’的人，才能意识到‘自觉’的这种意思。对大多数讲英语的人而言，这个词很令人费解。我反对讲‘部落’语言。因此，我们用良知这个词来表示我们努力做正确的事，散播最大的益处于世界。”

目标读者

本书主要是写给从事设计、开发和管理数字产品或服务的人员。不论你是产品经理、网站负责人、用户体验设计师、前端开发工程师、内容策略师或集以上工种于一身的全栈型人才，你都有可能从本书中找到一些很有用的内容。

由于本书所讲的这块内容在可持续性评估中经常被忽视，可持续性或企业社会责任（Corporate Social Responsibility，CSR）专家应该也能从书中找到一些有用的想法。一些支持者为本书每一章的主题奉献了他们的专业知识，标准的可持续性评估一般也不会涵盖这些主题。

下面是写作本书的几个意图：

- 通过介绍较大的可持续性问题，激励读者思考并更多地了解 Web 可持续性。
- 鼓励 Web 设计和开发团队，综合考虑效率、可靠性、易用性和可持续性，以便作出更佳的工作决策。
- 帮助可持续性和 CSR 专业人士更好地理解因特网的可持续性，并将其应用到工作中。
- 以必要的知识武装读者大脑，使其成长为充满灵感的设计师和环保的拥护者。

- 最终，启迪因特网的创建和开发者，让他们改用可再生能源电力。

本书内容

本书的每一章以学习目标开头，结尾时会重申该目标。每章开头，介绍本章所讲内容；每章末尾，给出下一步的任务，以便将所学概念转化为行动。

- 第 1 章给出可持续性的定义，并结合统计和研究成果，讨论了因特网对环境的整体影响。
- 第 2 章扼要介绍了一个用于设计更可持续的数字产品和服务的框架。
- 第 3~6 章深入讲解上一章所介绍的框架的每个子类：设计和用户体验、内容、性能优化、绿色组件，其中包括绿色托管。
- 第 7 章研究如何以有意义的方式测量数字工作对环境的影响。
- 第 8 章探讨未来更可持续的因特网是什么模样。

每章的补充内容、采访和插图，重点介绍特定主题、定义，或补充正文内容之不足。

让我们出发吧！

感谢你选择本书。我怀着对这份事业的热爱，历时数年才完成此书。我既已讲完了背景故事，搭建好了舞台，我衷心希望你会喜欢后面要介绍的内容。

第 1 章

可持续性和因特网

你将从本章学到什么

本章，我们将介绍以下内容：

- 可持续性的定义及其在商业中扮演的角色。
- 各种组织是如何利用可持续性原则谋求创新，改变自我，减少废物排放，并更有效地发挥作用的。
- 可持续性如何应用于因特网。
- 虚拟生命周期评估如何帮 Web 团队制定更可持续的解决方案。

更绿的因特网

“作为一个物种，因特网是我们要创作的最大的作品，”绿色和平组织的 Gary Cook 在《大西洋》月刊的一篇文章中讲道。[注1]“我们若正确构建因特网，使用合适的能源，它能真正推动我们向可再生能源过渡。若构建方法错误，实际上它将使这个问题恶化。”

注 1：Ingrid Burrington, “The Environmental Toll of a Netflix Binge”, The Atlantic, December 16, 2015(*http://www.theatlantic.com/technology/archive/2015/12/there-are-no-cleanclouds/420744*)。

本书要讲的因特网的正确设计方法不仅高效、可访问，还对未来友好，且使用可再生能源电力。

构建可持续的解决方案

本书将深入讲解数字产品和服务开发过程，我们能付诸行动的所有需核查、待确认的点，以构建更佳的产品和服务，使其不仅能让用户高兴、有参与感，还更加高效、节省能源。我们将讨论如何将这些待核查的事项转换成易于理解的框架，以帮助你和客户做出更可持续的设计和开发决策。

我们最终实际开发出来的作品就是我们最初想要的，这种情况实属罕见。由于大家的意见不断变化，加之我们还要不断从验证中学习，且受合同的约束，还得响应干系人的请求，我们处在这般混乱的漩涡，却被寄予了创造奇迹的厚望。为了按时完成，不超预算，或为了跟给我们签支票的人搞好关系，我们不得不走捷径。我们屈从于不切实际的请求。我们帮客户实现在网站首页自动播放 30MB 视频的功能。我们为其添加轮播图，不久里面就充斥着多张商人握手的照片。网页平均体积［据 HTTP Archive（跟踪 Web 是如何建设的）统计］增加至 2.3MB 多，[注 2] 如图 1-1 所示。

因特网所有传来传去的数据都离不开电。内容的托管、交付，以及与内容的交互都消耗能源。不幸的是，这些能源中只有很小一部分来自清洁或可再生资源。很多人也许因为因特网经常替代纸张这一简单的事实，就认为它是“绿色”媒介。事实上，它比航空业产生的温室气体（GHG）还要多，[注 3]2015 年航空业的排放量为 7.7 亿美吨。[注 4]2015 年年初，因特网有 30 多亿活跃用户，预计 2016 年年末，世界人口的半

注 2： HTTP Archive,“Interesting Stats” (*http://httparchive.org/interesting.php?a=All&l=Apr%201%202016*)。

注 3： American Chemical Society,“Toward Reducing the Greenhouse Gas Emissions of the Internet and Telecommunications”, January 23, 2013 (*http://www.acs.org/content/acs/en/pressroom/presspacs/2013/acs-presspac-january-23-2013/toward-reducing-the-greenhousegas-emissions-of-the-internet-and-telecommunications.html*)。

注 4： Air Transport Action Group (ATAG),“Facts and Figures” (*http://www.atag.org/facts-andfgures.html*)。

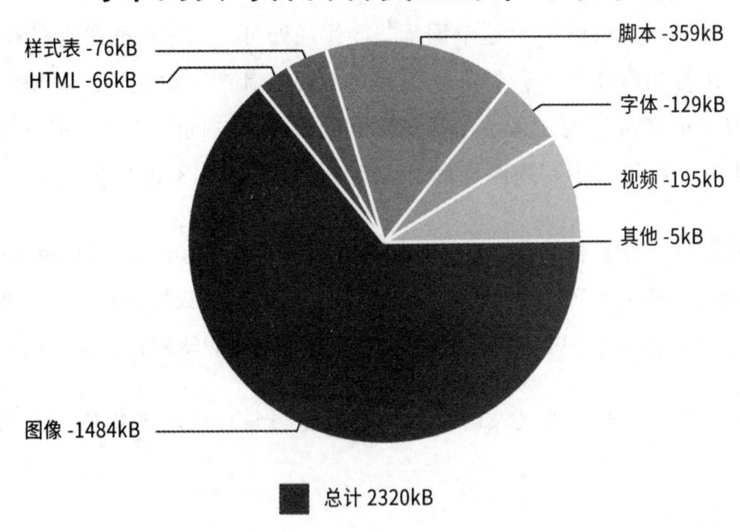

图 1-1
2016 年年初，网页平均体积达到了 2.3MB

数将触网[注5]。等你读到这段话时，即使每年的温室气体排放量还没有达到10亿美吨，那也快了。

我们并不想开发臃肿的网站，它不仅阻塞网络，浪费电力，还会让用户感到沮丧。但不知怎么，也许是出于尝试最新设计理念或编程方法的欲望，或是需要让苛刻的干系人快乐，结果却正是这样。网站开发过程的每一步，若设计和开发团队都扪心自问“这是最可持续、有效的解决方案吗？”，加上方案审查这一环节，很多糟糕的决策（它们具有减少收入、挫伤顾客等不良后果）就可以避免了。对所有人而言，因特网也将成为更清洁、绿色和快乐的天地。

首先，还是提供一点背景知识。

注 5： Internet Live Stats，“Internet Users”（*http://www.internetlivestats.com/internet-users*）。

可持续性的定义

“可持续性”（sustainability）这个词及其变体随处可见，它们也许没有术语“绿色”用得多，但仍算用得不少。营销人士喜欢用它描述其产品的优点。环境保护主义者相信它能带来更有希望的未来。在某些特定圈子里，该词的过度使用可能为词义掺进了不少水分，使得很少有东西是真正可持续的这一事实不再那么重要。

可持续性最常引用的定义出自 1987 年布伦特兰委员会（Brundtland Commission）[注6] 发布的“Our Common Future”这份文件。联合国是以挪威前首相的名字为该委员会命名的，赋予了它团结各国、减缓环境和自然资源恶化的使命：

> 可持续发展……满足当代人的需求，而不会牺牲后代人满足他们自己需求的能力。

当时，该组织希望调和经济发展和经济破坏之间的关系。大约 30 年后，调和人与地球之间关系的这一梦想，仍难以捉摸。如 Naomi Klein 在她的《改变一切：资本主义与天气》（*This Changes Everything: Capitalism vs.The Climate*，Simon & Schuster，2014) 一书中所指出的：

> 我们的经济系统和我们所在的行星系统正在交战。或更准确地讲，我们的经济跟地球上包括人类在内的多种形式的生命正在交战。要避免气候恶化，人类需减少资源的使用。我们的经济模型要避免倾颓，就要自由地扩张。这两组规则，只有一组可以改变，要改变的不是自然规律。

我们之中创造数字未来之人，恰好处于经济扩张和环境恶化之战的瞄准范围之内。因特网的崛起，激发了人们对形状不同、大小不一的各种产品的需求，每种产品的生产、运输、使用和报废后的处置，都需要大量资源。如后续章节所讲，虽实体产品占用了其中大部分资源，但数字产品和服务也确实消耗了不少，如图 1-2 所示。

注 6： Wikipedia, “Brundtland Commission” (*https://en.wikipedia.org/wiki/Brundtland_Commission*)。

图 1-2
与环境相关的令人沮丧和绝望的消息是如此之多（其中一些消息的动机值得质疑），我们很容易理解人们为什么会感到心力憔悴或不堪重负，为什么不相信自己能改变这一事实

系统思考和可持续性

自从确定了可持续性的定义，人们不断取得进步。现在，可持续性自身已发展为一个行业，并受数据和咨询师、分析师、企业社会责任（CSR）管理者及科学家驱动。很多可持续性专家已采用一种系统思考方法来看待可持续性问题，而不再仅仅将其看作是一种妥协或管理问题，这种看法很普遍。这些专家重点研究的是，随着时间的发展，一个公司的系统及其各组成部分在更大的环境系统是如何相互关联的。

国际可持续发展研究院（International Institute for Sustainable Development）在阐述布伦特兰委员会提出的可持续性定义时，做了以下注解：[注7]

注 7： International Institute for Sustainable Development (IISD), "Sustainable Development" (*https://www.iisd.org/sd*)。

可持续发展的所有定义，要求我们将世界看成一个系统——一个连接空间的系统；一个连接时间的系统。当你将世界看作是空间中的一个系统，你开始理解北美的空气污染会影响亚洲的空气质量，阿根廷喷洒农药可能会危及其他国家近海的鱼类资源。将世界看作是一个随时间发展的系统，你开始意识到我们爷爷奶奶那一辈的耕种决策持续影响到今天的农业生产实践，我们今天通过的经济政策，将影响到我们孩子长大成人后的城市贫困问题。

可持续性行业利用这种系统思考方法（和其他方法），已帮很多公司采用更可持续的实践方法，减少温室气体排放，减少废物，提高效率和收益率。[注 8]

Nathan Shedroff 在他的《设计是问题所在》（*Design Is the Problem*，Rosenfeld，2009）一书中详细讲解了可持续性：[注 9]

“可持续性”这个定义的精华也许并不是那么显而易见，其精华在于不只是人有需求，需求是系统性的。即使只关心人，要关心人，就需要关心整个系统，人类所生活在的（环境）。环境不仅包括我们称之为行星地球的这个最近的系统，还包括我们生活在其中的人类系统（社会），以及环绕社会，处于形成、改变和不断进化过程的价值观、道德、宗教和文化。人与人之间不能孤立开来，我们不能忽略整体的影响，也不应忽略。

如今，鲜有人已采用了同种类型的思维方法来思考数字产品和服务。可持续性领域掌握的数字、度量方法和系统性思考方法，使其自然而然地契合我们的需求，我们构建的可是 21 世纪的神经系统。但可持续真正的含义是什么？实际情况是几乎不可能做到可持续。人类的创造很少是真正可持续的。2004 年，Patagonia 的创始人 Yvon Chouinard 在接受媒体 *Grist* 采访时，就该问题发表了以下看法：[注 10]

没有可持续性这回事。只有不同的级别。可持续性是一个过程，而不是真正的

注 8： Sunmin Kim，“Can Systems Thinking Actually Solve Sustainability Challenges? Part 1, The Diagnosis”，Erb Perspective Blog, Jun 4, 2012 (*http://erb.umich.edu/erbperspective/2012/06/04/systems-thinking-part-1*)。

注 9： Nathan Shedroff, *Design Is the Problem* (Brooklyn, NY: Rosenfeld Media, 2011)。

注 10： Amanda Little，“An Interview with Patagonia Founder Yvon Chouinard”，Grist, October 23, 2004 (*http://grist.org/article/little-chouinard*)。

目标。你能做的是朝它努力。没有任何可持续经济这回事。我所知道的唯一还算接近可持续的经济活动是，很小规模的有机农业或很小规模的狩猎和采集。至于制造业，它产生的废物比最终生产出来的产品还要多，它完全是不可持续的。事实就是如此。

绿色建筑运动，一些人建议我们超越维持一个业已恶化的星球这一想法，应大力采用可再生的设计，而不仅是可持续的设计。换言之，仅将我们的活动对地球的影响是否是中性的作为衡量成功的标准是不够的。作为一个物种，我们需更新和再生，改善事态的发展。Thrive Design 设计工作室的几位朋友认为：[注 11]

可再生发展所蕴含的意义甚至比最前沿的系统思想（揭示了世界相互联系和复杂的本质）更深刻，它深入到系统的王国。它认识到我们就是系统，我们人类和我们完全依赖的网络生活永不能有任何的分隔。当我们排放有毒物质到环境之中，我们很快发现有毒物质通过食物、饮用水和空气渗透到我们体内。从本质上讲，我们施之于自然的，终施之于己。这种视角有助于我们将地球及其生命支撑系统看作是我们“身体的扩展”。对以上理解的自然而然的回应是对它的关爱和怜悯，因为它成为我们的自身利益。我们要积极管理我们赖以生存的生命系统的健康和完整性。

从关注结果到关注过程的这一转变与本书主题极为吻合。创业公司、数字公司和软件公司都在向持续部署模式转变，持续发布产品的特色和功能，积极管理系统的开发过程。讨论如何设计更绿的数字产品和服务时，我们是带着因特网永远不是真正可持续产品这样的想法。它总要消耗资源，总有各种工作要做。你若是设计过网站或移动应用，你就会懂得满足当前需求且不牺牲未来的需求是一个很大的挑战。想想你最后一次在手机上玩 Flash 游戏是什么时候？如图 1-3 所示。

商业中的可持续性

设计更绿的数字产品和服务，要求我们更好地理解从整体而言可持续性在商业中扮演的角色，因为我们的工作要与这些系统和过程发生联系。虽然如今评估一家公司

注 11： Joshua Foss, “What is Regenerative Development?” , Thrive Design Studio (*http://www.urbanthriving.com/news/what-is-regenerative-development*)。

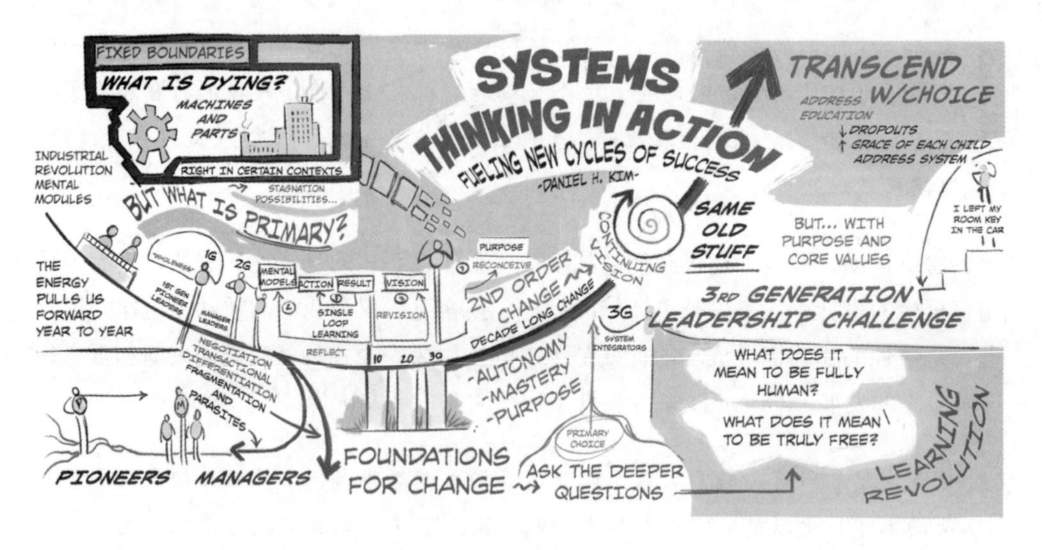

图 1-3

系统思考要求我们将世界看成是一个连接时空的系统

数字产品和服务的影响还没有成为标准，但日后有希望成为公司在商业上更大可持续性创举的一个通用部件。

可持续性概念在商业中的使用方式极宽泛，因此难以将其涵盖在一章综述内容之中。不同公司方法各异，工具不同，关注点也不同，具体取决于他们可用的资源，以及他们想从自己的努力中获得什么。每个机构倾向于以其资源、工具和目标为助推器，绘制自己的路线图。有些关注能源效率，而其他则关注减少废物。一些公司受市场营销目标驱动，而其他公司则以可持续性原则推动创新，对行业施加影响。一些公司重视三重底线，对人、地球和利润同等重视。上面讲的这些比较好的做法，一流公司都能做到。

例如，从摇篮到摇篮（C2C）是一种生物计量方法，也是对不产生废物的产品和系统设计的渴望。该方法中，商业和生产实践模仿自然过程，行业必须保护和丰富生态系统及自然界生物的新陈代谢，同时还能维持安全、高效和技术层面的代谢系统，以高质量地利用和流通有机、技术性养料。[注12] 换言之，使用该方法，不再产生废物，

注 12： Michael Braungart and William McDonough, *Cradle to Cradle: Remaking the Way We Make Things* (New York: North Point Press, 2002)。

传统产品生命周期最终产生的废物，将被重新用于生产某种新产品，或重新加入原产品的生命周期，形成一个人们常说的“闭环”系统，输出被重新作为输入。荷兰公司 Fairphone（公平手机）从加纳进口电子垃圾，用于生产智能手机设备，是实际应用 C2C 方法的好例子。Fairphone 的更多介绍，请见后续几章。如图 1-4 所示。

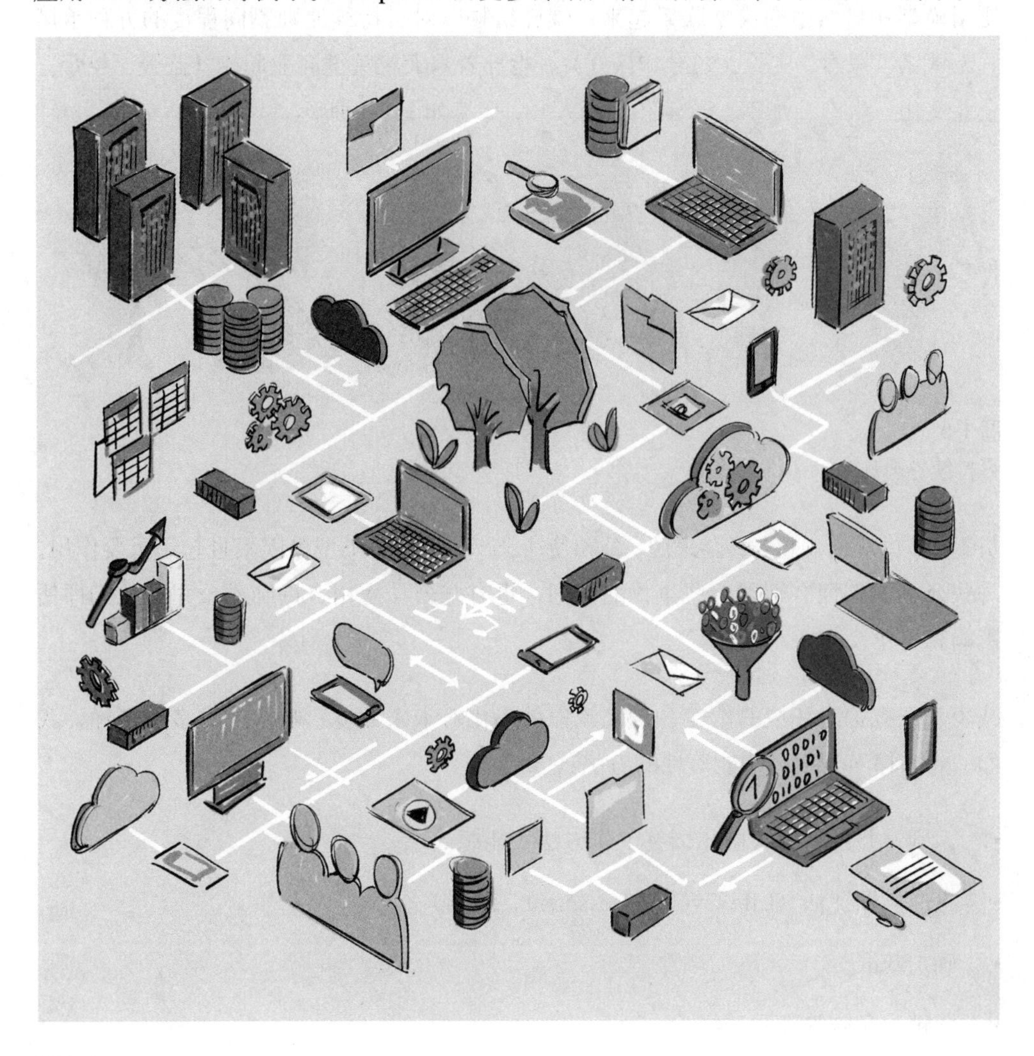

图 1-4
很多公司所贯彻的可持续性原则是由数据驱动的

另一方面，从摇篮到坟墓是指一家公司负有处置它所生产的产品的责任，通常它与下节要讲的生命周期评估联系在一起。[注13] 一般而言，从摇篮到摇篮这种方法，因上文提到的封闭的循环系统这一概念，比从摇篮到坟墓更受欢迎。

一些公司采用螺旋式可持续性方法，这是另一种基于系统的方法，它也是将原材料使用模型和自然中的模型联系起来。螺旋结构以对可持续原则不同程度的五种承诺（无承诺、探索、实验、领导和恢复），指导着六大类关键商业职能（监管、经营、企业文化、生产、加工、营销和干系人），[注14] 如图 1-5 所示。

图 1-5
可持续性循环

员工数、供应链规模、资金来源、公司使命、产品和服务类型等因素也起了重要作用。一些公司内部拥有管理这些事物的部门，也有些公司雇用咨询师或公司帮他们评估影响和提建议。

减少一个机构对环境的影响，制定流程最小化对未来环境影响，形式多种多样，我们一起来探索其中一些能落地的方法：

- 识别（并且稍后要据此调整工作方法）能源效率。
- 生命周期评估（Life Cycle Assessment，LCA）。
- 确定基准。
- 营销、品牌管理和洗绿。

注 13：The Dictionary of Sustainable Management，“Cradle-to-Cradle”（*http://www.sustainabilitydictionary.com/cradle-to-cradle*）。

注 14：The Dictionary of Sustainable Management，“Sustainability Helix”（*http://www.sustainabilitydictionary.com/sustainability-helix*）。

- 创新和施加影响。

虽然上述流程的某些方法确实包括了对公司内部的数据中心和员工使用的工作站用电的评估，但它们很少考虑网站、移动应用、云服务或其他数字产品和服务所用能源。这为我们带来了独一无二的挑战和机会。

识别能源效率

很多公司以识别能源效率为契机，走上了更可持续的道路，不仅公司的各种形式的废物减少了，还省下了钱。这是可持续性专家唾手可得的成果。这些成果包括用电、生产效率和流程的改善等。这种实践方法在较大的公司很常见，因为省钱对股东和决策者是很好的卖点。不幸的是，公司若只关心成本，他们也许只能识别唾手可得的成果，而不愿做更多的事，因为难度更大的成果，投资回报周期更长（公司并非两类成果都想要）。

识别效率往往是生命周期评估这一更大的目标和范围的一部分，稍后会详细讨论如何评估。公司要精确识别效率，必须首先准确识别废物的源头。公司需要正确（持续）度量效率，能源很容易度量，但是实体废物的度量成本更高或难度更大。

如前所述，从摇篮到摇篮评估公司产品和服务的整个生命周期，公司就能识别废物来源，继而识别效率的瓶颈，以改善性能。这是可持续性实践的常用工作流。然而，时至今日，提供可持续性服务或生命周期评估的公司，很少将该流程应用于数字产品和服务。本章稍后将介绍该工作流的一个框架，对它的讨论将贯穿全书。

生命周期评估

生命周期评估常用于计算产品或服务整个生命周期之中对环境的影响。有时它也被称为从摇篮到坟墓，最近又被称为从摇篮到摇篮评估，前面提到过。不管叫什么，它们都包含以下步骤：

1. 目标和范围的定义（我们尝试完成什么？）。
2. 清单分析（我们尝试评估什么？）。
3. 影响评估（我们资产的影响？）。

4. 解释说明（数据告诉我们什么？）。

确定了以上几步之后，评估进入一个严格的过程，帮公司或机构更好地理解它对环境的影响，然后制订计划，采取实际行动，如图 1-6 所示。

要将这些概念应用到数字产品和服务，可参照如下说明，回答上述问题：

目标和范围的定义

确定线上资产的环境影响，制订计划，减少该影响。

清单分析

Web、应用、云服务、社交媒体等，哪些属于评估范围？哪些不属于？

影响评估

这些资产产生了多少 CO_2e？除此之外，还有其他废物吗？

解释说明

制订计划，减少影响。常用措施有采用可再生能源，实行碳补偿，提高产品和服务的效率，回收电子产品等。

设定目标和范围

为复杂的项目设定明确的目标、时间表、预算和工作范围等固然很重要，但项目范围要足够灵活，以便迭代或实验，并且当某个流程无法产出成果时，还要有能力改变流程。

敏捷工作流直接影响到更可持续的数字产品和服务的开发，后续章节我们将予以讨论。但需注意的是，不论什么项目，在其流程中加入迭代和合作，往往是一种更可持续的方法。项目开始之后，更可持续的方法比起项目范围面面俱到、发挥余地较少的方法，效果更好。

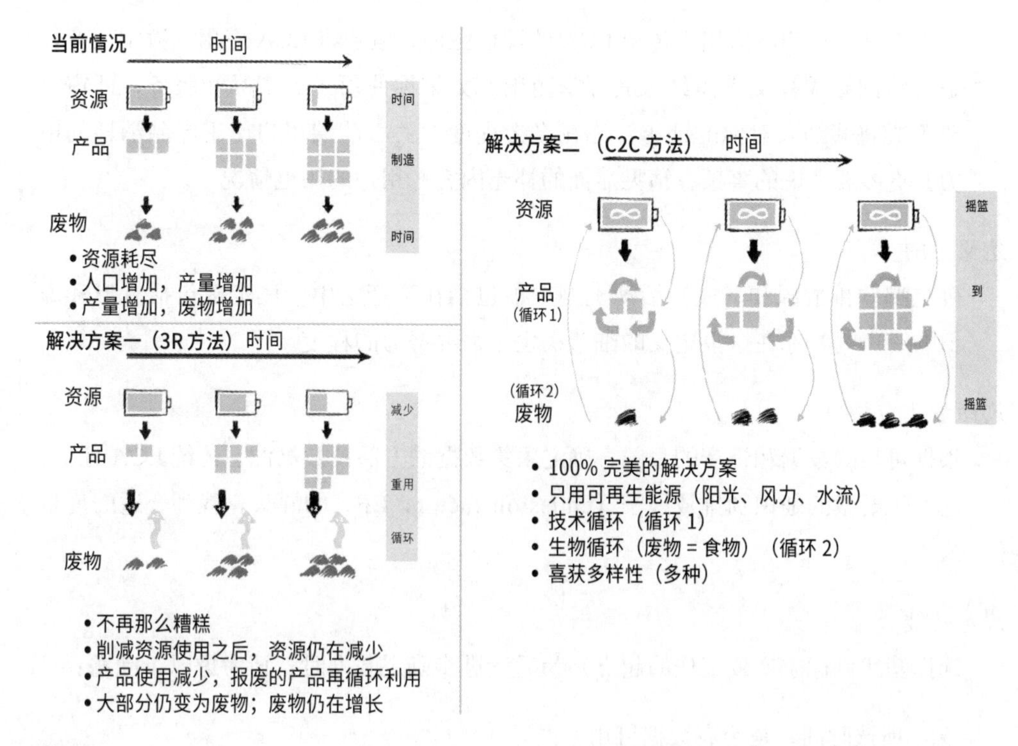

图 1-6

生命周期评估考察的是，一项产品或服务从摇篮到坟墓或更理想的情况下从摇篮到摇篮整个过程之中的影响

举个例子，如果你努力的方向就是减少温室气体排放，那么，项目范围可以这么定：[注 15]

设置边界

定义资产的有形、虚拟、组织和操作层面的边界。传统的 LCA 很少有评估全部范围的（从摇篮到摇篮），评估只能从原材料到公司的大门开始。例如，设计

注 15：US Environmental Protection Agency，“Climate and Energy Resources for State, Local, and Tribal Governments”（*http://www3.epa.gov/statelocalclimate/state/activities/ghginventory.html*）。

师工作站使用的电力属于传统LCA的评估范围，但若将LCA应用到数字生产，是否将网站或社交媒体纳入其评审范围？如果你使用了云产品和服务，评审时要不要将其纳入对你的评审？你在多大程度上关心前端用户使用产品消耗的电力？更多要考虑的事项，请见后面的补充内容“用户的用电情况”。

定义范围

确定哪些排放源和（或）活动类型应被包括在资产之中。该范围包括有形和虚拟的资产吗？你在这里定义的细节决定了需要努力的程度。

选择量化方法

根据可用的数据和资产的目的，确定采集数据的方法及数据源。传统LCA评估，这一步要做的是识别排放因子（emission factor，EF）的源头，找到合适的度量公式。

设定基线

选择基线（标志度量工作的起点）为后续进步确定基准时，请考虑以下问题：

- 所选时间，是否有数据可用？
- 所选时间段是否有代表性？
- 所定基线是否经过调整，与其他资产（如果有的话）使用多年的基线相协调？

邀请干系人参与

早点邀请干系人加入资产开发过程，请他们就基线的设定提供有价值的输入。如果该过程产生的数据将会影响一个特定的部门或岗位，最好从一开始就让他们参与进来。

考虑认证

考虑ISO 17024、EPt (GHG) 或CSA Group提供的第三方认证。这些认证将保证质量，保证你的资产完善、一致且透明。

用户的用电情况

虽然你无法控制终端用户往手机里装什么，怎么对待手机的电池，或是否以最大功耗运行笔记本计算机，但你可以确定的是该问题不关你事。如本书后续章节一致强调的，加载速度慢的数字产品和服务，是不可靠的，对三重底线及你在顾客心目中的声誉都有真正的影响。但用户的用电情况你应该度量吗？难道这不是用户自己的问题吗？

如果能度量出你的应用在不同设备和平台的使用量，你就能估计它的用电量。这是一个标准的 LCA 概念，可应用于数字产品和服务评估。如果你能度量它，你就可以用后续章节讨论的优化技术减少用电量。你还可以补偿它，具体方法稍后讨论。

清单分析

数据采集发生在该阶段，生命周期清单（Life Cycle Inventory，LCI）可能很复杂。分析师跟踪一个商业系统的所有输入和输出，其中包括（但不限于）原材料，能源使用，排放到空气、水和土壤的废物（跟踪排放的物质）等。一家公司供应链的复杂度是决定其资产复杂度的多个因素之一。

在因特网中这常被称为分析。例如，Google Analytics 这个常用工具提供了所有你能度量的指标的分析结果，但显然有一个例外，它没有统计用电情况。就效率而言，你应该度量哪些指标取决于自己，如图 1-7 所示。

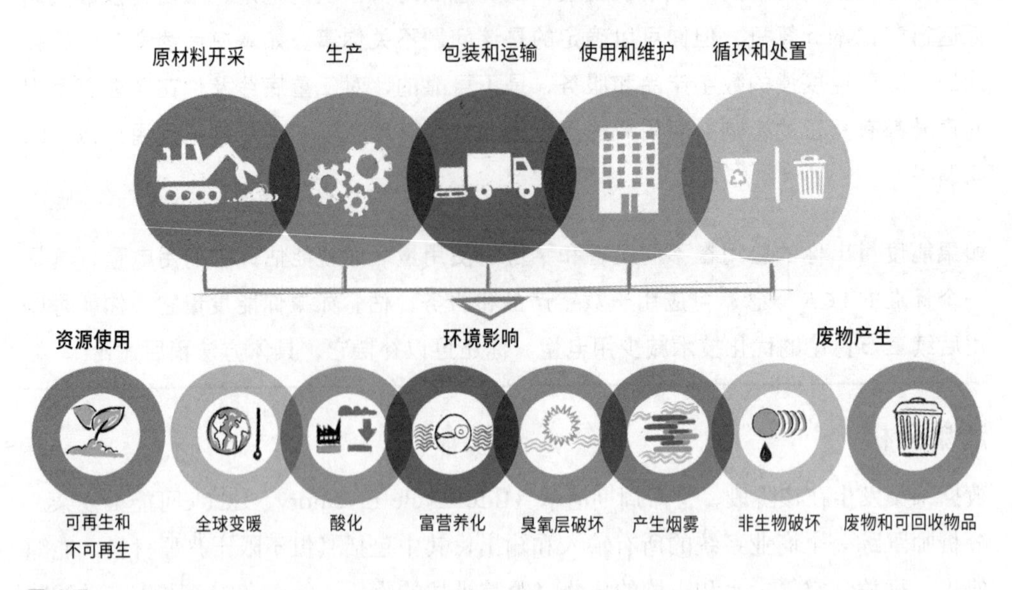

图 1-7
生命周期评估帮你度量公司中真正重要的是什么

现列出标准 LCI（也就是实体产品）通常要分析的单元过程，供你参考。这些单元过程包括原材料、生产、包装、配销、使用和处置。本章稍后会讨论如何将这些单元过程用于数字产品和服务的分析。对于每个单元过程，请考虑如下问题：

原材料

生产产品用什么原材料？原材料的产地是？原材料的采购使用多少能源？原材料采购和生产产生多少排放量？怎样才能以更可持续的方式生产和采购原材料？

生产

生产过程使用多少能源？产生多少废物？该过程哪些环节可减少排放？

包装

产品用什么材料包装？例如，产品使用大豆油墨或可堆肥材料，还是使用可持续性较差的材料？包装过程使用多少能源？产生了多少废物？可以完全消除吗？

配销

产品运输过程使用多少能源？它需要用集装箱从中国运来还是可以步行将其送至商店出售？产品配销过程，产生多少废物或排放？

使用

使用产品时，需要能源吗？会产生废物吗？怎样使用产品更节能？怎样做才能产生更少的废物？

处置

处置产品，它的材料是否可重用？生命周期结束后，有办法使其不产生废物吗？

影响评估

该过程也是全周期 LCA 的一部分，采集来的数据在该过程分析，公司产品或服务的影响在该过程评估。换言之，一个特定的生产过程也许需要一定量的石油或天然气，这些能源通常被加到我们刚刚讨论过的清单之中。影响评估过程将揭秘生产阶段的影响。评估数字产品或服务的影响，可利用分析工具收集的数据来度量产品或服务对环境的影响。

解释说明

最后，所有待解释说明的数据和一个行动方案已准备好，以减少对环境的影响。这包括使用可再生能源电力，提高能效，减少废物，从总体上使公司的供应链（包括数字产品和服务）更可持续。

温室气体协议

LCA 的一个重要部分是计算温室气体的排放量。鉴于用电带来的排放占数字产品或服务所产生废物的大部分，因此成功分析其影响至关重要。由世界资源研究所（World Resources Institute）制定的温室气体协议（Greenhouse Gas Protocol）几乎是全球每一个温室气体标准和项目的基础。政府和企业领导理解、量化和管理产品生命周期温室气体排放，国际上最常用的核算工具就是它。

产品生命周期排放是指产品从摇篮到坟墓，即从生产到使用所有相关过程的排放，其中包括原材料、生产、运输、存储、销售、使用和处置。

温室气体协议对机构的作用体现在以下几个方面：[注16]

- 确定和理解价值链排放相关的风险和机会。
- 识别可减少温室气体的机会，设定减排目标，跟踪绩效。
- 吸收供应商和其他价值链合作方参与温室气体管理和可持续性提升。
- 借助公开报道，让干系人了解更多信息，改善企业声誉。

需重点指出的是，温室气体协议只关注温室气体。它并非要指明产品对环境的全部影响，产品可能会排放的其他废物并不在其统计之列。因为因特网上的一切都是由电力驱动的，所以最大的废物源就是发电过程排放的温室气体，但如后几章要讲的，开发、提供Web服务和与Web内容交互所使用的硬件，也会产生其他形式的废物。

虽然温室气体协议当前被奉为金科玉律，但还需了解的是，可持续性会计准则委员会（Sustainability Accounting Standards Board，SASB）的一个任务是根据环境、社会和管理（ESG）方面的审核标准而不是根据财务业绩为不同行业制定可持续性标准。

基准

商业领域可持续性的一个要素是基准的提升，这点也需注意。你不持续度量结果，并与上次结果和竞争对手的结果比较，你怎么知道自己是在进步？机构投入到这方面的资源量应与自身情况相称，这点很重要。否则，最初的努力就被浪费了，且改善也是最小的。

设定基准和很多数字方面的努力（比如敏捷和迭代设计策略、网站性能优化、数字营销活动度量），这两个过程有相似性，也许有人认为技术、设计、营销和可持续性部门有更多的协同，但除极少数情况外，往往并非如此，如图1-8所示。

注16： Greenhouse Gas Protocol，“FAQ”（*http://www.ghgprotocol.org/fles/ghgp/public/FAQ.pdf*）。

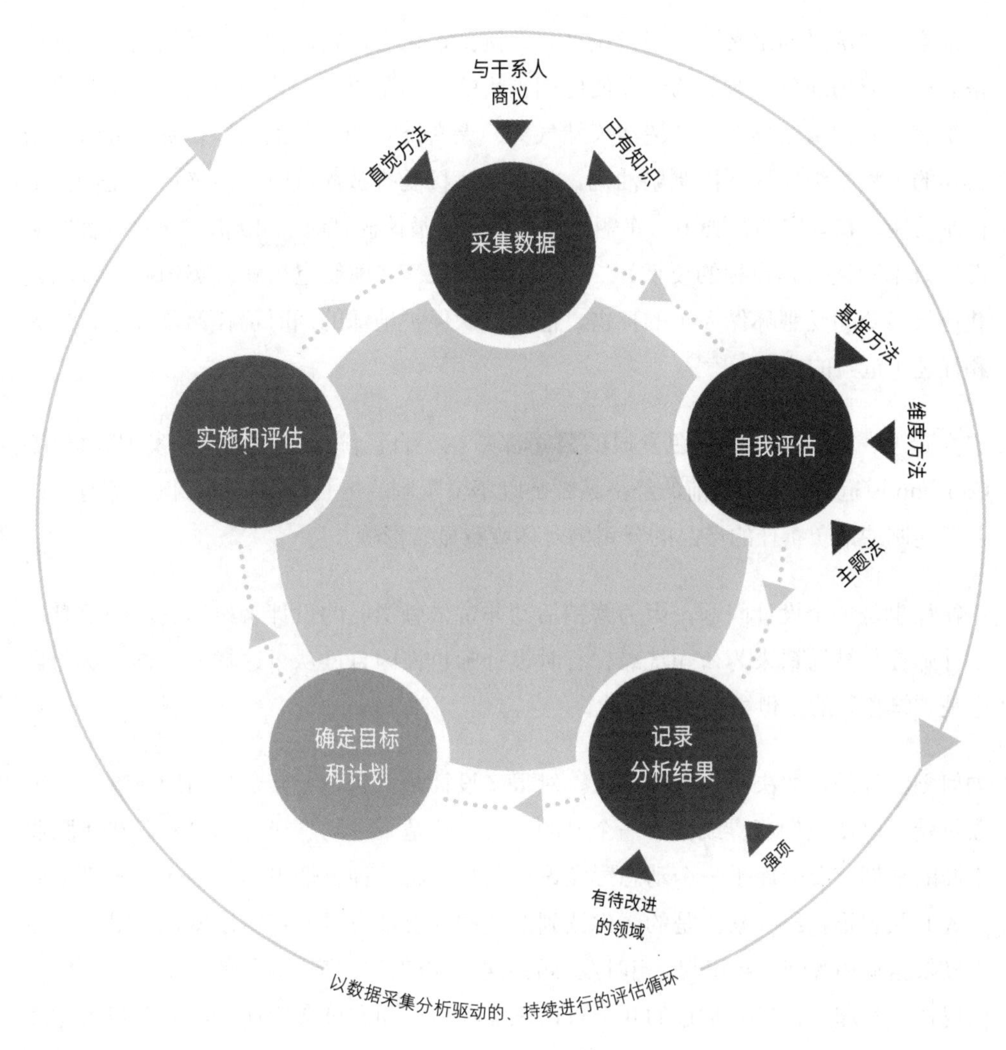

图 1-8
设定基准：本书的一个重要概念

我们带着以上问题来看下一节。

营销、品牌管理和洗绿

一些公司力争将可持续性的主动权掌握在自己手中，以满足营销目标，或安抚股东、顾客和供应商等。一家公司如不严格对待环保主动性，就会为所谓的洗绿创造机会

（前言的“洗绿的定义”一节讨论过）。例如，化石燃料公司也许斥巨资宣传他们是怎样“变为绿色企业”的，即使他们销售的产品是温室气体排放的最大贡献者。这类例子有“清洁煤炭”“清洁天然气”、大众公司的“柴油门”排放丑闻（大众公司的工程师编写程序控制柴油机，只在车辆接受排放测试时，才激活特定的排放控制功能，在真实的行驶中，车辆氮氧化物的排放比测试时高 40 倍，车辆的性能和燃烧效率则比公司声称的要低）。[注 17] 可口可乐、法国航空公司、英国石油公司及其他很多公司受到环保人士的抨击，他们鼓吹保护地球的同时仍在污染环境，置人和社区于危险的境地。[注 18]

“实际上，每一家宣称绿色发展的公司都是在为自己洗绿，”可持续发展顾问 JD Capuano 说道，“我们当前的经济系统是以不受限制的增长为基础的，但资源有限。甚至连制造最负责任的产品的公司仍对环境有显著影响。”

这往往也是一个设计问题。因为营销活动非常依赖漂亮的设计来传达它们的信息，设计师往往被聘请来为公司洗绿，有时设计师也许因自己从事这样的工作，认为自己是“绿色”的，但事实并非如此。

如何划清界限，取决于设计师个人。对很多设计师而言，尤其是自由职业者，一个项目就可以使他们获得或错失一个月的收入，这是一个动态变化的目标。在我职业生涯的早期，我受雇于一个动态影像设计项目，将某种香烟当作一种代表积极生活方式的品牌推销给大众。是的，你读到的这些内容都是真的：雪地摩托、滑雪、冬季极限运动和香烟一起出现。当时我真的需要一份工作，所以我找了这份临时工作。但现在回想起来，我参加过的几个自由职业项目，如有机会的话，我会重新考虑做不做的。这类项目启发我更重视使命驱动的工作，随着 Mightybytes 公司的成长和发展，这种工作变得很有必要，如图 1-10 所示。

注 17：Robert Duffer and Tribune staff，“Volkswagen Diesel Scandal: What You Need to Know” Chicago Tribune, September 22, 2015(*http://www.chicagotribune.com/classifed/automotive/ct-volkswagen-diesel-scandal-faq-20150921-story.html*)。

注 18：Breena Kerr，“The Culprit Companies Greenwashing Climate Change”，The Hustle, December 6, 2015(*http://thehustle.co/the-culprit-companies-greenwashing-climate-change*)。

鉴于企业社会责任或可持续性主动权应承担什么责任及真正的好公司应怎样做，缺乏一致和通用的标准，我们难以辨别真正好公司和营销做得好的公司。一些公司（例如可持续品牌、共益企业和赞成自觉资本主义理念的公司）能够协调公司的盈利和责任，帮公司搞好财务状况的同时，解决社会或环境问题。通过严苛的共益影响评估，认证通过的共益企业，可证明他们恪守更高标准的职责，透明度更高，让顾客相信其产品或服务不是洗绿的。第 3 章讲三重底线商业模型时，我们再详细讨论，如图 1-9 所示。

图 1-9
洗绿：也许很动听，但背后却并非如此

创新和打破局面

这场运动中的一些领导人，以生物模拟等方法打破现状。生物模拟是指通过模仿自然界的模式和策略，寻找方案，解决人类所面临的挑战。例如，纽约的 Ecovative

Design设计公司注[19]用生物可降解的、基于蘑菇的原料，生产包装材料和制作材料（见图 1-10），而不使用对环境危害较大的原料，该公司的产品可替代危害更大的聚苯乙烯。

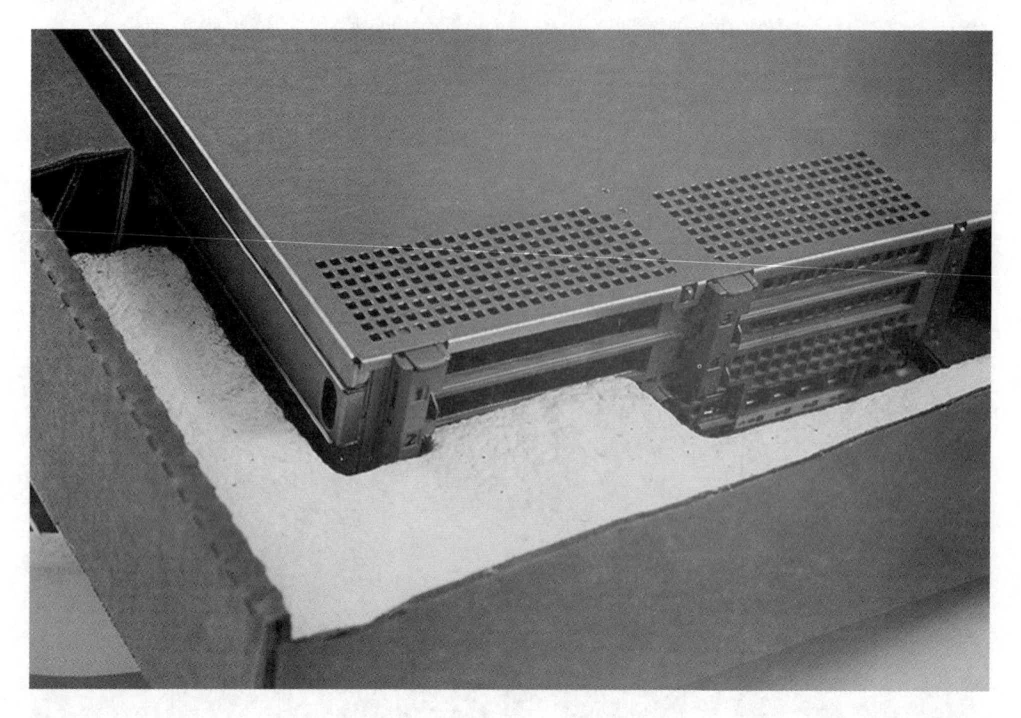

图 1-10
Ecovative Design 设计公司用蘑菇生产包装和制作材料

又如 Nascent Objects，注[20]这家公司开发了一个更可持续的电子平台，足以打破现有消费电子产品的设计、生产和销售模式（见图 1-11）。该平台在设计模块化的电子元件系统时，其出发点是填埋过时的设备或为单一功能购买最新款设备很浪费。该公司的商业模型撼动了过去 60~80 年消费电子产品的生产方式。他们没有沿用将电子元件封装在用途单一的产品中这一做法，而是制作了一个由 15 个通用电子模块

注 19： Ecovative Design，“How It Works”(*http://www.ecovativedesign.com/how-it-works*)。

注 20： Patrick Sisson，“Nascent Objects, a Sustainable Electronics Platform, Wants to Make Gadgets More Green”，Curbed, March 11, 2016(*http://www.curbed.com/2016/3/11/11201000/nascent-objects-modular-electronics-sustainable*)。

组成的系统，不同产品的扬声器、相机、麦克风等电子模块可互换。以这种方式设计的系统潜力无穷，该设计理念成就了一家以推动可持续电子产品变革为使命的公司。

在 Nascent Objects 平台，顾客从多个备选电子模块中按需挑选，然后利用平台提供的软件创建所需电子设备的原型，比如婴儿监控器、WiFi 扬声器、水表、监控器等。公司用 3D 打印技术制作设备的外壳，然后将产品快递给顾客。如果产品不再需要（比如婴儿监控器），顾客可重用内部模块创建新设备。目前，公司已设计出一块水表、一个无线扬声器和一个监控器，更多产品仍在设计中。

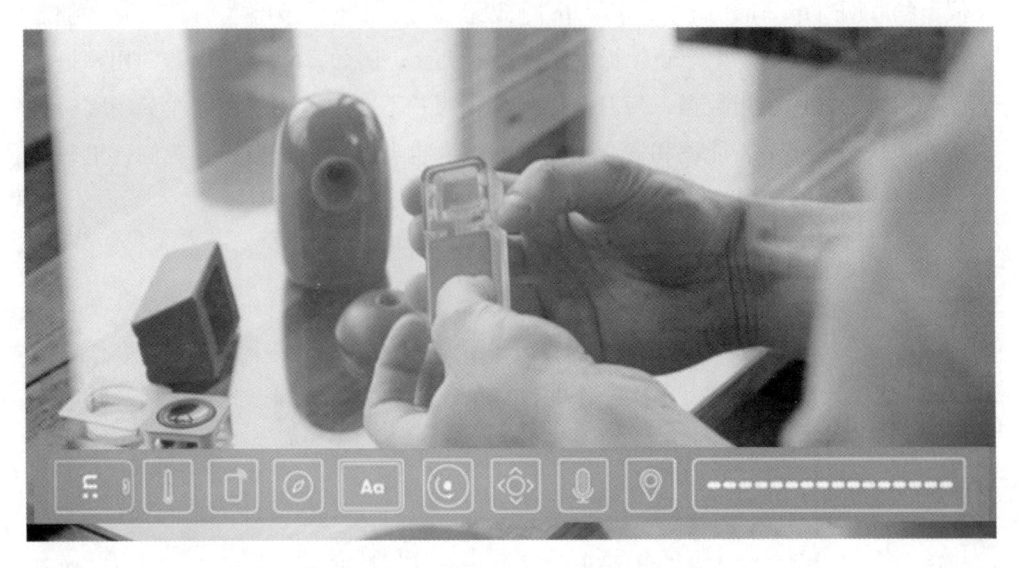

图 1-11

Nascent Objects 打破现有消费电子产品的设计、生产和销售方式

公司创始人 Baback Elmieh 相信随着分布式供应链的增加，再结合更先进的技术，设计师的准入门槛将大大降低。利用 Nascent Objects 提供的这类系统，创业公司现在也能生产之前只有大公司才能完成的产品。

设备不再使用之后，其外壳怎么处理尚不清楚，将它们送回 Nascent Objects 再次使用？此外，3D 打印技术本身存在环境隐患：3D 打印机大约浪费 40% 的不可循环材料；并且，塑料材料需保持熔化状态，3D 打印机才能正常工作，因此 它用电很多。[注21] 设计作坊全天开动 3D 打印机，打印的每件产品碳足迹很大。3D 打印还有一个缺点，2016 年年初的一项研究表明一些 3D 打印机会释放具有致癌作用的苯乙烯粒子。[注22]

大型电子产品生产对环境有着巨大影响，而 Nascent Objects 的模式重新思考了设备在我们生活中扮演的角色，在最小化对环境的影响方面，这种模式的潜力很大。该公司所提供的解决方案，将模块重用思想引入商业模式。

类似，物联网（Internet of Things，IoT）设备配备的传感器为监控能源利用和控制太阳能电池板这类能源生产硬件提供了巨大的机会。例如，Nest 恒温器向用户提供准确、实时的能源利用数据，每月给出报告，用户不在家时还能调低或关闭暖通空调系统，从而大幅节省能源和资金。物联网技术也有很多商业应用。我们这里只是介绍了一些浅显的知识。

实践 LCA

2014 年，纽约一名可持续性顾问 JD Capuano 与一家知名的线上社区平台合作，勘察公司业务对环境的影响。这次合作的目标是定义和量化影响，其中包括网站运营的碳足迹（服务器因消耗能源，向大气中释放了多少碳元素），并制定减少这一影响的策略。

因为这家公司的主要收入来自于线上的平台，所以将数据中心和网站性能分析纳入评估过程很重要。“第一步我们采访了数据中心的主管，搞清楚他们在做什么，”JD 说。公司将其服务器托管在几个数据中心，也就是跟其他公司共用服务器机架空间。公司在多个内容分发网络（Content Delivery Network，CDN）使用多台分布在

注 21： Adele Peters，“Is 3-D Printing Better for the Environment?”，Co.Exist, January 29, 2014(*http://www.fastcoexist.com/3024867/world-changing-ideas/is-3d-printing-better-for-the-environment*)。

注 22： Steve Dent，“Study Shows Some 3D Printing Fumes Can Be Harmful”，Engadget, February 1,2016 (*http://www.engadget.com/2016/02/01/study-shows-some-3d-printing-fumes-canbe-harmful*)。

不同地区的服务器。CDN 在不同地区的服务器上缓存内容副本。当用户请求内容时，从距离用户最近的服务器获取内容，以加快内容分发速度，减少数据传输。

CDN 能大幅提升效率，但 JD 不得不花大量时间从多个不同的数据源采集数据。“难度最大的是从托管服务器的数据中心获得一些可用的数据。这得跟他们协商。”客户的 IT 团队得到数据之后，JD 能定期收到消息。“相反，CDN 网络是透明的，”他说，“其中一家 CDN 提供商甚至计算出我们一家客户的碳足迹，并以邮件形式发送给我们。”

JD 综合了 CDN 排放数据和来自数据中心的信息。IT 团队在数据中心合租服务器机架上安装了能记录能源使用情况的电源插座，JD 据其发送的部分消息，调整了数据中心的数据。他们根据供应商提供的数据，利用外推法估计一个对公司有意义的单位排放量。电源插座发送的消息，使得 JD 的团队能控制外推法的精确度。

需重点指出的是，网站和数据中心的分析是 JD 为整个公司所做的更全面的可持续性审计的一部分。审计工作包括度量和诊断能源利用、排放、用水、废物和采购的影响。其中排放包括办公室、数据中心和 CDN、出差、员工通勤和运输产生的所有排放。

JD 收集了公司线下生产经营活动的排放数据，再综合公司网站、数据中心这类线上活动的数据，从而能够就减排给出全面的建议。

考虑到这是他们平台碳足迹的第一次迭代，JD 决定排除设备的隐含能源（生产产品或服务所需的全部能源之和），以及生命周期结束后的处置费用。JD 设计了一种度量废物的方法，所测废物包括电子硬件和其他设备在内的电子垃圾，这些电子垃圾是从办公室和合租机房收集到的。这类废物跟温室气体排放分开来测。他还确保他们使用经 e-Stewards 认证的循环利用程序，e-Stewards 组织制定了对全球负责的电子产品回收标准。关于电子垃圾的更多信息请见第 3 章。

数字业务可持续？

原本是创新、可持续的公司却极易忽视其数字化特性对环境的影响，我们举个例子：不论 Nascent Objects 还是 Ecovative Design 公司的网站好像都没有用可再生能源电力。并且，这两家网站的性能也都有优化空间，如图 1-12 所示。

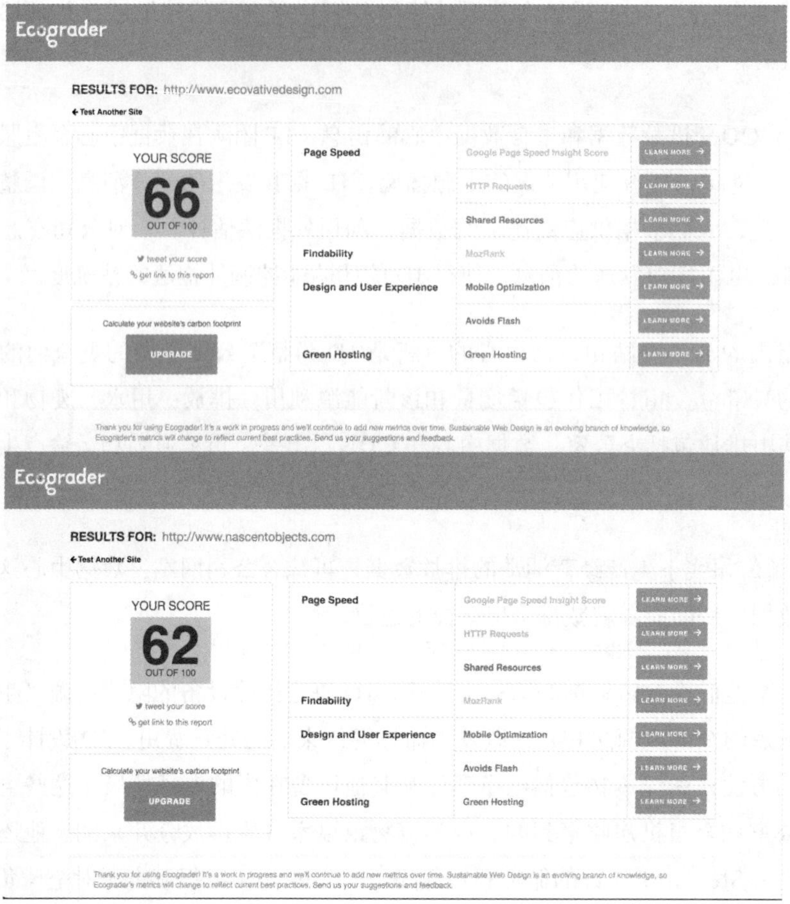

Ecograder

RESULTS FOR: http://www.ecovativedesign.com

← Test Another Site

YOUR SCORE
66
OUT OF 100

tweet your score
get link to this report

Calculate your website's carbon footprint
UPGRADE

Page Speed	Google Page Speed Insight Score	LEARN MORE →
	HTTP Requests	LEARN MORE →
	Shared Resources	LEARN MORE →
Findability	MozRank	LEARN MORE →
Design and User Experience	Mobile Optimization	LEARN MORE →
	Avoids Flash	LEARN MORE →
Green Hosting	Green Hosting	LEARN MORE →

Thank you for using Ecograder! It's a work in progress and we'll continue to add new metrics over time. Sustainable Web Design is an evolving branch of knowledge, so Ecograder's metrics will change to reflect current best practices. Send us your suggestions and feedback.

Ecograder

RESULTS FOR: http://www.nascentobjects.com

← Test Another Site

YOUR SCORE
62
OUT OF 100

tweet your score
get link to this report

Calculate your website's carbon footprint
UPGRADE

Page Speed	Google Page Speed Insight Score	LEARN MORE →
	HTTP Requests	LEARN MORE →
	Shared Resources	LEARN MORE →
Findability	MozRank	LEARN MORE →
Design and User Experience	Mobile Optimization	LEARN MORE →
	Avoids Flash	LEARN MORE →
Green Hosting	Green Hosting	LEARN MORE →

Thank you for using Ecograder! It's a work in progress and we'll continue to add new metrics over time. Sustainable Web Design is an evolving branch of knowledge, so Ecograder's metrics will change to reflect current best practices. Send us your suggestions and feedback.

图 1-12

Nascent Objects 和 Ecovative Design 两家公司都公开承诺实现可持续发展（希望其网站也能很快跟进）

也就是说，这些公司才刚刚起步，其网站产生的少量排放不论对哪家来讲优先级都不可能排在前面。业务发展初期，各公司还有很多其他的事要做。然而，希望随着这些公司的发展、壮大，他们在考虑实体产品影响的同时，也能顾及数字产品和服务。最可持续的创业公司将会是那些一开始就将可持续思想融入商业模型，且能兼顾数字产品和服务的影响的公司。

可持续性和因特网

我们简要介绍了可持续性原则在商业中的应用，怎样才能将这些实践方法应用到因特网？如本章前面所讲，评估数字业务时，很多生命周期评估仅停留在员工工作站和数据中心。考察一个 Web 应用整个生命周期的能源消耗情况，就会发现以下三个关键环节需要能源：

- 开发、测试、发布和维护应用。
- 应用的托管和提供服务。
- 用户下载以及和应用的交互。

显然，提升数据中心和工作站的能效，对减少以上几个环节的影响帮助很大，但这还不是全部。若要计算数字产品或服务在整个生命周期对环境的影响，我们必须采用相同的 LCA 过程评估其整个生命周期。

我们一起从较高的层次考察因特网的供求。然后，深入探讨如何为自己的数字产品或服务定制一次虚拟生命周期评估。

杰文斯悖论

杰文斯悖论是19世纪经济学家杰文斯(William Stanley Jevons)发明的一个经济术语，它解释了技术进步提高效率，增加需求，继而带动消费的现象，是由于他所谓的反弹效应引起的，商品便宜、方便，更多人想拥有它。杰文斯最初讨论的是煤炭的使用。

他观察到技术进步提高效率、降低价格之后，带动了人们对煤炭的需求，很多行业的煤炭消费增加。

虽然杰文斯最初讨论的是能源，但该悖论几乎适用于所有资源，尤其是因特网使用的相关资源。大多数情况下（比如汽车或照明），诸如价格、可用性、位置等便利因素，可促使人们大泛围采用，还有一些情况是创新拉动消费。回到本书，更高的效率拉动更大的消费，全球有 30 多亿因特网用户，依靠的就是廉价的宽带，[注23]价格较便宜的上网本，当然还有无处不在的智能手机。网民的数量呈指数级增长，有人预计 2020 年全球人口将全部触网。[注24]大泛围接入因特网总是对环境有影响的。买一瓶更便宜的苏打水，开一辆更宽敞的车，或更快地访问因特网，这样的选择若扩大到全球半数人口，对环境的影响很大。当你考虑虚拟化的度时（将线下流程搬到线上），全球公司正在做的，其影响是巨大的。业务迁移表面看是降低了 CO_2e 排放，但虚拟化本身对环境是有影响的，而这往往会被人们所忽略。

物联网

类似，据 DHL 和 Cisco 的一份报告，物联网到 2020 年将有 500 亿台设备接入，届时全球大约每人持有 7 台设备。[注25]Gartner 得出的数字接近 200 亿。[注26]不论是自行诊断刹车失灵的汽车，还是安装在宠物项圈中、定位宠物位置的芯片，所有可分配 IP 地址、发送或接收数据的设备，用物联网术语来讲都是一种“物”。

从消费者角度讲，物联网的智能、自我意识能帮他们实时做出更负责任的选择。从商业角度讲，工业自动化（从交通灯到建筑物）虽可实现性稍低，但将节省大量用电。远程监控还将削减运输和相应的排放。

注 23：Internet Live Stats,“Internet Users”(*http://www.internetlivestats.com/internet-users*)。

注 24：Chris Greenhough,“Eric Schmidt Predicts Entire World Will Be Online By 2020”, Inquisitr, April 15, 2013(*http://www.inquisitr.com/618893/eric-schmidt-predicts-entireworld-will-be-online-by-2020*)。

注 25：DHL and Cisco Trend Report 2015,“Internet of Things in Logistics”(*http://www.dhl.com/content/dam/Local_Images/g0/New_aboutus/innovation/DHLTrendReport_Internet_of_things.pdf*)。

注 26：The Register,“Gartner: 20 billion things on the Internet by 2020”(*http://www.theregister.co.uk/2015/11/11/gartner_20_billion_things_on_the_internet_by_2020*)。

“我们若是能将计算能力植入产品，它们就能自我描述，并提供安全的处置方法，‘处置’是指循环利用、重新进入生产环节或重用，”Chris Adams 说，他是伦敦一家数字营销公司 Product Science 的员工。该公司主要跟部分业务是解决社会或环境问题的机构合作。“然后，我们就有机会关闭大量污染极其严重的工作流。”

这对环境非常好，然而也有一些重要事项要考虑：

- 生产可降解的设备消耗大量的能源，可能要使用具有潜在危害的原材料或争端矿物。
- 设备的总足迹难以度量，因为其组件往往在多个不同的地方生产。
- 有些设备，比如 Nest 恒温器（稍后更详细地讨论），虽可利用特色功能和用户体验节省能源，但其他设备，比如健身跟踪器或家庭自动化系统，它们的能源足迹更沉重（见图 1-13）。
- 物联网设备常常会取代较旧的设备，旧设备需要处置。并且，有时这些设备的可处置（可替换）特性（“计划报废”），意味着它们也许最终会被填埋。一些公司甚至生产内置自毁功能的设备，以保证安全，这类设备过了某个日期之后就无法再用。[注 27]
- 每台设备发送数据到数据中心的服务器，以及从服务器接收数据，都需要一年 365 天 7 × 24 小时不间断供电。而这些数据中心很少有使用可再生能源电力的。

“设备的无处不在，是一柄双刃剑，”Chris 说道。“芯片是可处置的，从这点来讲，计算变得廉价，但我们仍需提供其他增值方式以延长其寿命，因为它们的发行或以某种安全的方式对其生物降解费用很高。”

虽然物联网的所有设备表面上为我们识别效率和做出更可持续抉择提供了更佳的分析数据，但它们仍需要电力来实时发送和接收数据。如前所述，这些设备提供了空前的监控和控制能源利用的可能性，但当前的物联网往好处说仍很分散，很少有设备厂商会合作起来解决该问题。因此，尽管我们能监控能源利用，这非常棒，但因缺乏数据标准，可能会传输不必要的信息。若将数据传输的用电量纳入考察范围，

注 27： Klint Finley, “The Internet of Things Could Drown Our Environment in Gadgets”, Wired, June 5, 2014 (*http://www.wired.com/2014/06/green-iot*)。

可以说标准不一致带来了严重的可持续性挑战。要适应数据传输的快速增长，网络得非常健壮才行。

例如，你有 7 款设备，每款设备以专有的格式发送和接收信息，彼此无法相互通信，那么，数据传输就存在较多的冗余。而 Apple 公司（及 Apple 的 HomeKit 框架）和其他几家公司阻碍为物联网设备开发通用的硬件和软件标准，在标准制定方面，目前很大程度仍处于狂野西部阶段，很多公司仍是各自为战。要开发更可持续的物联网，公司之间必须协同工作，制定数据传输的通用标准，消除数据冗余。

然而，物联网领域还有一个好机会没有利用，那就是为这些设备设计界面时，我们可设计用户体验，帮消费者做出更可持续的选择，比如 Nest 恒温器的界面设计（见图 1-13）。

图 1-13

Nest 恒温器的叶子图标帮用户做出更可持续的选择

即时反馈比延迟反馈对人类行为的修正作用更大。以电费单为例，你每 30 天拿到电费单，为过去一月的用电量付费，你不太可能改变用电习惯。而 Nest 恒温器监测你是否在房间，你若不在，它还会调整温度，以减少用电量。当你将恒温器调到更节能的设置，它还会显示一个叶子图标。这种即时反馈可帮用户做出更节能的选择，使其拥有更多的知情权。

即时反馈若不够用，Nest 还会以邮件形式发送月报（见图 1-14）。该报告不仅包括你自己的用电情况，还附上和当地其他 Nest 用户的比较，以激励你节省开支，节约资源。

虽然 Nest 使用图标反馈、实时反馈和激励措施为我们创建更可持续的用户体验提供了很好的教材，但除此之外还有其他一些方法。第 5 章将介绍更多的可持续用户体验实践方法，如图 1-14 所示。

网页总量如脱缰野马疯涨

随着全球因特网使用的增长，应用和网页数量随之增加。如前所述，写作本书时网页平均体积为 2.3MB，是 2003 年的 24 倍多。[注 28] 通过慢吞吞的因特网连接，向处理器速度较慢的移动设备提供网页，这些网页既浪费时间和能源，又挫伤用户，使其怨声连天。我们对视频背景、多图轮播、复杂的社交分享功能、高分辨率图像、滚动播放的横栏广告和其他前端效果的热爱，导致了加载缓慢、体积过大的网页蔓延开来。同时，很多研究表明一个网页加载时间只要超过几秒，用户就不太可能继续等下去。这可能是因为，网页加载时间过长，似乎会让用户感到网页的表现与自己的认知有点不一致，从而放弃等待。

第 6 章着力介绍网页优化方法，以帮你提升网站的性能和访问速度。

注 28： Website Optimization，“Average Web Page Breaks 1600K” (*http://www.websiteoptimization.com/speed/tweak/average-web-page*)。

Here's how you did:

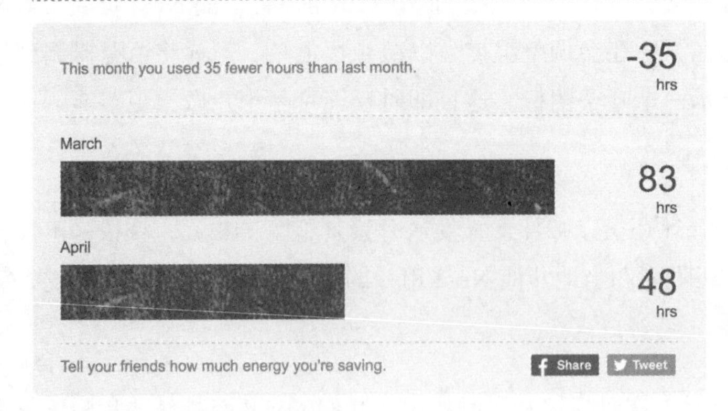

This month you used 35 fewer hours than last month.
-35
hrs
March
83
hrs
April
48
hrs
Tell your friends how much energy you're saving.
Share
Tweet

Why did your energy use change?

We look at a lot of reasons your energy use can change — from weather to Auto-Away — and these are the ones that made the biggest difference this month.

They add up to -38 hours of energy use. The difference of +3 hours was caused by other factors.
Learn more >

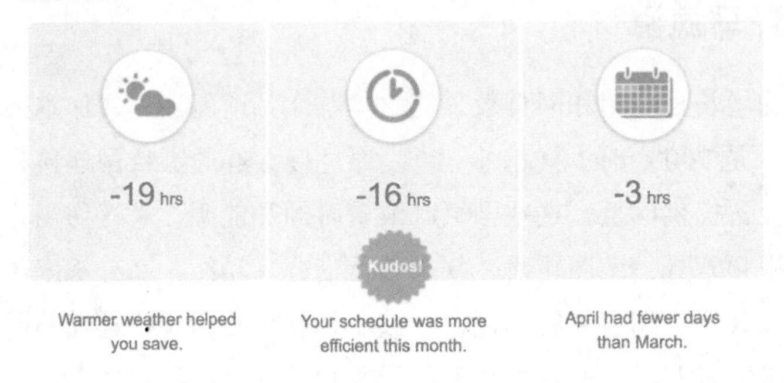

-19 hrs
-16 hrs
-3 hrs
Kudos!
Warmer weather helped you save.
Your schedule was more efficient this month.
April had fewer days than March.

A look at your Leafs:

You get a Leaf when you choose an energy-efficient temperature. This month, the average Nest Thermostat owner in your area earned 15 Leafs. Here's how you did:

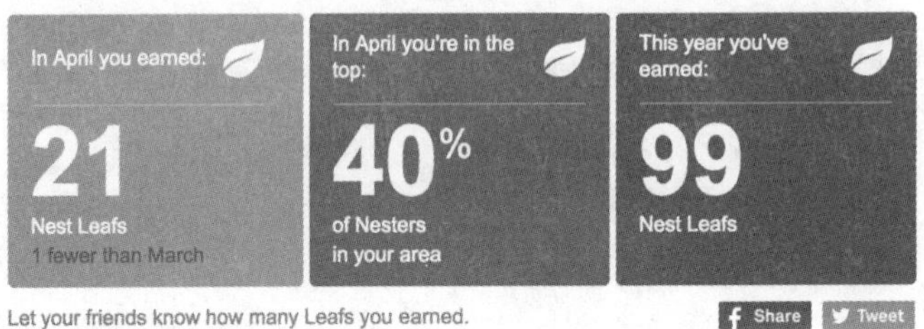

In April you earned:
21
Nest Leafs
1 fewer than March
In April you're in the top:
40%
of Nesters
in your area
This year you've earned:
99
Nest Leafs

Let your friends know how many Leafs you earned.

Share Tweet

图 1-14
Nest 还给用户发月度用电报告，并附上与同地区用户的比较

视频播放

我们不要忘了目前最占因特网带宽的是流媒体。请思考以下统计数字：

- 写作本书时，YouTube 有 10 亿多用户，每天共收看几亿小时视频，每分钟上传 300 小时视频。据因特网带宽跟踪公司 Sandvine 统计，2015 年年末，因特网全部下行流量的 18% 来自 YouTube。[注 29]
- 全部因特网下行流量的 37% 来自 Netflix。[注 30]
- Amazon 视频占 3% 多一点。

YouTube、Netflix、Hulu 和 Vudu 等视频播放服务已占用 70% 的消费者因特网流量。[注 31]2013 年，Cisco 认为 2018 年视频对流量贡献的占比将增长到 76%，但据目前数字来看，这个估计值也许太低了。[注 32]讲到这里，你就会明白为什么用可再生资源来发电，为这些服务供电很重要。当前该方面还有很大缺陷，更多介绍请见第 3 章。

一些公司已在朝这个方向努力。2013 年，据 Google 用来公开其环境影响的网站 Google Green 介绍，该公司 35% 的能源直接来自可再生资源，其余 65% 来自不可再生资源。绿色和平称其 *Clicking Clean* 报告是"建设绿色因特网的指南"，据该报告 2015 年版介绍 Google 46% 的能源来自可再生能源，15% 来自天然气，21% 来自煤炭，13% 来自核燃料。Google 宣称要降低不可再生能源电力的使用，但第 3 章会讲，可再生能源信用自身也存在弊端。Google 往可再生能源项目投资 25 亿多美元，

注 29：Emil Protalinski, "Streaming Services Now Account for Over 70% of Peak Traffc in North America, Net?ix Dominates with 37%", VentureBeat, December 7, 2015(*http://venturebeat.com/2015/12/07/streaming-services-now-account-for-over-70-of-peak-traffc-innorth-america-net?ix-dominates-with-37*)。

注 30：Sandvine, "Global Internet Phenomena Report" (*https://www.sandvine.com/trends/global-internet-phenomena*)。

注 31：Emil Protalinski, "Streaming Services" (*http://venturebeat.com/2015/12/07/streamingservices-now-account-for-over-70-of-peak-traffc-in-north-america-net?ix-dominates-with-37*)。

注 32：Cisco Visual Networking Index: Forecast and Methodology, 2013– 2018 (2014)。

并承诺到 2025 年 100% 使用可再生能源电力。Google 当属全球最大的可再生能源企业投资商之列。[注33]

另举一例，Netflix 和 Vimeo、Vine、SoundCloud 等另外几家将其网站的内容存储在亚马逊云服务平台（Amazon Web Services，AWS）。数以百计的人气应用，像 Dropbox、Pinterest、赫芬顿邮报（The Huffington Post）、Yelp、Reddit 等也选用该方案。实际上，Deepfield 2012 年的一项研究表明，全球三分之一的因特网用户平均每天至少使用一个托管在 AWS 的网站或应用。[注34]

AWS 因其能源利用和来源不透明，遭到绿色和平等组织的一致批评。鉴于其用户之多，AWS 的能源利用现状严重影响其可持续发展。它虽则公布了 100% 使用可再生能源电力的长期目标，但因缺乏透明度，公众不清楚它实际会怎么做，致使绿色和平 2015 年发布的"点击清洁记分卡"（Clicking Clean Scorecard）为亚马逊打了 C、D 和 F 三个分数。[注35]

60% 财富 100 强的公司都制定了碳排放和使用可再生能源的目标，公司缺乏透明度将有可能引发消费者更大的担忧。[注36] 这些公司并非孤独的玩家，这已成为一个普遍问题。如图 1-15 所示，其他公司，比如 eBay 和托管 LinkedIn 的 Digital Realty 也都面临该问题。

流媒体迅猛增长，而网站托管商可再生能源电力使用情况不透明，且缺少可用资源，这些困难加在一起，问题就变得十分清楚。杰文斯悖论再次发挥作用。

注 33：Google，"Renewable Energy–Google Green"（*https://www.google.com/green/energy*）。

注 34：Robert McMillan，"Amazon's Secretive Cloud Carries 1 Percent of the Internet"，Wired，April 18, 2012（*http://www.wired.com/2012/04/amazon-cloud*）。

注 35：*http://www.clickclean.org*。

注 36：Ceres，"Power Forward 2.0: How American Companies Are Setting Clean Energy Targets and Capturing Greater Business Value"（*http://www.ceres.org/resources/reports/powerforward-2.0-how-american-companies-are-setting-clean-energy-targets-and-capturinggreater-business-value/view*）。

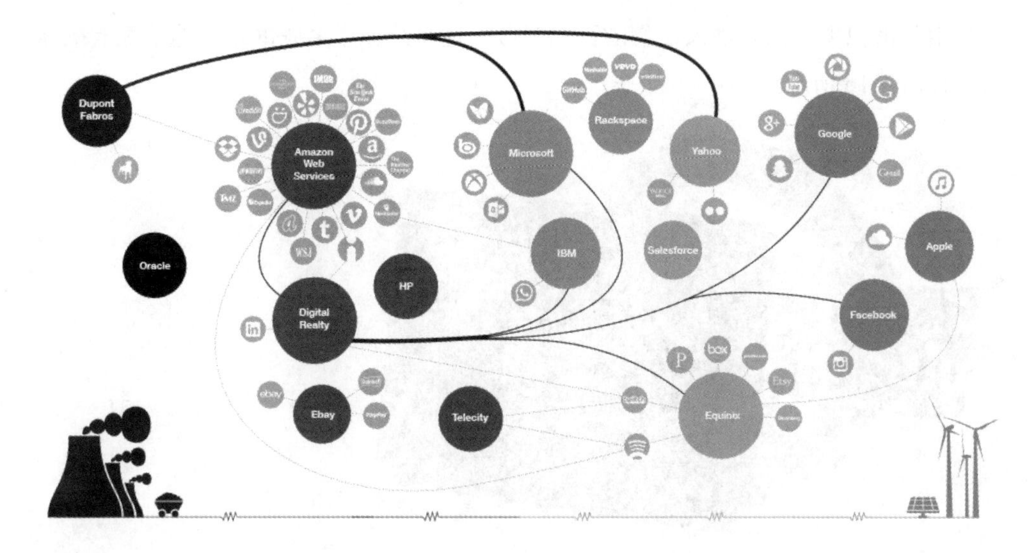

图 1-15
绿色和平 2015 年 *Clicking Clean* 报告的一幅信息图，展示了哪些大因特网公司承诺使用可再生能源，哪些还未承诺

虚拟现实

2016 年，随着 Oculus Rift、索尼的 PlayStation VR 等设备的发布，及其他设备第一次走进消费者家庭，虚拟现实（Virtual Reality,VR）的人气出现一次复苏，Jonathan Waldern 博士，是一位虚拟现实领域的开拓者，他称“机会跟因特网一样大”。[注 37] 2020 年，虚拟现实游戏内容预计销售额有望达到 50 亿美元，但这还只是一点皮毛。虚拟和增强现实（Augmented Reality，AR）内容 2020 年预计销售额有望达到 1500 亿美元。[注 38] 传统游戏市场关注这一块不足为奇，但 Netflix、Hulu 和亚马逊据称也

注 37：Charles Arthur, “The Return of Virtual Reality: ‘This Is as Big an Opportunity as the Internet’ ”, The Guardian, May 28, 2015(*https://www.theguardian.com/technology/2015/may/28/jonathan-waldern-return-virtual-reality-as-big-an-opportunity-as-internet*)。

注 38：Janko Roettgers, “Hardware Giants Bet Big on Virtual Reality and a Market That Doesn’t Yet Exist”, Variety, March 22, 2016(*http://variety.com/2016/digital/news/virtual-realityoculus-rift-consumers-1201735290*)。

在探索将虚拟现实内容加入他们的订阅服务。这将给原本紧张的带宽施加更大的压力。如图 1-16 所示。

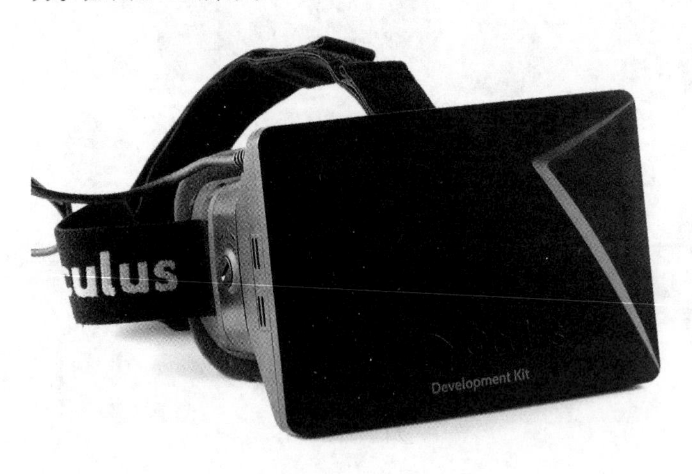

图 1-16
虚拟现实：机会跟因特网一样大

虚拟现实的终极目标是渲染一个虚拟场景，创造尽可能多的细节，使其与真实物体难辨真假。这些细节包括视觉、听觉、触觉、温度，甚至还有味觉方面的。据《福布斯》2016 年年初的一篇文章，"人类每秒所处理的光和声约相当于 5.2 千兆比特信息，这个数字是美国联邦通信委员会（US Federal Communications Commission）所预测的宽带网络未来规格（25Mbps）的 200 倍。"[注 39] 因为据估计人眼每秒感知 150 帧图像，"头和身体不转动的话，每只眼睛可接收 7.2 亿像素，全彩每像素 36 位，每秒 60 帧：总共 3.1 万亿（Tera，太拉）位！"

当然，我们无法立即处理这么多信息。虽压缩算法能减少部分信息，但虚拟现实真要是发挥出潜力，将因之而产生的海量数据载荷传给用户，对带宽的要求很高。

Markiewicz 博士认为：

> 游戏行业将在虚拟现实领域扮演主要角色，但它的能源效率和环境意识不为人

注 39：Bo Begole, "Why The Internet Pipes Will Burst When Virtual Reality Takes Off", Forbes, February 9, 2016(*http://www.forbes.com/sites/valleyvoices/2016/02/09/why-theinternet-pipes-will-burst-if-virtual-reality-takes-off/#774f287064e8*)。

所知。游戏圈的文化是标榜悍马计算机胜过普瑞斯级别的装备，他们以此为时代精神，游戏设计比以往更重视精心制作的3D和动画效果，而不考虑耗电量。若图像设计忽略了糟糕的Web设计对能源的浪费，那么游戏行业则是在庆祝它们对可持续标准的践踏。

考虑到上述所讲内容，虚拟现实内容生产者需积极采纳性能优化方面的新突破，以保持有限的宽带、良好的用户体验、性能优化且无延迟之间的平衡。

数据中心

最后，不提数据中心的用电，对因特网可持续性的讨论就不完整。从Google、Facebook自有数据中心到全球的Web设计公司和小创业公司集中托管的服务器，每台服务器一年365天7×24小时从老化的电网攫取电力。几乎每台服务器都有冗余策略，以备某台服务器宕机之后，可从其他替代数据源提供数据，这些冗余的服务器部件也需要电力，以备生产服务器使用。为保障电力供应，他们通常还备有多台柴油发电机。

数字中心的用电不容小觑，因为据2013年《纽约时报》的一篇文章报道，数据中心耗电量约为300亿瓦，大抵相当于30个核电站的发电量[注40]。一个数据中心的用电量赶得上一个小镇（见图1-17）。这篇文章还提到，数据中心用电量之中，仅有6%~12%的电力用在服务器运算上，其余用来冷却服务器，保证空闲服务器的运转，监视访问量是否激增，或防止系统瘫痪。换言之，数据中心从电网拉取的90%的电力可能是被浪费了。

像美国这样的国家，全国仅有13%的电力来自可再生资源，该数字来自美国能源信息管理局。[注41]这还包括了水力风电，可一些环保人士并不认为水电是真正的可再生能源，因为它对自然生态环境有潜在的破坏作用，但这13%里不包括核电（另占20%），核电自身存在环境隐患。

注40：James Glanz，“Power, Pollution and the Internet”，*New York Times*, September 22, 2012(*http://www.nytimes.com/2012/09/23/technology/data-centers-waste-vast-amounts-of-energy-belying-industry-image.html*)。

注41：US Energy Information Administration，“How Much US Electricity Is Generated from Renewable Energy?”(*http://www.eia.gov/energy_in_brief/article/renewable_electricity.cfm*)。

图 1-17
一个数据中心的用电量抵得上一座小镇。很多数据中心备有柴油发电机，以保证电力中断时系统仍能正常运行

我们考虑电力来源时，结合数据中心所消耗的 300 亿瓦电力的 90% 被浪费了这一事实，我们很快就会看到一个作为全球最大污染者的行业正在浮出水面。

转向可再生资源

虽然 Apple、Google、Facebook 等一些大因特网公司已取得了很大进步，它们的数据中心采用一部分可再生能源电力，但写作本书时，Microsoft 和 AWS 等公司仍有较长的路要走。很多云平台供应商，如 Heroku，是以 AWS 现有设施为基础开发的。Rackspace 曾作为竞争者在云服务领域与 AWS 展开艰难竞争，但 2015 年年末，它仿效 Heroku 和其他平台的做法，开始提供位于 AWS 的云服务。[注 42]

注 42： Yevgeniy Sverdlik, "Rackspace to Provide Managed AWS Services Before Year's End", Data Center Knowledge, August 12, 2015 (*http://www.datacenterknowledge.com/archives/2015/08/12/rackspace-provide-managed-aws-services-years-end*)。

类似，共用机房集中托管或 Web 托管提供商领域，一些公司已开始用清洁电力为数据中心供电，但也有很多公司的电力来源完全不透明，其中就包括吹捧“绿色”认证的供应商。对于想开发环境友好的数字产品和服务的设计师和开发者，电力来源极其重要。我们的 APP 托管在哪里对环境是有影响的。

第 3 章将更加详细地介绍数据中心、托管商和可再生能源。

虚拟 LCA

至此，我们对因特网的用电情况和电力来源有了较好的理解，并掌握了工作中可能会用到的商业领域的可持续性原则，我们接下来将用 LCA 来评估数字产品和服务。还记得清单分析一节，我们讨论的方法吗？现在，我们用该方法评估数字产品和服务的影响。

Pete Markiewicz 博士在 Creative Bloq（前身为 *.Net* 杂志）的一篇文章中提出了与实体产品评估相对应的虚拟 LCA 框架。[注 43] 各单元的对照过程见表 1-1。

表 1-1：Pete Markiewicz 的这张表对比了实体产品和数字产品生命周期的各个单元过程

LCA	虚拟 LCA
原材料	软件和视觉资产
生产	设计和开发
包装	上传到因特网
配销	通过网络下载
使用	交互、用户体验、完成任务
处置	从客户端删除数据

Markiewicz 博士认为：

> 与物理世界相比，可持续性 Web 设计弱化生产（读物生产）阶段，使其在本质上有别于印刷品设计。为什么呢？网页不像实体产品，网页消失之后，不会产

注 43：Pete Markiewicz，“Save the Planet Through Sustainable Web Design”，Creative Bloq, August 17, 2012(*http://www.creativebloq.com/inspiration/save-planet-throughsustainable-web-design-8126147*)。

生废纸或墨迹，只有电子元件散发的热量。因此，网页的生产成本比后续使用它的成本小得多。从另一方面讲，网页被浏览的时间越长，它产生的流量就越多，因此以良好的用户体验保证用户高效浏览网页非常重要。

我们一起来看下每个虚拟单元过程。

软件和视觉资产

我们不问生产过程消耗多少能源，而是考察开发数字产品和服务所需的软件和视觉资产。若用云服务，服务器是否用可再生能源电力？如若不然，你是否经常打开应用使其在笔记本的后台运行？很多应用定期联网检查更新或向开发商提供用户使用信息。因此，用完后不关，它们仍在使用内存和处理器，白白浪费电力。

软件开发过程的能效有多高，几乎无从知晓。开发商有没有使用精益创业原则，是只开发验证产品市场反应所需的必要功能，还是往软件包里加塞很少用到的功能（我说的就是 Adobe Photoshop 和 Microsoft Word 这类产品）。软件公司的办公室是否用可再生能源电力？设备的能效是否达标？同样的问题也适用于开发过程所用的视觉资产。这些问题可能不太好回答，但我们对照实体产品的生产过程来看虚拟产品，就会理解这些问题关系到减排，值得考虑。

设计和开发

产品的设计和开发过程，你可以采用多种方法提升效率，节约能源。例如，采用渐进增强策略，利用功能分层技术，使所有用户均可使用基础内容和功能，同时向具有更高级的浏览器或（和）更宽带宽的用户提供增强版功能。移动优先策略，向更多人开放数字产品和服务。HTML5 和 CSS3 等 Web 标准以及 WebVR 和 OSVR 等新兴的虚拟现实开源框架的出现，跨设备传输内容更加高效。类似地，为存在能力障碍的用户制定可访问性标准，他们也许借助屏幕阅读器或其他辅助技术访问你的内容，遵守该标准，你的内容能在更多平台和设备上使用。

对数字产品的设计和开发，作清单分析，要问的一些问题有：

- 产品是否使用过时或非标准技术，导致硬件损耗大或安装插件或借助附加资源才能运行？
- 为移动设备优化过？
- 图像、脚本或其他资产是否压缩过，以尽可能快地传输？

上传服务器、网络下载

数字产品和服务也许不需要包装或用货船将其运来运去，但将这些应用传输到虚拟目的地，仍需要能源。据美国能源信息管理局估计，美国 6% 的电力消耗在传输和分发上。[注44] 典型现代化国家这一比例与之类似，一般在 6%~9%。[注45] 发展中国家，则另有一番光景。2000 年，印度 30% 的电力损耗在传输过程，但近年来有所改善，这个数字降到了 18%。电力输送会带来损耗，是出于这样一个简单的事实：电流通过电线，有一部分最终变为热量。

设计师和开发者可开发更高效的应用，服务器用可再生能源电力，以减小传输过程的能耗。利用 CDN，从距离用户最近的服务器提供网页，也能减小能耗。

因此，数字产品或服务的清单分析，要重点分析评估传输过程的能量损耗、基础设施、宽带以及前端的用电情况。有方法减少这些量吗？

交互

所有数字产品和服务的运转都离不了能源。如前面 Markiewicz 博士所讲的，交互代表了它们与实体产品彻底的不同。问题是它们用多少能源？怎么回答虚拟 LCA 资产的能耗？下面是一些问题：

- 我的网站或应用流量多大？

注 44：US Energy Information Administration, "Frequently Asked Questions" (*http://www.eia.gov/tools/faqs/faq.cfm?id=105&t=3*)。

注 45：Robert Wilson, "How Much Electricity Is Lost in Transmission?", Carbon Counter, February 15, 2015 (*https://carboncounter.wordpress.com/2015/02/15/how-muchelectricity-is-lost-in-transmission*)。

- 计算机和移动设备分别贡献了多少流量？
- 每款设备每秒耗电量多少？每分钟呢？
- 每款设备每分钟上传和下载多少数据？
- 我的数字产品或服务的平均使用时间有多长？在每款设备上的使用时长呢？

你可以借助 Google Analytics 或其他指标度量应用找到以上多个问题的答案。

数据处置

实体产品清单分析，考虑的是产品报废产生多少废物，消耗多少能量。往往将重点放在被处置材料的循环利用上。虚拟产品，循环利用不成问题，虽然处置产品可能将已关闭账户的残余信息遗留在数据库，从而增加应用的大小，也就增加了碳足迹。产品的前端，删除应用或文档也会有一定的耗电量，但比起产品的使用和交互，这点电量微不足道。也有很多线上系统比如像 Git，它们为数据备份而不是删除。因此，若是存储成千上万份副本，甚至只保存改动，是不是也会增加用电量，继而影响环境同时降低能效？虽然硬盘储存也许更节能，但管理备份效率较低。并且，随着我们应用的增大，复杂度上升，这个问题将更加突出。

该环节要问的一些问题包括：

- 删除应用，需要哪些处理器资源？
- 是否会在用户的设备上残留信息？
- 数据库有多少不用的账号？

代码过时

我们天天用的很多数字产品和服务，是以过时的代码和已被废弃的专有系统为基础，并借助好比是牙线和口香糖这类技术手段将其整合在一起的。航班预定和股票交易系统是社会正常运转所需的大型系统，它们就是用不稳定和过时的代码搭建的。

2015 年 7 月，纽交所（NYSE）和美国联合航空公司的系统于同一天瘫痪（《华尔街日报》网站也因同样的故障下线）。过时的代码不仅会引发潜在的安全和性能问题，还会浪费能源并威胁到用户的数据。

投资更新

不断升级硬件和软件，保持它们是最新的，这一点的重要性再强调也不为过。哪里有故障就贴块创可贴，而不配合架构规划和分拨预算等措施，数字产品和服务只会更脆弱。不幸的是，编写新功能时，将新代码和老代码用“胶带”粘合在一起的这种现象比我们想象的更常见，该方法显然不可持续。关于该话题，Medium 网站有一篇博文，开发者 Zeynep Tufekci 教授写道：[注 46]

> 大量新代码是以极快地速度编写的，因为硅谷当前的软件开发潮流（和天使投资人 / 风投的投资模式）迫使人们这么做……软件工程师无所不用其能，能写多快就写多快。代码中很可能有大量起胶带作用的代码片段，将其整合在一起。使用得当，就能起到修复代码的作用，为代码添加合理的注释（解释代码，以便维护代码的程序员能读懂），并可将代码移植到设计规模合理的系统，在危机出现之前。开发人员会这样操作吗？我敢打赌，很多人等着去看系统是否会瘫痪，然后才做必要的修复。到那时，业务已做得很大，不容许宕机时间太长，因此就有使用更多胶带的冲动。

你开发的应用若使用了其他应用的数据，要记住每次他们更新应用编程接口（API），你可能也需要更新。有时，这可能会导致用户喜爱的功能无法继续提供。如果软件不快、不可靠、不能跟上时代的脚步，数字产品或服务的生命周期就会缩短。

对数字产品或服务的最后阶段作清单分析，需要问的问题如下：

- 如何保持应用的更新、代码的简洁和用户数据安全？

注 46：Zeynep Tufekci，“Why the Great Glitch of July 8th Should Scare You”，The Medium, July 8, 2015(*https://medium.com/message/why-the-great-glitch-of-july-8th-should-scare-youb791002fff03*)。

- 增加用户期望的新功能时，如何仍能保持高效？
- 你的应用走到生命周期的尽头时，如何处置才能使产生的废物尽可能少？
- 你能在工作流加入什么工具（比如测试模块、实时性能分析、编码能力测试）来提升代码质量吗？
- 敏捷冲刺阶段（敏捷的更多内容请见第 3 章），你能实行什么项目管理策略来避免浪费编码时间，提升 bug 检测能力，并对应用执行压力测试？

硬件处置

硬件过期之后，其性能、稳定和安全受到显著影响。有时，就需要更换硬件，但硬件的元器件应尽可能循环利用。据联合国统计，到 2015 年 5 月，每年世界上高达 90% 的电子垃圾被非法贸易或丢弃。[注 47] 这些硬件含有水银、铅、镉和砷等有毒化学物质，可能会引发癌症、生殖障碍及其他健康问题。美国是全球最大的电子垃圾产出国，每年比某国多 100 万美吨。美国每年的废物有多少？仅 2014 年就产生了 4180 万公吨，足足要装 115 万辆 18 轮卡车。平均长 53 英尺的货车，首尾相接，几乎绕地球半圈，这还只是美国一年产生的电子垃圾。如图 1-18 所示。

图 1-18
美国每年产生的电子垃圾足以装满 115 万辆 18 轮卡车。这些卡车首尾相连，几乎可以绕地球半圈

注 47：America Upcycles，“About e-Waste”（*http://www.americaupcycles.com/#!e-waste/xx7tv*）。

小结

本章的统计数据意在提供背景知识。因特网将曾经封存于对环境影响更大的流程中的数据和信息开放出来供用户使用，为社会和环境带来诸多好处（别忘了，你上次从音像店买 CD 碟是什么时候的事了）。这种易于访问的特性，使国家更强大，先前无法交流的现在可以了，在一些社会，因特网是人们接触医疗或教育等重要信息的唯一手段。

解决因特网环境影响的方案当然不是减少对它的使用，而是要提高系统的效率，使用可再生能源电力，并利用因特网解决不平等或气候危机等大规模、全球性问题。

行动指南

你想深入探讨本章所讲概念？可尝试以下事情：

- 回顾上一个项目，你在哪些方面原本可以作出更可持续的选择？试着列一列。
- 利用本章的框架，对你自己开发的或经常使用的网站或应用，作一次虚拟 LCA 评估。找出有待改进的地方。它们差在哪里？
- 问一问托管商，对于用可再生能源电力为服务器供电，他们有何政策。

找出要改进的地方之后，你可以用后续章节介绍的框架，让你的产品和服务更可持续。

第 2 章

可持续 Web 设计入门

你将从本章学到什么

本章，我们将介绍以下内容：

- 为什么说因特网可持续性标准很重要。
- 开发更可持续的数字产品和服务所用框架的每个组件。
- 广泛采用这些标准的潜在障碍。
- 树立可持续设计意识，减少对环境影响的解决方法。

可持续 Web 设计

2015 年 12 月，195 个国家的领导人齐聚一堂参加联合国气候变化大会，对减少温室气体排放，减缓或停止全球变暖问题，通过了第一个赢得普遍认可的气候协议（见图 2-1）。经过密集磋商，他们达成以下决议：

- 确定一个目标，减少全球气温升高的幅度，比工业化之前气温不能高过 2℃。
- 缔约国将致力于监控、报告和限制各自的温室气体排放。
- 各国将向气候相关项目投资数十亿美元，用于限制排放，推广更清洁的可再生能源。

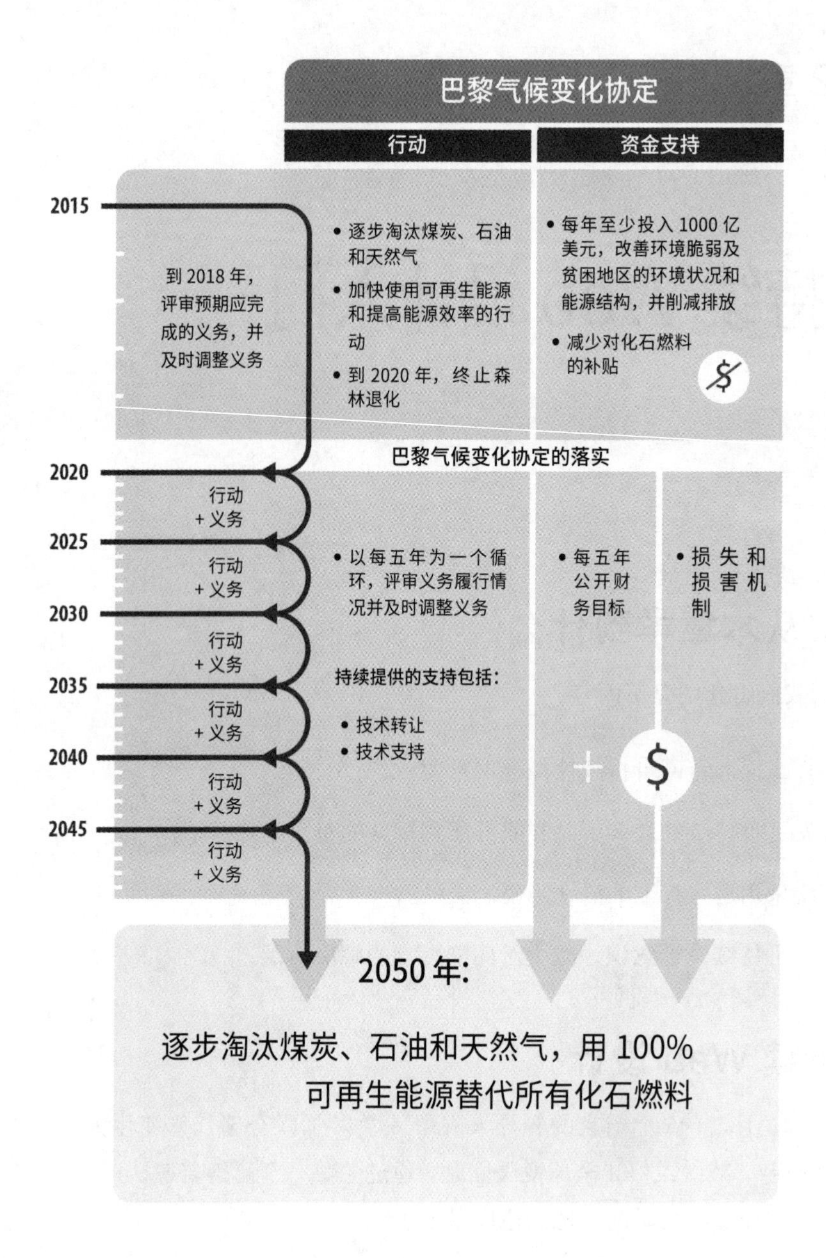

图 2-1
第 21 届联合国气候变化大会（COP21），195 个国家的领导人决定通过采取多种行动，履行相关义务，到 2050 年 100% 用可再生能源取代煤炭、石油和天然气

2016 年世界地球日，175 个国家在纽约联合国总部下定决心签署了《巴黎气候变化

协定》。[注1] 美国国务卿 John Kerry 称该协定是“这么多年来经各国磋商得到的最强有力、最具雄心的气候协定。[注2]”

第 21 届联合国气候变化大会是有史以来世界各国领导人协商气候变化、达成协议的最大的一次集会。《卫报》记者称其为“世界最大的民主胜利”，[注3] 国际绿色和平组织的执行理事Komi Naidoo评论称“今天，人类加入一项共同的事业……仅凭协定，它是无从救我们脱离洞穴，但它将洞壁铲得没那么陡峭了。”

虽然这是朝正确方向迈出了不朽的、具有历史意义的一步，但效果如何仍拭目以待，特别是协定该怎么执行，后续努力会带来哪些长期效果。很多人认为这些努力可能太小、太迟，但大家都赞同第 21 届联合国气候变化大会标志着为我们星球未来而战的一次巨大进步。

“任何长期方案势必要求大力改善能源生产方式，” Josh Katz 和 Jennifer Daniel 在他们为《纽约时报》撰写的“关于气候变化，你可以做什么”[注4] 的文章中提到，“同时，也包括日常你可以做的很多事情，以减少个人对正在变暖的星球的影响。”

随着因特网在数十亿人日常生活中扮演着越来越重要的角色，我们社区负有义不容辞的责任，我们要去解决这些问题，要讲清楚更可持续的数字产品和服务该怎么开发，以便每个人都能理解和实践。任何新数字产品或服务，其前端的能源消耗通常在设计阶段就能确定下来，因此让设计团队了解这些问题，情况就会大为不同。据 Per Katz 和 Daniel 的文章，设计师和开发者要创建更好的方案，日常工作中的机会

注 1： United Nations, “List of Parties that Signed the Paris Agreement on 22 April” (http://www.un.org/sustainabledevelopment/blog/2016/04/parisagreementsingatures)。

注 2： Michele Gorman, “150 Countries Will Sign Paris Climate Change Agreement on Earth Day”, Newsweek, April 22, 2016(*http://www.newsweek.com/countries-sign-paris-climatechange-agreement-earth-day-451443*)。

注 3： Fiona Harvey, “Paris Climate Change Agreement: The World’s Greatest Diplomatic Success”, The Guardian, December 14, 2015(*http://www.theguardian.com/environment/2015/dec/13/paris-climate-deal-cop-diplomacy-developing-united-nations*)。

注 4： Josh Katz and Jennifer Daniel, “What You Can Do About Climate Change”, New York Times - The Upshot, December 2, 2015(*http://www.nytimes.com/interactive/2015/12/03/upshot/what-you-can-do-about-climate-change.html*)。

多得数不过来。本章提供一个开发和维护更可持续的数字产品或服务的框架，以解决第 1 章所列问题。该框架的每个单独议题，后续章节将详细探讨。

Web 可持续性标准？

很多行业已有完善的可持续性标准。例如，LEED、Passiv Haus、Living Building Challenge 和 Net Zero 等评级系统帮建筑单位寻找最佳路线，建设环境友好、排放中性的建筑。因特网虽有万维网联盟（World Wide Web Consortium，W3C）所定标准，但至今这些标准还没有考虑能耗或温室气体排放。目前跟 Web 可持续性联系最紧密的是一个关注可持续 Web 设计的开放 W3C 社区（你应该加入该组织）。

我们需要简单、易操作的方法，使 Web 团队更好地理解如何制定更可持续的 Web 解决方案。我们应该让设计师和开发者接受可持续性标准，以便在数年之内使因特网能达到建筑行业现有水平吗？

Future Friendly 的朋友们（一群因特网作家、设计师和名人），并不认为推行标准是我们要选择的道路。[注 5] 事情变化太快。正如他们网站首页所写的：

> 我们现有标准、工作流和基础设施不会支撑太久。当今各种设备的狂轰滥炸，已将其推到破裂的边缘。它们无法再承受以后还要发生的变化。最初专有解决方案占主导地位。标准化之前，创新必然会先行。技术专家意识到（再次）需要一个标准化平台来保持头脑清醒之前，不得不手忙脚乱地去实现这些方案。标准制定的过程慢得让人痛苦不已。我们艰难地制定（最终达成一致）合适的标准。在这期间，Web 开发工作的进展甚至落后于专有方案。

但是，据 Future Friendly 的员工透露，他们希望 Web 设计师应接受以下设计原则：

- 承认和接受不可预测性。
- 以一种对未来友好的方式思考和行动。
- 帮助其他人做到以上两点。

注 5： *http://futurefriendlyweb.com/index.html*。

什么会比为气候变化行动起来对未来更友好呢？以这种方式思考和行动，Future Friendly 建议我们为了不断进步和创新，对具体方法、技术或工作流的要求不要那么苛刻：注 6

> 我们无法占据所有设备，替代所有应用。我们要应对设备越来越复杂的趋势，因此什么对顾客和业务最重要，我们就关注什么。这并非要制定最小公分母解决方案，而是要开发有意义的内容和服务。人们为分心的事过多而厌恶感日增，开始想方设法简化手头的事。你要赶在顾客之前，关注自己的服务，并增加差异化，这对你会有所帮助。如图 2-2 所示。

图 2-2
制定标准慢，但技术发展快

以上建议很好。关注最有意义的内容和服务，提供更相关的体验，这可以理解为一种更可持续的方法。但它是否是最佳的方式且没有牺牲未来的需求，正如可持续性原则所要求的那样吗？最可持续的解决方案是指为所能预见的尽可能多的设备，快速提供最相关的内容。为了实现这一目标，我们发现自己陷于一种常见的技术困境：为持有旧设备的用户提供低于标准的体验，或制造如此多的可能性和解决方法，以至于应用的性能受到制约，这两种做法均会疏远用户，实属冒险。最终 Web 标准团队也许能找到补救措施，但目前我们所想到的方法是渐进增强和内容为先（第 4 章、第 5 章进一步探讨），它们都能帮上忙。

注 6：*http://futurefriendlyweb.com/thinking.html*。

理念的转变

本书虽然包括了很多前面提到的方法和工作流，但我们还是有必要重申开发更可持续的数字产品和服务要求转变理念这一点，如第 1 章所讲，它比采用某种特定的实践方法或技术还重要。我们仍会介绍多种技术，但前提是理解开发更快、更高效，并用可再生能源驱动的用户体验有很多种方法。而具体采用哪一种，则取决于我们每个人。我们要根据自己的独特需求和一些易于理解的原则来选择开发路线。

更可持续的解决方案也是更高效的，通常会带来更大的成功。正如 Nathan Shedroff 在他的 *Design Is the Problem* 一书中所讲“可持续的机构若关注废物及其影响这些细节，以更清洁的方式发挥其职能，这样做不仅能提高利润率，还能与其他机构区分开来，从而往往会更加成功。”

带着对以上内容的思考，我们现在可得出以下结论：

- 当前的 Web 设计和开发标准完全没有考虑能源利用及其对环境的影响。大部分人甚至不知道这还是个事。
- 不论团队内部，还是和干系人讨论设计和开发决策对环境的影响时，Web 团队缺少可用的框架来开展有意义的对话。
- 因特网全部碳足迹的很大一部分（有人认为高达 40%）来自前端，这部分是由设计师设计的。[注 7]
- Web 对环境的整体影响虽有统计数字可循，但是计算单个产品或服务的影响尚无被广泛接受的方法论，这使得产品负责人难以真正理解它们对环境的影响。
- 非常不幸，因特网的大部分是不可持续的。故此，这些策略不仅为设计师和开发者的业务发展提供了巨大机会，也可以使其从竞争对手中脱颖而出。

不管有无标准，鉴于前面提到的这些原因，我们很有必要制定一个框架，涵盖可以

注 7： James Christie，“Sustainable Web Design”，A List Apart, September 24, 2013(*http://alistapart.com/article/sustainable-web-design*)。

最小化能源利用的最常见的几个领域，不仅让用户快乐，还使性能得以优化。我们开始吧。

可持续 Web 设计：一个框架

可持续 Web 设计以标准的环保原则为基础，该原则可应用于数字产品、服务或任意类型的在线媒介的生命周期。这些原则最大化我们开发的 Web 应用和媒介的效率，减少其碳足迹，降低对环境的影响。通常，可持续 Web 设计原则的重点是减少用电量，但也注意整合“绿色”成分，比如用清洁能源供电的 Web 托管。这些原则还能帮用户做出更可持续的选择，并快速满足其需求，如图 2-3 所示。

图 2-3
更可持续的数字产品和服务开发框架：可再生能源、设计和用户体验、性能优化和内容的易查找

本书的可持续 Web 设计框架包括四大主要类别：

- 更可持续的组件，比如绿色托管。
- 内容易查找、内容策略和 SEO。

- 设计和用户体验。
- Web 性能优化（WPO）。

以上每个类别相关著作颇多，而后三个尤甚，其探讨也非常深入。我们的目的是以这些现有的原则为基础，提供一组指导方针，并从可持续性视角探究这几大类。

接受这些设计原则，有以下好处：

改善性能
: 网页代码更精简，加载速度快。

改善可用性
: 导航和消息更清晰。

改善搜索结果
: 网站易爬取，能带动流量，快速反馈查询结果。

改善可访问性
: 为多种平台和设备快速交付相关内容。

减少环境影响
: 解决方案使用可再生能源电力。

我们简要定义四个原则的每一个。后续章节将逐一展开，深入讲解。

更可持续的组件

要实现更可持续的线上解决方案，你所能做的最重要的事莫过于将数字产品或服务托管在 100% 用可再生能源供电的服务器上。但这并不是唯一要做的。数字产品和服务所需的很多组件，你可增加其持续性，使其产出满足更高的环保标准。有一些组件，比如环境友好的工作空间和绿色使命声明，为可持续设计方面的努力提供目标和氛围。像节能 Web 框架、敏捷工作流和标准开发模式等其他的方法论直接影响数字产品或服务自身。无好的食材，你烤不出美味的蛋糕，开发更可持续的数字产品和服务也是这个道理。如何用这些组件搭配成更大的混合体，是我们第 3 章要探讨的（见图 2-4 和图 2-5）。

图 2-4
绿色托管只是开发更可持续的数字产品和服务的多种组件之一

这一部分的常见问题有：

- 数字产品和服务的托管商用可再生能源为其服务器供电吗？
- 托管商利用内容分发网络（CDN）、共享库和其他外部组件，提高终端产品或服务的效率吗？
- 生产数字产品或服务的办公环境，支持和鼓励更可持续的选择吗？
- 制定这些方案的员工清楚地理解产品、服务和公司的环境使命吗？
- 制定这些方案的工作流和方案是否更可持续？它们是否产生更少的废弃物？
- 还有其他“绿色”组件能用于实现更可持续的解决方案吗？

图 2-5
环境友好的办公空间包括 LED 照明、循环利用、自然光及茂盛的绿植墙

可发现性和内容策略

内容易查找，消耗资源会更少。以良好的搜索引擎优化（SEO）方法，提高网站的搜索引擎排名，这不只是好营销方法，还是一种潜在的更可持续的选择，对用户也更友好。类似，为网站添加站内搜索功能，帮用户更快找到所需内容，也是一种更可持续的做法，因为这会减少前端所消耗的能源。换言之，网站若做过良好搜索引擎优化，并实现了强大的站内搜索，用户可更快找到内容，消耗的能源会减少，因而更可持续。

但并不是将搜索结果返回给用户就万事大吉了。内容被找到之后，它应清楚、快捷地达到其应有的目的，帮用户做出更可持续的选择，比如提供更可持续的运输方案，或重点展示生产过程更符合伦理的产品。这要求网站具备良好的内容策略。你若是内容生产者，你宣传内容的方式也有影响，详细讨论见第 4 章，如图 2-6 所示。

图 2-6
快速找到内容，更节能。Web 可持续性工具 Ecograder 爬取的近 7 万个网站的平均 MozRank 仅为 2/10，还有很大的改善空间

该领域的常见问题有：

- 用户能用搜索引擎很容易地找到你的内容吗？
- 你能改善内容，使其更易于查找吗？
- 内容从头至尾都能表达清楚目的且富有吸引力吗？
- 内容所提供的价值是否明确，它是否回答了用户关于某一特定主题的问题吗？是否有帮助？
- 用户利用站内搜索能很容易地找到产品或服务的相关内容吗？
- 你的内容是否有相应的反馈机制，使其更可用？
- 内容宣传和业务需求是否直接相关？如何度量成功？

设计和用户体验

设计和用户体验（UX）是播撒 Web 可持续性种子之田。产品和服务提供一种精简却舒适的体验（恰好在有需要的时刻，提供用户之所需）更高效、更可持续。用户体验设计师处于独特地位，心怀可持续性理念，制作工具，精简用户工作流，最小化信息载荷，排除妨碍用户完成预定任务的潜在干扰。可持续用户体验，不仅对人友好，对星球也是如此。第 5 章还将对此作深入探讨，如图 2-7 所示。

图 2-7
快速提交。用户能快速和容易地完成任务吗？ Ecograder 爬取的近 7 万个网站，不到 1/4 适配过移动设备

该领域的常见问题有：

- 界面会干扰用户快速、高效完成任务吗？
- 导航易于理解吗？
- 设计模式是以普遍认可的标准为基础吗？

- 不管用什么设备或浏览器，用户都能得到相近的体验吗？
- 你是否避免设计“黑暗模式”用户体验，即诱导用户参与病毒式传播而无视正值的形象被破坏？你在实践有道德的用户体验吗？
- 所设计的用户体验，是否避免使用专有格式和插件？
- 网站是否使用渐进增强、移动优先、HTML5、CSS3 等技术？

Web 性能优化（WPO）

速度快、可靠性高的数字产品和服务也更可持续，因为它们通常以更少的资源为用户提供更有意义的体验。事实上，有研究表明网站若不能在两秒之内加载出来，大多数用户也许就会放弃，转而使用竞争对手的网站。应用的所有元素都做过 WPO，前后台速度将大幅提升，消耗更少能源，但光有速度并不能保证应用的可靠性。通常，更可靠往往也意味着要求更高。第 6 章将从总体上介绍性能优化技术，并讨论开发更可持续的数字产品和服务时如何平衡速度和可靠性。如图 2-8 所示。

要优化 Web 性能，需经常思考以下问题：

- 我的网站或应用应加载多快？
- 如何平衡性能目标与设计决策及客户要求之间的关系？
- 性能优先会破坏用户体验或可靠性吗？
- 产品或服务符合标准吗？适合残疾人或持有旧设备的人使用吗？在不同的设备和平台上，它是否以最少的资源提供最佳的性能？
- 我何时应测试性能？何时开始优化？
- 分享控件或博客评论会让网站变慢吗？我该怎么解决？
- 在不超预算的情况下，我如何遵守对性能和可靠性的承诺？

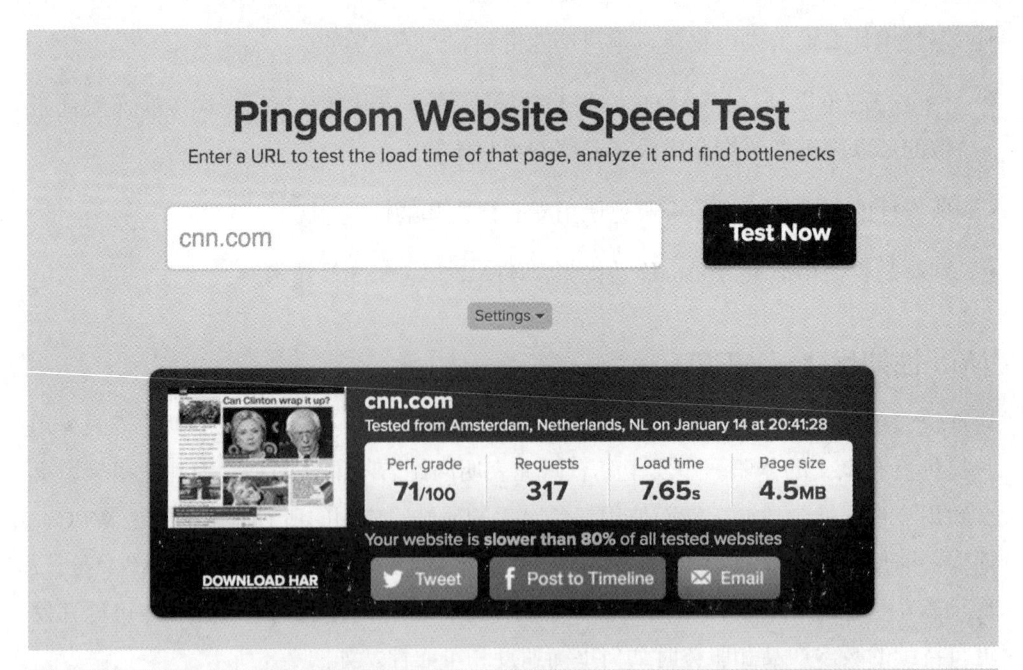

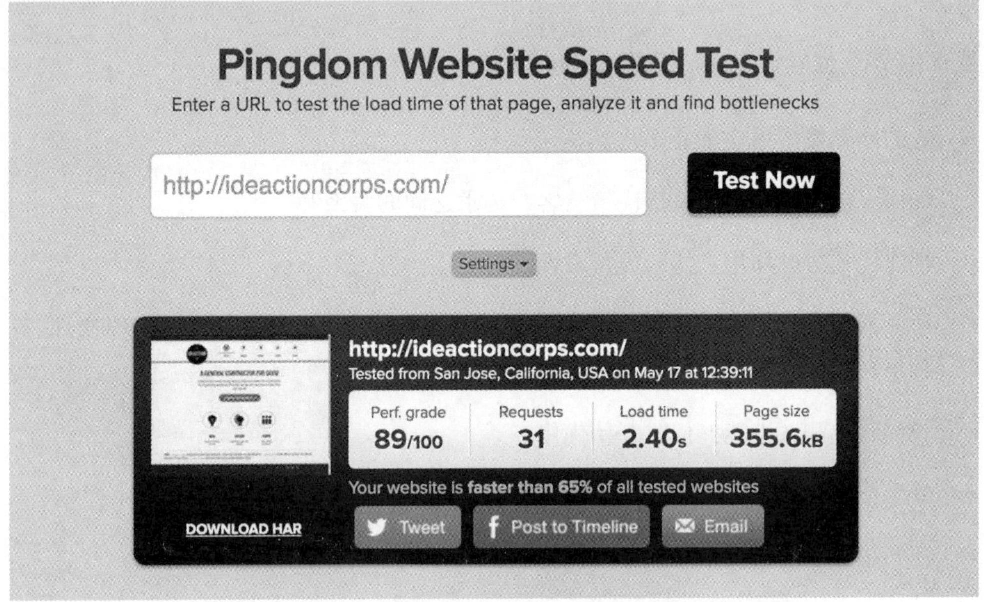

图 2-8

代码精简，快速向用户提供内容，Pingdom 这类工具有助于理解如何提升性能

潜在障碍和解决方法

这些原则虽很鼓舞人心，但实现可持续因特网这一愿景，用可再生能源供电，并以效率和用户为导向，需要攻克一些很大的障碍。

意识

当我将这些信息展示给一群人时（听众由客户、环保人士、Web 开发者、市场营销人士等组成），他们常常是一脸茫然地看着我。大多数朋友没有把这当回事。确实有些听众怀疑过因特网的影响，但大多数听众之前从未考虑过因特网的可持续性这一概念，他们不是不关心，而是从未接触过这一概念。进一步追问，有些听众回应因为因特网取代了纸张，所以他们一直以为它是绿色媒介。

我们所经营的 Mightybytes 公司的一些客户关心绿色托管之类的事情，他们愿意接受可持续 Web 设计概念，但这通常发生在我们将形势解释给他们之后。大多数人缺乏足够的认识，还不知道去关注，或是不认为应优先关注这个问题。因此，能否清楚意识到这个问题，可能是最大的障碍。

采纳标准

本章开头提过，建筑行业拥有建设更可持续建筑的标准。它们不完美，正如很多事物追求更高标准一样，它们一直处于进化之中。但我们行业的标准制定却还没有达到建筑行业现有水平。

开发数字产品和服务所依据的更可持续的标准，要被广泛采纳，Web 标准的制定者在考虑节能的同时，还应考虑其他定义成功的指标。如前所述，标准的制定和推行确实很慢，对未来更友好的态度要求我们拥抱不确定性。但节能并不是一个新概念，它已有很长的历史，只是人们很少将其应用到 Web 设计领域。大多数人之前一直把重点放在服务器上。

说起服务器，Web 托管行业缺少管制，该行业的洗绿情况跟在其他未受监督的行业一样，普遍存在。制定并强制推行易于理解的 Web 托管标准，可以帮人们就如何托管和在哪里托管应用作出更符合实际的选择。

最后，全球每年都有成千上万的交互媒体专业人才走出校门。这么多毕业生加入劳动大军时，很少有人意识到因特网对环境的影响，即使他们代表了最大的用户基础。在高中、学院和大学，教授可持续设计和开发框架可予以补救。

解决方法

在这一点上，最佳的解决方法是从一段简短的对话开始。公司宣讲新工作时，为何不附上一页演示文稿，介绍公司是如何致力于提供环境影响小、能效高、使用可再生能源电力的数字解决方案的？有些客户也许一点也不关注。大多数人关心该方案是否成本更高。但有些客户会认同你的愿景，希望采纳更可持续的方案。找到更多这样的客户。

如果你不想将可持续性埋没到自己的作品中，为何不将其纳入与客户的讨论之中？做纸张的重量预算（对一定数量的纸张，限定其重量是多少千克）项目启动和进行之中，讨论该想法。帮客户理解首页的轮播图无法在各种设备上都能取得很好的效果，转化效果不佳，还占用带宽。提议与绿色托管提供商合作。

类似地，软件创业公司在发现阶段（discovery session）开始将用户故事加到团队协作工具 Trello 之际，为何不在打包的方案之中加入一次对绿色托管的讨论？大多数最成功的因特网创业公司和稳步发展的媒体公司，将其网站和服务托管在 AWS，即使 AWS 采纳可再生能源政策很慢，并且从历史跟踪纪录来看，AWS 就相关问题的透明度一直令人质疑（虽然正在改善）。你的应用是否还有其他更佳、更可持续的托管方案？ Google Cloud 怎么样？

最后，你若无法使用 100% 用可再生能源供电的托管商，那么可以找一家购买可再生能源信用的托管商。如下章要讲的，这虽不是最佳解决方案，但至少对环境也有所帮助。

小结

因特网可持续性标准为什么重要，为什么说标准可能因为太慢而难以产生实质影响，本章我们了解了这两个问题的更多相关知识。我们还讨论了本书提出的、用于开发更可持续数字产品和服务的框架，介绍了实现环境目标的障碍和解决方法。利用本章提出的框架及后续章节所讲细节，产品开发团队有潜力在因特网及其数十亿用户所消耗的能源方面做出重大改变。

行动指南

在深入学习后续章节之前，你若想探索一番本章所列概念，可尝试以下事项：

- 阅读 A List Apart 网站 James Christie 的文章“可持续 Web 设计”（Sustainable Web Design）或 Creative Bloq 网站 Pete Markiewicz 的文章“用可持续 Web 设计挽救星球”（Save the Planet Through Sustainable Web Design）。
- 阅读可用于开发网站和应用的 Future-Friendly Web 方法（对未来友好的 Web）（*http://futurefriendlyweb.com*）。
- 带着探索的心态，阅读一些博文（*http://www.sustainablewebdesign.org*）。
- 观看可持续用户体验相关视频（*http://bit.ly/sustainable-ux-conf-2016*）。

第 3 章

可持续组件

你将从本章学到什么

本章，我们将介绍以下内容：

- 为什么 100% 用可再生能源供电的绿色托管对建设更可持续的因特网如此重要？
- 如何用可持续商务实践、精益和敏捷工作流、模板文件及软件框架等组件，实现更可持续的 Web 解决方案？
- 数字产品或服务使用绿色托管，有哪些潜在障碍？

更绿的 Apple 公司

在 2012 年的 *Clicking Clean* 因特网环境影响年度报告中，绿色和平批评 Apple 公司的数据中心依赖化石燃料。随后的两年之内，Apple 公司公布了数据中心 100% 使用可再生能源电力的目标，自此 Apple 大踏步朝实现这一目标而努力。它发布了设备级别的能耗详情，每个数据中心公开了更多用电情况的相关信息。大型因特网公司中，Apple 是积极谋求用可再生能源为数据中心供电的一员，自 2012 年承诺 100% 使用可再生能源以来，它部署了大量太阳能装置和水电项目。该公司还积极减少运营方面的能耗和碳足迹。它位于丹麦 Viborg 的一个数据中心将被设计成捕获服务器产生的热量，并将其导向城镇的供暖系统，为其他建筑供暖。

Apple 是很多公司的一个缩影，这些公司公开自己的能源使用情况，并积极转向可再生能源。其他公司，比如 Salesforce、Rackspace、Facebook、Etsty 和 Google 也有类似的承诺。它们的做法非常鼓舞人心，希望能激发更多的公司纷纷效仿它们。

当然，要走的路还很长。例如，很多提供合租服务的托管商（托管了数以百万网站），在使用可再生能源问题上，落后于面向消费者的托管商。再加上，价格策略和营销活动往往促使客户选用化石燃料驱动的数字产品和服务。例如，AWS 的云基础设施定价不高，功能丰富，对缺乏资金的创业公司有很大吸引力。据 Kauffman Foundation（考夫曼基金会）全球企业活动的年度报告 Kauffman Index（考夫曼创业活动指数），2015 年平均每月新增 53 万企业。[注1] 这些新企业的很大一部分，尤其是其产品和服务为数字形式的，都需要易扩展的数字基础设施，也许它们发现 AWS 是可行方案。而第一章讲过，AWS 在能源透明度和对可再生能源的承诺方面，名声并不好。

有一次，一家受使命驱动的创业公司的负责人对我讲："价格差不多的前提下，请给我看看替代方案，Web 服务器、数据库或计算能力得支持按需扩展。可行的话，我们每月可付几百到几千美元，并立马使用，或者我们也可以让一名工程师专门负责搭建和维护我们自己的服务器。资源有限，我们真的别无选择。"

然而，至少有一家云平台提供商的价格与 AWS 差不多，并已承诺使用可再生能源，可替代 AWS（请见本章后面的"Google 与 Amazon 的对比"）。

Google 与 Amazon 的对比

Google 云平台（Google Cloud Platform，GCP）可替代 AWS 托管数字产品和服务，支持扩展。我们快速从宏观上比较一下两家平台：

注 1：Ewing Marion Kauffman Foundation，"The Kauffman Index 2015: Startup Activity | National Trends"（*http://www.kauffman.org/~/media/kauffman_org/research%20reports%20and%20covers/2015/05/kauffman_index_startup_activity_national_trends_2015.pdf*）。

- Amazon 提供的服务更多。[注 2]
- GCP 的一些功能（像集成网络、持久硬盘和负载均衡等），评论人士给予的评价要高于 AWS 相应的服务。
- Google 的定价机制很简单，支持自动降价。[注 3] 它公开承诺所有因技术进步带来的价格下降，都将传递给客户。
- 反之，AWS 的定价机制，有多种定价方案，相当复杂。我们比较过一次，发现类似的服务，AWS 的价格比 GCP 高出 49%。

以上讨论最重要的是，作为 Google 的一部分，GCP 实现了碳中性（carbon neutral）。再加上 Google 本身已公开承诺使用可再生能源，且已成为全球最大的可再生能源投资商，并致力于削减用电量，这使得 GCP 成为环境友好的云平台服务（PaaS）提供商之中明显的赢家，如图 3-1 所示。

真正绿色 Web 托管的挑战

虽然本书罗列的其他技术有助于提高效率，减少能源消耗，但所有这些技术都不如通过改变电力的来源来减少对环境的破坏这种方式更有效。但并不是所有可再生能源的生产方式都相同。绿色托管有几种方式，有一些更受欢迎。然而，一些托管服务提供商有资源建设风电场或太阳能电池板阵列，而其他供应商就做不到，但他们却可以通过其他方法为客户提供可再生能源，不过这些方案非常复杂。更糟的是，营销部门经常谎称其能源是 100% 可再生能源，撒谎进一步加剧了该问题的混乱程度。

加之，很多领域的政治风气并不总是看好可再生能源，并不乐意用它替代化石燃料。

注 2： Andrea Colangelo, "Google Cloud vs AWS: A Comparison", CloudAcademy Blog, October 30, 2014 (*http://cloudacademy.com/blog/google-cloud-vs-aws-a-comparison*)。

注 3： Aviv Kaufmann and Kerry Dolan, "ESG Lab White Paper - Price Comparison: Google Cloud Platform vs. Amazon Web Services", Enterprise Strategy Group, June 2015(*https://cloud.google.com/fles/esg-whitepaper.pdf*)。

图 3-1
2015 年，Apple 宣布计划向爱尔兰和丹麦的数据中心投资 20 亿美元，实现 100% 用可再生能源供电，同时还计划向加利福尼亚州一个太阳能电场投资 8.5 亿美元

对很多数据中心的运营者而言，当地的政治环境和处于垄断地位的公用事业公司，阻碍了他们使用可再生能源。有时，在某些市场，公司使用可再生能源的唯一方式是购买不受限制的可再生能源信用，这是一种等而下之的解决方案，本章稍后会讲。

例如，美国爱迪生电力协会（Edison Electric Institute，EEI）是一家代表大多数坐落在美国、投资人拥有的公用事业公司。该协会一直敦促立法者和公用事业委员会执行相关政策，抬高分散式太阳能（distributed solar energy）的成本。据 2015 年绿色和平的 *Clicking Clean* 报告：

> 虽然 EEI 宣称它攻击太阳能是出于对地方税纳税人的考虑，但 EEI 董事会文件披露公用事业执行理事实际担忧的是收入的减少，因为随着分散式太阳能设施的增长，他们的客户基数被削减，建设更多集中发电装机容量的需求也被免除了，而这是他们利润的主要来源。

据美国生物多样性研究中心（Center for Biological Diversity）2016年的一份报告，美国至少有10个州（阿拉巴马州、佛罗里达州、乔治亚州、印第安纳州、密歇根州、俄克拉荷马州、田纳西州、德克萨斯州、弗吉尼亚州和威斯康星州等）出台破坏性政策，大力阻挠屋顶太阳能的发展[注4]。这些州占美国本土全部屋顶太阳能发展潜力的35%，但只占装机容量的6%。

对于谋求转型、想改用可再生能源的公司，这些成为“拦路虎”，数据中心也深受影响。

举个很有说服力的例子：绿色托管提供商和共益企业Canvas Host，位于俄勒岗州波特兰市。该公司最初于2007年早期跟波特兰通用电气公司（Portland General Electric，PGE）签署了风能使用协议。“我们认为具体由哪家公用事业公司供电不打紧，” Canvas Host的负责人David Anderson说，“它们就像是往太平洋西北地区能源需求这个大澡盆倾注电力的一个个水龙头。”

但Canvas Host遇到了障碍：按照协议应由PGE供电，但实际上它不为波特兰数据中心供电，而是由加利福尼亚州一家公用事业公司Pacific Power（太平洋电源）供电。据David来看，波特兰就像是一个巨大无比的棋盘，由形形色色的公用事业公司，以漫无计划的方式为其城市街区供电。而Canvas Host就像是一栋建筑物的承租人，而不是哪家电力公司的直接客户，故没有公司愿意直接销售可再生电力给它。

“当时我们被告知，公用事业公司若售电给我们，就会违反联邦法律，其不能向非客户（承租人）售电，”David说道，“因此，到2011年年末，我们需寻找新方案，购买可再生电力。”

幸运的是，Bonneville Environmental Foundation（博纳维尔环境基金会）刚好在那时投入运作，Canvas Host能直接从Bonneville购买能源。更让人惊喜的是，Bonneville经营多种能源产品，因此David可择优挑选他想让公司使用的可再生能源。

不幸的是，Canvas Host的经历太常见了，不仅托管商，就是寻求用可再生能源驱动业务经营的任意一家公司也都会遇到这种情况。类似的故事使得有良知的数字产品

注4： Greer Ryan, “Report: Sunny States’ Policies Block Rooftop Solar”, Center for Biological Diversity, April 2016(*http://www.biologicaldiversity.org/programs/population_and_sustainability/energy/throwing_shade.html*)。

和服务的开发者，难以就能源选择问题作出理智的决策。如何用清洁能源服务器托管其数字产品和服务，设计师和开发者必须能拿出简洁、清晰的方案。现状虽非如此，但在有良知的消费者和公司的帮助下，再加上绿色和平、绿色美国这类非盈利机构艰苦卓绝的努力，情况正在慢慢改善。

Todd Larsen 及其绿色美国的团队，正在大力构建一个支持社会正义和环境可持续性的经济系统。他们很重要的一项工作是，帮企业和消费者理解数字足迹是整体环境影响的一部分：

> 我们鼓励所有企业和消费者意识到其数字足迹。大多数美国人并未意识到云平台、数据存储和播放电影所需的无数能源。我们鼓励大公司将数字足迹纳入他们对气候整体影响的考量。我们还跟消费者一道，鼓励全球最大托管服务提供商 Amazon 采取措施，提升服务器使用清洁能源的占比，目标是到 2020 年 100% 改用清洁能源。我们关注 Amazon 是因为它不同于技术领域的其他几个竞争对手，几年之前，Amazon 几乎不用清洁能源。在绿色和平、社会投资人和绿色美国成员等盟友的施压下，Amazon 在该问题上有所进步。该公司宣布了服务器 100% 使用清洁能源的目标（但仍没有时间表），并已启动四个清洁能源项目为服务器供电。但它的大部分能源仍来自于煤炭。因此，我们将继续战斗。

有环境意识、有良知的设计和开发团队，关于如何为其应用供电，怎样才能作出更有教养的决策呢？我们尝试弄清楚这些有时看似很复杂的方案。

时间很长的电网

Web 用电从何来，又是如何传输到服务器的，理解这两个问题之前，我们首先讨论现有电网面临的一些挑战。美国很大一部分电网已有一百多年历史，建设这些电网时，用电需求很简单。它们也不区分风电场、坝式水电站、太阳能阵列、核电站、石油或燃煤火电厂发的电。所有来源的电力并入电网，混在一起，几乎无从得知家里或公司用电来自可再生资源抑或是化石燃料。

这为那些致力于使用可再生能源的消费者或公司带来难题。当前仅有少量可选方案。下面是公司从市场上获取可再生能源的几种方式：[注5]

注 5：　Greenpeace, Clicking Clean: A Guide to Building the Green Internet, May 2015, p. 29。

原地投资

在屋顶安装太阳能电池板或在邻近地段建风电场，评估这类投资的影响最为直截了当。大多数数据中心需要大量能源，这些投资仅能满足托管提供商用电需求的一小部分。对很多较小的提供商，该方案成本太高。

电力购买协议

托管商可与能源公司签署长期合同（通常为10~20年），要求能源公司为其数据中心供给可再生能源电力。这类协议的好处有两点：能源公司可利用这种为保证能源和可再生能源信用（也称捆绑式REC）供给而长期购买电力的机会，获得充足的资金，大力发展可再生能源基础设施；而数据中心则可与能源公司谈判，议定用电价格，防止日后价格上涨。

可再生能源信用

REC在欧洲也称为产地保证（guarantees of origin，GOO），REC是伴随可再生能源的产出而创建的，可再生能源的环境效益可通过REC授予买方。这些信用可单独买卖，但这样就会与原来伴生的电力解绑，其实，伴生的电力是其赖以存在的依据。市场大潮还会压低REC的价格，因此REC有点像一场骗局。不捆绑电力的REC，通常不会排除化石燃料电力，也不会增加可再生能源需求。我们想通过集体努力，建设用可再生能源驱动的因特网，但出于以上原因，REC方案不大可行。

直接购买

一些解除管制的市场，开放几家供电商和几种可再生能源电力供客户选择。然而，这种直接购买电力的方式，在很多市场行不通，只有有限的客户或提供商能享受到。

绿色能源关税

有时，大型数据中心可通过绿色关税项目，直接从公用事业公司购买100%可再生能源产品，而不用向第三方供应商购买。然而，这种情况很少见，在为数不多的绿色关税试点市场，该方法被证明是无效的，客户要为之承担额外的费用和“管理费”。鉴于此，绿色关税对大多数主要使用可再生能源的提供商都行不通。

用可再生能源驱动数字产品和服务，实际操作起来很复杂，上述五种方案不过是极简的概括罢了。很多市场仍需调整政策，以便让可再生能源成为现实。并且，托管服务提供商、数据中心和其他公司知道客户有需求，才肯在市场上积极寻求可再生能源方案。

让事情变得更加复杂的是，市场营销人士常借形势之复杂，宣称自己的产品是100%可再生能源，而不去搜集证据以确保产品纯度真正达标。很少有客户会质疑市场营销人士这类说法。宣称能源是可再生的，不如购买解绑的REC并声明自己100%使用可再生能源简单，即使在很多市场其他选择其实很少。一家托管服务提供商甚至在其宣传材料中宣称，为每一个新注册的账号种一棵树，这非常棒，但不会使我们离可再生能源驱动的因特网更近。所有这一切让原本已迷惑不解的客户群体更加困惑。Web团队评审应用的托管位置时，决策过程很少讨论清洁能源，也就不足为奇了。

REC与可再生能源的对比

用可再生能源驱动服务器，情况非常复杂，那可接受的方案是什么？

共益企业Green House Data的Shawn Mills讲道“希望数据中心直接购买可再生能源，这在很大程度上是不切实际的。因此，REC是鼓励数据中心使用可再生能源的好方法。通过购买REC，我们可以保证数据中心消耗的能源与电网新增的可再生能源数量相当。”

绿色和平的David Pomerantz认为并非一定如此，因为REC可能与伴生电力解绑，这可能会带来问题。他说市场极大压低了REC价格，使其往往无助于生产更多清洁能源，而清洁能源真正能直接帮助解决气候变化问题。“若支付用电成本时，也为REC付费，”他说，“这是一种可行的方案。若是仅购买REC，你实际上不会改善事态发展。只购买REC而不同时购买伴生电力的这些公司，实际上是花钱公关。”

“‘REC’在某些方面带动了清洁能源的快速发展，若使用得当，其优势就会显现出来，”绿色美国的Todd Larsen说道。“同时，REC也可能会带来问题，它实际上有悖于在本地生产真正的绿色能源。”

Todd 认为 REC 一个最大的挑战是，所有不同形式的绿色能源，包括直接从本地提供商购买的可再生能源和 REC，默认能源和不那么绿色的技术混合在一起的绿色能源认证，或是与 REC 的生成相脱节的能源也出售 REC，这些能源形式往往被同等对待，而实际上不应如此。

英国的一家共益企业 ClimateCare 改善了 600 多万人的生活，削减了 1650 万美吨 CO_2 排放量，其员工 Rob Stevens 说欧洲也面临类似的挑战。“产地保证或 GOO 依法行事，法律要求能源提供商 20% 的能源生产使用可再生资源，”他说道，“市场以立法和守法为基础。在欧洲，企业可购买 GOO，表明所购电力来自可再生资源。企业对这一做法的兴趣日益增长，但复杂的操作方法可能会扼杀企业参与此事的积极性。简化购买 GOO 的流程，增加对企业的吸引力，非常重要。”

David 给予托管商审查人员的建议是“通用规则是，企业若不提及其能源供应，他们很可能使用 REC。”

David、Todd、Rob 和 Shawn 一致认可，在所有为实现可持续性而付出的努力之中，增加透明度，投入更大的努力且不要找巧（指购买不捆绑电力的 REC），这几个方面还有很长的路要走，尤其是可再生能源电力的源头更是难以搞清楚。

“我们专门购买有助于本地项目建设的风能 REC，”Shawn 讲到，“例如，购买 REC 的资金可资助风力涡轮机的建设。能源公司可从 REC 申请资金投入可再生能源生产设施的设计、建设或后续运营。”

Green House Data 最后选择了共益企业 Renewable Choice，因为它是一家颇具规模的经纪公司，在美国有着很长且极为成功的可再生能源投资历史，而 Green House Data 也是一家美国公司。它从 WyoREC 购入一些 REC，以支持它家乡怀俄明州夏延市 REC 的发展。Renewable Choice 在该地区有项目，但 WyoREC 是一家本地的新公司。“美国国家环境保护局（EPA）的认可对我们也极其重要，”Shawn 说道，“因为我们是 EPA 的绿色能源伙伴计划（Green Power Partner）的成员。我们得跟踪 REC，只有这样，对于其资金是否将投向合法项目，我们心里才有底。”

对很多公司而言，REC 也许是唯一能负担得起的方案。“那样的话，”David 讲到，“购买你能买到的质量最高的REC。跟本地公用事业公司搞好关系。向提供商施压。走正确的路。小公司有希望从共益实验室（B Lab）或绿色美国这类机构获得该领域的相关资源。”

拥有并运营自己数据中心的公司，绿色和平希望他们倡导增加可再生能源供给，更多地使用可再生能源。他们可跟联邦政策制定者、州决策人和州监管者（比如公用事业委员会）合作，或直接与公用事业公司合作。

“公司若没有自己的数据中心，并且与公用事业公司也无直接联系，”David 讲到，“那么这事就有点棘手。若他们正朝该方向努力经营，就能够并且绝对应该参与到倡议中去。但我们鼓励他们利用好他们所能发挥最大影响力的关系，比如他们跟提供商之间的关系，提供商通常很有实力。因此，他们公司的数据若托管在一家第三方云平台，或是提供合租服务的数据中心，我们鼓励他们倡导这些提供商提供可再生能源备选方案，增加透明度，倡导提供商也加入到宣传行列，等等。”

David 还提供了如下建议：这些公司的客户能够而且应该传达他们对绿色、可再生能源驱动的因特网的渴望。他们还可以尽其所能在自己家中使用可再生能源，改变碳足迹，并且像其他参与者一样，让政策制定者听到自己的呼声，这样做更易于过上绿色生活。

生产数字产品和提供数字服务的公司，处在一个特殊的位置上，倡导绿色托管的同时，还可提供与使用化石燃料的托管商相媲美的服务质量：简单易用、服务时间有保证、承诺为客户服务、高质量。当然，服务质量与公司所具有的资源紧密相关。当我将个人博客从为我托管了近五年的提供商那儿迁走时，我告诉该公司的负责人，我需要找一家使用可再生能源的托管商。他告诉我他甚至不知道还有这种方案，他表示要考察该事。我发给他几个链接。有时，宣传该理念就像对话那么简单，所有设计师和开发者很容易就能向提供商讲明此事。

“大范围推广可再生能源，最有可能改变该市场区隔（segment）对环境的影响，”Shawn 说道，“如果所有产品和服务都改用可再生能源，那么因效率低下而浪费的能源，其影响就会相对较小。”

“我们可以此为出发点继续努力，使散布于全球的所有微型数据中心采用更好的运营方式。它们可是资源的真正排水管，只是由于设计、设备和管理的陈旧，5000 平方英尺设施产生的碳足迹就相当于 Google 公司一幢面积为 10 万平方英尺的建筑。”

其他公司，包括 AISO.NET 等小型托管商，有机会同拥有更多资源的大玩家一道成为该领域的领导者。托管商的客户（像设计师、开发者和 Web 团队），让托管商知道自己对 100% 用可再生能源供电的可靠、高效托管服务感兴趣，对托管商也是有帮助的。

联网与否？

当前，希望自己用可再生能源发电的数据中心或托管商，将发现自己所作的这一庄严承诺，对时间和金钱有较高的要求。这也许超出了很多有意愿提供绿色托管服务的小公司的能力范围，该想法虽好，但小公司不一定有资源。虽然太阳能电力的价格在下降，但用可再生能源为数据中心供电，需投资硬件，且硬件需要维护和升级。在很多市场，你开始规划之前，得走一遍监管部门烦琐的手续，通过立法方面的关卡。在屋顶上安一组太阳能电池板，或在停车场安一台风车，也可保证你从本地的可再生资源的源头获得能源。因为电力的源头就在本地，所以能免除电网的传输损耗。

不论接不接入大型电网，都能安装可再生能源电力设备：

微电网完全不依赖于主电网电力。这种小型电网可单独运营，也可并入地区的主电网。任意一家本地的小型发电站，只要具有自己的电力资源、发电和存储电力的能力，且与其他电网有明确的边界，都算得上一个微电网。但数据中心需要大量电力，该方案通常不太现实。再加上，可靠的数据访问对数据中心的商业模型至关重要，靠微电网供电的数据中心还得具备可靠的备用电力供应，有可能与微电网连接在一起为其供电。

数据中心的风电场或太阳能电池板，还可往主干电网回馈电力，供电网的客户使用。你为电网供给电力能获得什么补偿，因市场而异。

加拿大温尼伯的一家共益企业 Manoverboard 设计公司，在其 Green Web Hosting（绿色 Web 托管）白皮书[注6]中写道，“即使大多数数据中心在本地或外地有可再生能源，它们与本地电网仍有联系，其设备所用电力来自这些并入电网的发电厂。本地混合电力可能严重依赖化石燃料，而这会产生温室气体。”

好公司与善于营销的公司

为什么这也有关系？因为数字产品或服务的托管位置会带来不同结果。寻找高质量、可持续的解决方案有难度，但这些看似很小的决策累加在一起就会产生作用。

从事共益企业认证的共益实验室常问的一个问题是：“如何区分一家好公司和一家善于营销的公司？”

就绿色托管提供商而言，答案在于其能源来源和获取方式的透明度。“不管公司选择从哪个角度切入可持续性，它都应该对自己正在做的事和受益人保持透明和诚实，当然它所做的应该对客户有意义，” Canvas Host 公司的 David Anderson 说道，如图 3-2 所示。

Canvas Host 开发了“有意义的度量标准”，评估自己的项目。“我们不仅想补偿我们的能源消耗，还想度量能源利用情况以论证后续的发展，” David 说道。公司为其可持续性项目确立了三个指标：

总用电量

随着公司的成长，它将使用更多的能源。通过采取可持续性措施，Canvas Host 的能源消耗在 2010~2011 年进入稳定发展阶段。自此以后，便开始稳步下降。现在每月用电量大约为 1.4 万千瓦时，远低于高峰时期的 2.2 万千瓦时。

注 6： Andrew Boardman, “Green Web Hosting and Environmental Impact”, Manoverboard, December 5, 2015(*https://manoverboard.com/green-web-hosting-and-environmentalimpact*)。

图 3-2

一家好公司与一家只是擅长做营销的公司有哪些区别

每条服务线的平均用电量

客户用共享服务器（使用服务器资源的 1/200 到 1/400），还是专用服务器（使用服务器资源的 100%），能源消耗会有很大不同。Canvas Host 想跟踪共享、专用和虚拟私有服务器的能源消耗情况。到 2008 年，该公司推出了一条由微型绿色服务器组成的服务线，再次改变其度量标准。该公司最新的服务器以 Intel NUC 主机为基础，工作电流约为 0.1A，其性能可匹敌大型专用服务器。综合以上两点，我们来看 Canvas Host 所用的最重要的度量标准。

每消耗一安电流所托管的域名数

该度量标准的逻辑如下，在电力消耗不增加的情况下，域名密度增加，运营效率就会提升。一开始，Canvas Host 每安电流可托管 30~40 个域名，如今可托管接近 600 个域名。

“进步这么大，简直就是不可思议，” David 说道，“然而，故事仍在发展之中。”

可持续性创新举措，还必须平衡与服务的可靠性之间的关系。若一个公司的服务器齐刷刷地宕机，或不能提供一流的客户服务体验，即使用上全球所有风电也无济于事。客户还是会争相逃窜。

Manoverboard 公司的 Andrew Boardman 就遇到过这种情况。他的一名客户非常关注可持续性，最终却不愿与一家绿色托管商合作。“我们评估了多种备用方案，比如交给一家相对较新的绿色托管提供商托管，维持现状或将网站迁到一家名声很好、但无可持续性政策的提供商，” Andrew 说道，“但是当我们考虑到问题的另一面时，我们一致选择了后者，服务器的性能及提供商的支持力度胜过可再生能源和电子垃圾。我想我们都有点失望，但没人愿意冒险将一个很有价值的项目托付于一家较小、较新的数据提供商，不论它绿色与否。客户可购买可再生能源信用，弥补他们因使用非绿色提供商而带来的影响。”

最佳的 Web 托管商提供一揽子解决方案：以富于竞争力的价格提供强大、功能丰富的托管服务，客户服务也非常到位，服务器用可再生能源供电。换言之，它们就是托管商中的独角兽。

本章稍后，我们将介绍绿色托管所遇到的阻碍、解决方法和独角兽公司。绿色托管只是众多可持续组件之一。我们接下来再来探讨其他几个。

其他可持续组件

尽管数字产品或服务的环境足迹是主机这一最重要的组件直接带来的，但它绝不是唯一的，还有其他组件也产生环境足迹。工作空间、工作流、框架以及公司使命，这些组件为更可持续的数字解决方案的创造过程提供背景信息，指明目标，并提高效率。后续几节，我们将逐一审查其中几个组件。

环境友好的工作空间

环境友好的办公室可提高办事效率，降低能耗和废物排放，这是毫无疑问的。有环境意识的办公室，不仅空气和照明质量高，电力系统更节能，对个人空间有更好的控制，此外，还鼓励团队就日常工作作出更自觉的选择。建筑、室内设计和施工领域的可持续性实践，可直接应用到 Web 设计和开发团队的工作空间，如图 3-3 所示。

Mightybytes 公司为了营造环境影响更小的工作空间，帮团队在日常工作中作出更可持续的选择，可谓是使出了浑身解数。

- 每张办公桌和公司厨房都备有资源回收桶。
- 饲养蚯蚓，实现厨余垃圾的就地堆肥（蚯蚓堆肥）。用堆肥为办公室绿植施肥。有时员工也带肥料回去，给家里的花园施肥。
- 生机勃勃的绿色植物墙制造的氧气，改善了空气质量。
- 将暖通空调系统设定为办公室有人时启动，无人时关闭。它还跟踪每月能源使用情况，不断调整能源的使用基准，作为我们要实现的目标。
- 办工桌旁边放置小型加热器，给予员工控制个人空间的更大的自主权，同时可降低公司加热和制冷系统的总能耗。

图 3-3

Mightybytes 公司饲养蚯蚓，并亲切地将蚯蚓称为 URL。公司用它们生产的肥料，为办公室各处绿植施肥，两面绿色植物墙的肥料也来源于此

- 所有的灯泡都是 LED，而不是能源密集型的荧光灯或是含汞的 CFL 灯泡。
- 墙体选用部分可循环利用的材料制成。
- 鼓励员工远程办公，鼓励骑自行车或乘坐公共交通这类更可持续的通勤模式。

我们选择这么做，是以可持续性为导向，为接下来讨论如何运营公司做了很好的铺垫。在更可持续的办公室工作，一点也不觉得是多大的变革。很多公司已经这么搞了几十年。然而，重要的是，在环境意识更高的办公室工作的员工，在个人日常生活中的决策，往往也有较高的环境意识，这有点像翻转的杰文斯悖论。

“可持续性在我们公司扮演了很重要的角色，”共益企业 LimeRed 的负责人 Emily Lonigro Boylan 对我讲，“我们对持续交付很感兴趣，它帮我们改善业务，把项目做得更好。持续改善一个流程，所耗费的精力比起每年重新规划一次要少得多。”

LimeRed 控制下的一些物理区域可以实践可持续性理念的，公司就选择大胆实践，比如大力提倡循环利用，将空调系统温度调低等。公司谨慎地从另一家共益企业订购所有办公用品。“租用别人的很麻烦，但我们尽力而为。”

Emily 还谈道 LimeRed 关注公司自己产生的数据量。公司尝试以最高效、最低限度的方式执行项目。“能简化就简化，能分享就分享。能在别人已做好的基础上开发，就那样开发。若别人做过，且做得不错，我们没必要重造轮子。”

Emily 还谈道，所有公司能立即做出改变且意义重大的一个方向是，提高对文件的数字足迹的意识，保持它们清洁。“去年，一个大项目开始前，我们审计网站，发现网站的不同部分分散在四台服务器上，隐藏的旧网页和大量文件占据了大量空间，”Emily 说道，“大多数维护网站的员工，并非是开发者。这种垃圾应清除掉。想想服务器上有多少应删除的旧文件，却还在白白浪费空间。”

环境友好的工作空间和文件清洁的服务器，只是办公空间可持续发展的一个方面。一些公司更是将可持续理念植入到其 DNA 的核心。

干系人模式

前言部分介绍了共益企业认证是如何推动 Mightybytes 重新评估供应链，从而为我们带来很多流程在效率上的提升。此外，我们受其启发还开发了 Web 可持续性评估工具 Ecograder，并且改变了业务发展的总体理念。

全球快速发展的公司这一大社区，已接受了干系人（stakeholder）模式理念。公司制定决策时，会认真考虑所有干系人的需求而不只是股东的。该模式下，干系人是指任意组织或个人，他们能影响机构目标的实现或受其影响。

该想法虽并不新鲜（干系人理论最早可追溯到 1963 年斯坦福研究所（Stanford Research Institute，SRI）[注 7] 的相关研究），这种业务发展方法近年来颇受关注。采用该发展模式的公司，常被称为三重底线（triple bottom line）公司（关注人类、地球和利润的公司），关注自身在全球所扮演角色的公司，组成了一个全球性的公司社区，共益企业只是这个大社区的一部分。类似的例子还有 CO-OP 合作模式、公平贸易和自觉资本主义。

该模式意义重大，如第 1 章所讲，创新和打破现有局面常发生在考虑盈利需求的同时，还能顾及干系人需求和环境影响的公司。自觉考虑这些事项的公司比起那些不考虑的，更有可能检查其数字产品和服务对环境造成的影响。贯彻执行该理念的公司，有可能发起开创性的改革。

公司的可持续使命宣言

使命宣言是整个公司成长和繁荣的战斗口号。除了定义公司的目标之外，使命宣言还能帮公司的所有干系人认同公司愿景。将可持续性写入使命宣言之中，有助于将更可持续的理念融入公司的方方面面。

制定以可持续性驱动的使命宣言，需考虑以下几个问题：

- 使命宣言易于理解，能团结干系人？

注 7： Philip Webb, "The Origins of the 'Stakeholder' Concept", TAM UK – Organisational Strategic Planning Specialists, September 20, 2013(*https://tamplc.wordpress.com/2013/09/20/the-origins-of-the-stakeholder-concept*)。

- 公司如何让可持续性成为品牌的一个关键属性？
- 公司如何帮团队在工作中作出更可持续的选择？
- 公司如何教育客户和其他干系人，使其认同自己的新使命？

下面我们挑几家公司作为例子，我们来看看这些分属不同行业的公司，是如何将可持续性或环保承诺纳入公司使命宣言的：

Mightybytes——美国芝加哥交互设计公司

"通过多种产品和服务，提供创意、技术和营销专业知识，帮自觉公司解决难题，实现可度量的成功。公司的使命以及友好、合作的氛围是以对人类、地球和繁荣的三重底线的承诺为导向的。"

Dolphin Blue——环境友好产品的在线零售商

"为您提供值得信赖的全球对环境最友好和对社会最负责的产品，保证您的幸福健康，建设健康、可持续的地球。"

Gelfand Partners——美国旧金山一家建筑公司

"Gelfand Partners Architects 追求在精心设计的环境之中，增加建筑对影响生活的重要问题的冲击力。我们的使命是设计可持续建筑，满足需求多样化的客户，满足需求专一化的客户，鼓励健康的个人和社区生活，积极影响气候和生境。"

W.S. Badger Company——天然产品品牌

"我们以保护、抚慰和治愈消费者为已任，打造出天然成分极高的产品，它们惊人地纯净、功效显著。这些产品源自我们对简洁的追求和深思熟虑的精心准备。我们的业务有趣、公平且有盈利空间；金钱是燃料，但不是目标；我们通过自己的工作方式，通过员工对待彼此以及对待消费者的方式，表达出我们努力建设更健康世界的这一愿景。"

Cabot Creamery Cooperative——美国佛蒙特州一家奶制品合作社

"我们的信条是'以我们的方式生活，并保障他人的生活方式。'"

Cabot Creamery Cooperative 合作社的 Jed Davis 负责可持续性发展，他说也许该信条给人的第一印象是太简单，但其实很有内涵。他说“我们有意将该信条与我们以可持续方式发展的愿景和方法联系起来”，原因如下：

- 它完全是以资本理论和对核心资本管理重要性的理解为基础。
- 它还与国际合作联盟（International Co-operative Alliance，ICA）的合作原则非常吻合。
- 它是基于一种以干系人为中心的方法。
- 最后，它完全是以健康发展理念为基础：核心资本，不论是自然资本还是人力资本，考虑到它们对干系人福祉的影响，都离不了管理。

Jed 谈到这些理念可追溯到 1844 年罗虚戴尔原则（Rochdale Principles）最初的条目，是对该原则的发展。

精益和敏捷工作流

传统“瀑布”工作流模拟的是 20 世纪的生产流水线，它不利于可持续发展。精简工作流，降低项目生命周期的资源消耗，进而可将其作为一种潜在的更可持续的项目实施方法。精益或敏捷工作流，以后续合作和交流为重点，优先开发价值含量最高的交付成果，并最小化废物的排放，这两种工作流能显著影响项目执行所需的资源。

“很多情况下，人们想要的成果有多种交付方式，比客户需求文档所定义的方式要多，并且通常要比文档里所写的更易于实现”，Product Science 的创始人 Chris Adams 告诉我。这家英国公司主要跟部分业务是解决社会或环境问题的机构合作。“做项目的过程，对这些机构或问题有了新的认识之后，常常发现有些要求不是必须的，以增量、迭代的方式工作，你就有能力针对新情况行动起来，缩短项目周期。”

飞越瀑布

很多项目把精力放在提前确定、力求面面俱到的（且往往是不必要的）项目范围和规格说明文档上。项目执行的各个阶段，随着新需求的不断加入，很多先前确定的内容会被抛弃。这种按项目阶段确定详细需求的方法，往往要求在进入下一阶段之前，必须完成上一阶段的任务，该方法通常称为瀑布方法。它的问题是项目进行之中新需求无法全部得到妥善处理。而项目范围或定义的改变，将深刻影响终端用户拿到的最终交付成果。前期制定的面面俱到的规格说明，在项目执行过程，要转化为实际任务，可能会浪费大量人力，或是在沟通过程易出差错，进而导致资源管理不当，这不仅影响公司的财务底线，对人和地球也有不良影响。我们来探讨一下上面所讲的是什么意思。

项目若采用瀑布工作流，专长不同的几个团队各自为战，很少跟其他团队合作。一个团队将其交付成果抛过（比喻）高墙，让工作流下一环节的团队接着去完成。采用瀑布工作流的项目增加了废物的产生，表现在以下几个方面：

- 前期收集了很多规格说明，却无法纳入项目执行过程提出的新需求。随着项目的开展，这些规格说明往往会被抛弃或是需要做重大修改。
- 工作流结构僵化，通常不允许调整项目范围，即使调整，比如预算或交付时间的调整，对项目结果也有潜在影响。
- 以线性而不是迭代方式执行项目，意味着项目团队各自为战，跨团队合作和交流的机会很少。

不确定性圆锥理论

瀑布工作流的弊端可以用不确定性圆锥理论来解释。该理论的大意是任何项目刚启动时，由于各种不确定性，对执行项目所作出的估计，比实际值多出四倍。随着项目的开展，不确定性范围会逐渐缩小。因为采用瀑布模型的项目，其预算和时间表是根据具体交付成果来定的，客户编写的征求建议书（Requests For Proposals，RFP）有如鸿篇巨制，列出了尽可能多的项目变量。

Web公司(或任何从事大型项目的服务提供商)与招标代理机构的磋商过程耗时耗力，但最后的报价通常不准确，因为招标代理机构为了应对不确定性，往往多报。不确定性圆锥概念的提出，要早于因特网的诞生。20 世纪 50 年代在工程和施工管理领域提出了该概念，但它显然也适用于当今的 Web 项目。当然，并不是每个采用瀑布工作流的项目都受这些潜在的陷阱所支配，但很多项目确实如此。

或者，还有别的方式能更快且有可能以更低成本完成项目吗？若有，那岂不是一种更可持续的选择？如图 3-4 所示。

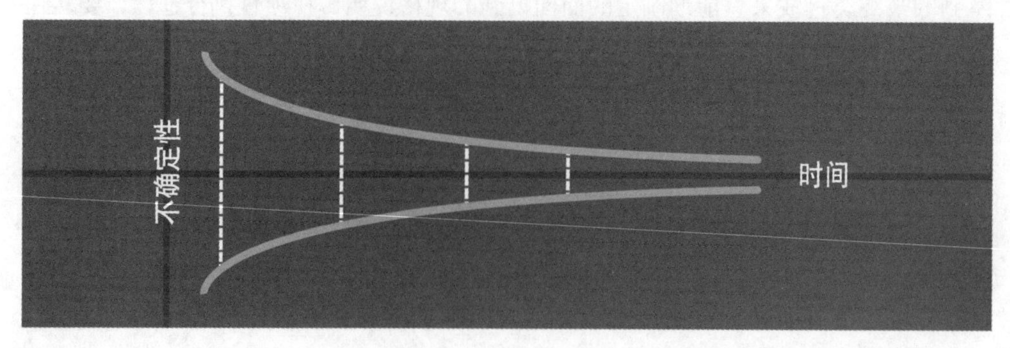

图 3-4
项目刚启动时比结束时多估计了很多内容，因为项目快到截止日期时，交付成果已很明确

敏捷方法

敏捷方法是 21 世纪解决生产流水线般瀑布方法所存在问题的方案。敏捷方法提倡合作比文档重要。它看重持续学习和接受冲突的态度。它重视先交付最具价值的功能。所有这些理念能提升资源管理效率。

敏捷方法在不同行业有多种变体（Scrum、精益、极限编程、团队合作和看板管理等）。以更少的资源、更快地执行项目（或生产产品）的交互和合作过程，每种敏捷方法对于什么是必要的，有自己独特的认识。虽然早在 1948 年，[注 8] 就已开发出适用于生产制造的类似系统，但直到 2001 年《敏捷宣言》（The Agile Manifesto）出版以后，敏捷方法才进入软件开发行业。如今，敏捷性概念被广泛应用于各种行业、市场和流程。在数字产品和服务领域，敏捷方法在创业公司和数字营销公司的普及率不断上升。

注 8：Wikipedia, “Toyota Production System” (*https://en.wikipedia.org/wiki/Toyota_Production_System*)。

“敏捷方法，我最喜爱它的一点是我们不断地学习和询问它的相关问题，”LimeRed公司的 Emily Lonigro Boylan 说道。“有一次，一位客户在回顾项目进展的会议上（为期两周的开发，称为一次冲刺，英文为 Sprint，冲刺结束后要举行会议，回顾项目进展）：‘你的意思是我现在就讨论哪些地方做得不对？不用等到项目结束？’我的团队答道：‘是的！我们当然想现在就能解决所有问题，不用等！’敏捷的意思是，你既清楚项目的细枝末节，又知道总体目标。”Emily 认为客户和她的团队无缝地工作是项目成功的关键。“不论何时，只要有需要，他们就能快速决策，因为他们已达成默契，彼此信任。决策过程发生的一切，让人惊叹不已。我不相信采用别的方法我们也能快速决策。”

敏捷方法论可能比瀑布流更可持续，原因如下：

- 敏捷方法要求包括客户那边的人员在内的核心团队成员持续合作。意见更一致的交流，能更快产出更好的结果。
- 敏捷重视首先生产最具价值的交付成果，将价值较低的交付成果留到项目生命周期的后半段（若要优先考虑时间和预算，价值较低的这部分成果甚至都不必生产）。这样做，产生的废物更少。
- 敏捷重视持续学习，而不是预先确定好一切，敏捷团队可快速放弃不可行的功能，掉头开发别的，减少浪费在这些功能上的时间。
- 敏捷 Web 团队直接在开发过程加入用户测试，而不用外包测试任务，或将其留到项目结束时再做。这样能尽早发现 bug 或有问题的功能，修复时间相对较短。
- 采用敏捷方法，项目规模伸缩自如。

敏捷方法的一个例子是精益创业运动，它重塑了企业产品的入市方式。企业可只关注产品要实现其价值所必不可少的几个功能，具备这些功能的产品也称为最小可行性产品（Minimum Viable Product，MVP）。包括精益创业社区在内的敏捷方法的实践者，由于不奉行“越多越好”的应用设计和开发理念，创造的产品和服务更有用，而产生的废物却更少。

敏捷资源

深入探讨敏捷方法，超出了本书的范围，这里仅列出一些资源，供参考。这些资源涵盖了敏捷软件开发方法以及如何打造敏捷机构。

- Andrew Stallman 和 Jennifer Greene 合著的《学习敏捷：理解 Scrum、极限编程、精益和看板方法》（*Learning Agile: Understanding Scrum, XP, Lean and Kanban*，O’Reilly，2014）。
- Pamela Meyer 所著的《敏捷性转变：打造敏捷和高效的领导、团队和机构》（*The Agility Shift: Creating Agile and Effective Leaders, Teams, and Organizations*，Bibliomotion，2015）。
- Tim Frick 于 2016 年 2 月 24 日发表在 Mightybytes 网站的博文“走敏捷之路，开发更佳的数字产品和服务”（Go Agile, Build Better Digital Products and Services，*http://bit.ly/1Wj9bXO*）。

软件框架

CodeIgniter、CakePHP 或 Ruby on Rails 等软件框架，可节省 Web 开发者的时间。它们提供了一系列工具，将常见的开发任务自动化。CSS 框架，比如 Bootstrap、Blueprint 或 Cascade 将相同的理念应用到前端开发。虽能节省时间，但这些框架也包含了不必要的部件，可能会降低页面性能，增加下载时间。机构如何选择更可持续的框架，取决于以下几点：

- 团队成员的技术栈及其所擅长的技术（或愿意学习）。
- 应用的规格说明：现有框架对于你正在开发的应用在多大程度上是多余的？
- 框架已有代码和你即将加入的代码效率如何。

举个例子，Pete Markiewicz 博士是洛杉矶加州艺术学院（Art Institute of California）交互和 Web 设计方向的导师，他一直在开发 HTML5 模板 Green Boilerplate，该模板可将移动设备、台式计算机的中央处理器消耗和资源消耗降至最低。如图 3-5 所示。

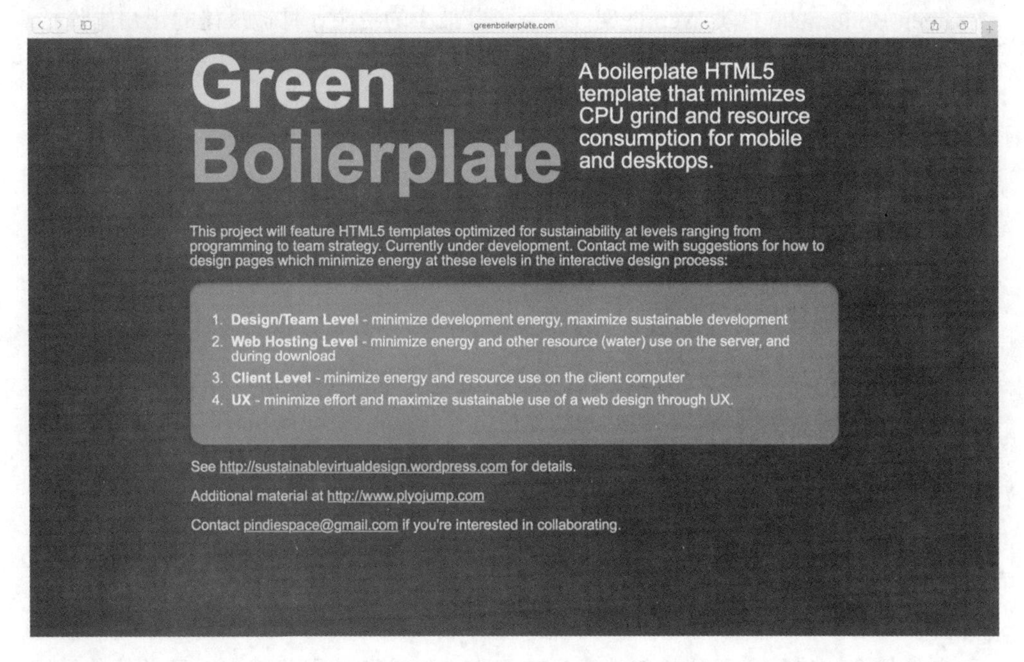

图 3-5

Green Boilerplate 可帮你将网站的能耗降至最低

Green Boilerplate 旨在最小化以下几个领域的能耗：

设计团队层级

最小化开发所需能源，最大化可持续开发。

Web 托管层级

最小化服务器和下载过程所用能源及其他资源。

客户层级

最小化客户计算机或其他设备所用能源和资源。

用户体验

以更优的用户体验，最小化工作量。为数字产品或服务所设计的中间成果，应充分发挥其价值，并做到可持续使用。

像 Green Boilerplate 这类 Web 框架（是为了以最少的资源，打造最佳的用户体验），为设计者和开发者提供了一些机会，助其开发更可持续的数字产品和服务。第 6 章我们将更加详细地介绍几个框架。

开源和可持续性

开源软件（可自由分享、使用、修改、分发和改善，以便让更多人使用）的有些分支以可持续性为己任。开源运动自身也要解决可持续性问题，开源社区贡献的开源代码也要考虑效率。在开放、合作的环境比在专有软件环境，更可能分享资源，所设计的解决方案也更可持续。不妨想想 GitHub、Uber、TaskRabbit 等。

共益企业 Open Concept Consulting 的负责人 Mike Gifford 认为使用开源工具比专有软件更可持续，原因如下：

开源工具由用户和开发者组成的社区所推动。支持的人足够多，提供了绝无仅有的机会，使用户可依托其他开发者开发、维护和扩展代码库。开源软件社区的透明度促使开发者按最佳实践开发。

所有代码都是债务。定制开发一款应用或使用专有代码，能够评审代码的人很有限。大量开发者渴望在最新、最酷的代码库从头编写一个解决方案。评审代码的人越多，代码质量越高。

很多开源工具普及程度非常高。若开源工具的核心模块的性能得以提升，少则数千，多则数万其他应用将采用更新之后的工具。

很多自由软件工具采纳的一个概念是模块化。理想情况下，你可仅运行你实际要运行的软件（而不是更多）。这对提升安全大有裨益，说真的，Web 服务器为什么需要图形用户界面（GUI）呢，但除此之外，还有可持续性方面的优势，因为运行多余的代码也会消耗资源。

更可持续的社区

若不清楚一个解决方案能不能延续几年，我们难以对其投资。几十年来，这个难题一直困扰着软件行业。编程语言（不管是专有或开源）会被取代、改进或是不再支持。寻找懂专有遗留系统的程序员，费时费钱。反之，有时寻找熟悉开源工具的设计师或程序员更容易（可能也更划算）。

例如，数千人维护最受欢迎的开源项目。虽然开源项目的 bug 或安全薄弱环节可能被骇客利用，但开源贡献者坚持不懈的努力可确保这类事件不会再次发生。

“人们应该像思考小猫那样思考开源，” Mike Gifford 说道。“它们太可爱了，但照顾不好它们，它们就像地狱。”

开源运动也遇到了自我维持的难题。据技术创新管理研究（Technology Innovation Management Review）[注 9]：

> 2008 年，很多人认为若大范围采用开源软件，而回馈给开源软件的代码或资金相对较少，开源运动将无以为继。然而，自此开源却繁荣起来，它茁壮成长，可自我维持下去。开源生态系统健康状况的极大改善，推动了两大主要潮流：一是向更自由的、Apache 风格的许可证转变；二是像 Facebook 这类 Web 技术公司为开源所做的贡献有所增加。

看到像 Facebook 这类大公司接受开源的原则和实践，很令人鼓舞。再加上更宽容的软件许可证制度，开源运动得以进步，而这正是它要长久可持续发展所必须的。

借开源软件破解气候难题

贡献者太多，开源软件项目就有可能变得效率低下或支离破碎。但是开源平台也有

注 9： Matt Asay, “Q&A. Is Open Source Sustainable?”, Technology Innovation Management Review 3(1): 46-49(*http://timreview.ca/article/650*)。

可能借众人之力解决资源利用、生产能力过剩、多样性、可扩展性、创新和迅速增长的学习需求等问题。是的，甚至还能拯救地球。

2015年的Linuxcon大会上，Zipcar的创始人Robin Chase在演讲时提到“因特网的存在使得工业资本主义已死。分享是一种榨取更多价值的更好方式。”[注10]该观点很大胆。Zipcar和Airbnb是她列举的开源合作违反物理定律的几个例子：“我们利用Airbnb，只需四年就能建起世界最大的连锁旅馆。”特斯拉是一家很受欢迎的电动汽车制造商，也计划采用开源解决方案。虽然Airbnb能否拯救地球仍拭目以待，但Chase的确提出了一个很好的观点，即开源平台提供了财富重新分配的机会，并将改变所有行业，这个过程中不会破坏地球。例如，快速建设全球最大的连锁旅馆，并控制对环境的影响。Chase还强调共享网络资产比封闭资产传递的价值更多，就像是开放合作由于很多人合作实现一个想法，往往比封闭或专有解决方案的最终结果要好一样。

例如，GitHub用户上传了3070万个代码仓库，共享给所有人，人人都有权修改。[注11]这家公司原本是开发者利用周末搞的一个项目，如今估值高达7.5亿美元，平均每个工作日新增1万名新用户。[注12]白宫、Facebook、Amazon和LinkedIn像其他1210万用户一样，用它开发各种各样的项目。它为开发者在项目开发中验证新想法、寻找资源，提供了一个巨大的资源库。

我们权衡自己开发的应用在可持续性方面有哪些优缺点时，需点考虑要不要用开源。更多的用户意味着应用的前后端环境影响更大；反之，通过分布式合作完成任务，其依赖和限制都比较少，使我们能以更可持续的流程开发更可持续的应用。

注10：Sean Michael Kerner, “Linuxcon: Open Source Peer Collaboration Could Save the Planet”, Datamation, August 17, 2015(*http://www.datamation.com/open-source/linuxcon-opensource-peer-collaboration-could-save-the-planet.html*)。

注11：GitHub, “Press” (*https://github.com/about/press*)。

注12：Vijith Assar, “The Software That Builds Software”, The New Yorker, August 7, 2013(*http://www.newyorker.com/tech/elements/the-software-that-builds-software*)。

Web 标准

Web 标准的存在有着多方面的原因，其中很重要的一个是让所有人更便捷地接入并使用因特网，尽力让工作对未来更友好。因特网这个行业每时每刻都在改变，我们对它抱有多大的期望，就该对自己有同等程度的要求。

Web 设计师的工作标准，很大一部分是将结构的样式和行为分开。Jeffrey Zeldman 是一名 Web 标准负责人，他在自己的博客中总结道"这种分离使得我们的内容既向后又向前兼容（或'对未来友好'，如果你喜欢这么叫）。[注 13]它关乎重用，关乎可访问性，关乎我们刚刚开始设计的新型内容管理系统（CMS）。它使得我们的内容用古董级设备可以访问，用现在还难以想象到的未来设备也能访问。"

Web 标准具备这种包容、可访问和对未来友好的特性，因此在设计和开发 Web 应用、数字产品或服务时遵守这些标准，通常是更可持续的选择。

拿不准你的应用是否兼容标准？下面介绍几种较简单的验证方法：

- 用 W3C 的 Markup Validation Service（标记验证服务，*https://validator.w3.org*）或火狐的 HTML Validator（*https://addons.mozilla.org/en-US/firefox/addon/html-validator*）附加组件验证网站。
- 用 Formstack 的 508 Checker（*http://www.508checker.com*）检验你的作品兼容可访问性标准的程度。
- 还在找其他方式，检验代码的标准兼容程度？请查看 W3C 的工具清单（*http://www.w3.org/WAI/ER/tools*）。

第 6 章将更详细地介绍，遵守 Web 标准为开发更可持续的应用带来哪些优势。

潜在障碍和解决方法

脑海里要时刻绷紧生命周期评估这根弦，数字产品和服务所用组件反映了它们总体的可持续程度。并不是所有数字产品或服务都是可访问、开源和符合标准的，也不

注 13： Jeffrey Zeldman, "Of Patterns and Power: Web Standards Then & Now", Zeldman.com, January 5, 2016(*http://www.zeldman.com/category/web-standards*)。

都是托管在用可再生能源供电的服务器上。开发它们的公司是否使用敏捷方法，是否有环境意识，是否对所有干系人而不只是股东负责，也不尽然。事实上，目前只有很少数字产品或服务能做到以上几点。但有这种渴望还是可以的，尽管潜在的障碍无处不在。

以绿色托管为例，虽有几种备选方案，比如将数字产品和服务托管到用可再生能源供电的数据中心，但其质量和服务也许跟你习惯了的水平不相称。你和大公司打交道的过程中，已习惯了他们的高水平。

一个关于绿色托管灾难的故事

数字产品和服务托管行业其实可以带头使用可再生能源。我接下来要讲的这个故事，对于什么阻碍了该行业发展可再生能源以及有哪些解决方法，会有一些启发。这个故事讲的是本章前面提到的 Mightybytes 寻找神秘绿色托管独角兽的漫漫征程。

2010 年，我们动身寻找托管公司，万万没想到日后演变成长达数年的征程。我们要找的这家公司不仅致力于发展可再生能源，还能兼顾客户的满意度，且其托管服务高质量、高度可靠，能满足我们项目需要。作为一家共益企业，我们企业的供应链对环境的影响，体现在我们所设计的解决方案的电力来源，用可再生能源托管是唯一符合逻辑的选择。

我们原本以为找托管商这事很简单，很快就能找到，但是，好家伙，我们大错特错！从 2010 年年末到 2015 年，我们跟十多家绿色托管提供商建立又终止合作关系。这些托管商的能源结构不一，既有直接使用可再生能源，也有购买 REC 的。如图 3-6 所示。

之所以跟他们终止合作，主要是因为他们缺少两个关键要素：

- 可靠性。
- 良好的客户服务。

图 3-6
绿色托管提供商很多，但悲哀的是独角兽很少

网站可靠性和客户服务（或缺乏这两者）成为我们一次又一次终止与绿色 Web 托管提供商合作的主要因素。其中有几次终止合作，也涉及性能问题，但总体而言，正常运行时间的稳定性和较差的客户服务是影响合作的关键因素。我们客户的网站反复宕机，有时让人感到莫名其妙。好的时候，托管商客服代表要么让我们参考公司的知识库，要么推荐昂贵的附加服务。有时，我们打过去电话根本无人接听。而我们的客户自然为他们的网站下线感到崩溃。这些托管提供商不去跟我们合作，提供可靠的服务，以建立基于信任和互助的共赢的合作关系，而是选择丢掉业务。

这些公司对环境的承诺，似乎恰恰是它们在这些方面所缺乏的。据几年来审计绿色 Web 托管公司的经验，这里提供几条建议，不仅能改善其业务、更好地服务客户，还能增加因特网用可再生能源供电的占比。

可靠性

到目前为止，跟这些公司合作，我们所经历的最常见的问题是网站正常运行时间的可靠性。使用这几家的托管服务，我们客户的网站在毫无预料的情况下一次又一次宕机。

Green House Data 的创始人和业务发展部的副总裁 Thomas Burns 告诉我，他们公司把可靠性排在头等重要的位置：

> “我们的设施配备了多级电力基础设施冗余方案，”他说道。“我们用‘2N’和‘N+1’术语来描述电力基础设施的设计方法论。‘N’是指需求。例如，我们将 UPS（Uninterrupted Power Supply，不间断电源系统）设计为 2N 系统，意即一个需求（N）所需设施，我们建设了‘2’遍，以保障恢复供电的能力。如果 UPS 一块电池坏了，我们还有两块备用。电力基础设施部署，从电源到机架，从发电机到电力公司，我们都准备了两套方案。”

当然，电源不是唯一会让网站下线的，但公司努力提升该层级服务可靠性的做法值得肯定。

飓风桑迪（Sandy）过境期间，Squarespace 公司努力保证 140 万个网站不下线，是公司致力于发展可靠托管服务的好例子。灾难发生期间，公司得到许可，用塑料瓶装燃料，运到数据中心，以保证服务器的正常运行。风暴过境期间，一些团队成员坚守在数据中心以备不时之需。当然，飓风桑迪这个例子有点极端，但它能很好地说明 Web 托管商应将服务器的稳定性当作头等大事，尽其所能保证托管在其服务器上的网站的正常运行时间。如图 3-7 所示。

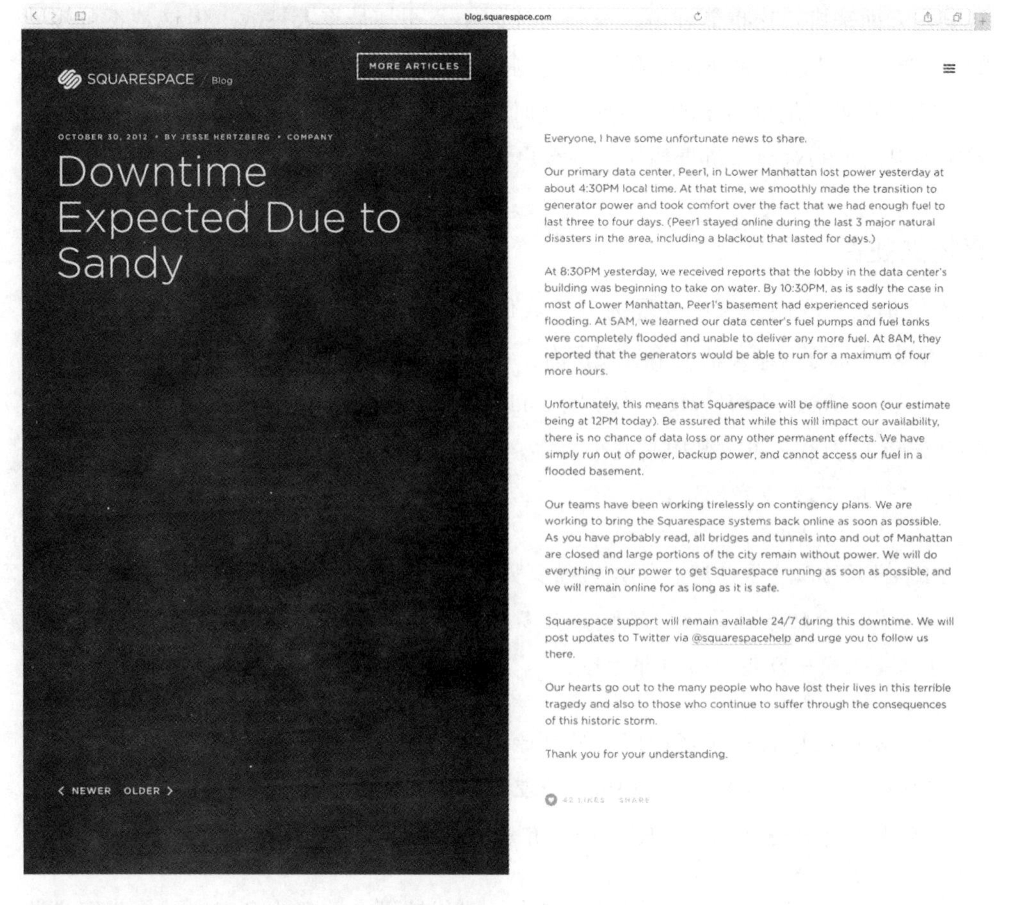

blog.squarespace.com

SQUARESPACE / Blog

MORE ARTICLES

OCTOBER 30, 2012 • BY JESSE HERTZBERG • COMPANY

Downtime Expected Due to Sandy

Everyone, I have some unfortunate news to share.

Our primary data center, Peer1, in Lower Manhattan lost power yesterday at about 4:30PM local time. At that time, we smoothly made the transition to generator power and took comfort over the fact that we had enough fuel to last three to four days. (Peer1 stayed online during the last 3 major natural disasters in the area, including a blackout that lasted for days.)

At 8:30PM yesterday, we received reports that the lobby in the data center's building was beginning to take on water. By 10:30PM, as is sadly the case in most of Lower Manhattan, Peer1's basement had experienced serious flooding. At 5AM, we learned our data center's fuel pumps and fuel tanks were completely flooded and unable to deliver any more fuel. At 8AM, they reported that the generators would be able to run for a maximum of four more hours.

Unfortunately, this means that Squarespace will be offline soon (our estimate being at 12PM today). Be assured that while this will impact our availability, there is no chance of data loss or any other permanent effects. We have simply run out of power, backup power, and cannot access our fuel in a flooded basement.

Our teams have been working tirelessly on contingency plans. We are working to bring the Squarespace systems back online as soon as possible. As you have probably read, all bridges and tunnels into and out of Manhattan are closed and large portions of the city remain without power. We will do everything in our power to get Squarespace running as soon as possible, and we will remain online for as long as it is safe.

Squarespace support will remain available 24/7 during this downtime. We will post updates to Twitter via @squarespacehelp and urge you to follow us there.

Our hearts go out to the many people who have lost their lives in this terrible tragedy and also to those who continue to suffer through the consequences of this historic storm.

Thank you for your understanding.

< NEWER OLDER >

图 3-7

Squarespace 公司针对恶劣天气，向客户提供的明星级服务

客户服务

缺少良好的客户服务，跟上面所讲的不可靠托管如影随形。在有些情况下，所有支持团队似乎就只有一个公司伙计，他四处闲逛，在空闲时间解决问题，小公司很可能就是这种情况。很多像这样的公司，我们网站下线时不仅没能力帮我们，其中一些公司，还往往真心没兴趣帮我们一把。至少有两次，我们得到的答复很冷漠，简单、生硬更是常事，他们给出的建议往往考虑不周。有一次，一个问题两周才解决。另一次，他们提供的方案需要安装意料之外的软件插件，大幅增加我们的月度开支。我们无从知道这些支持方案是不是他们外包方给的。

从某些方面来讲，这也能理解，成长对任何小公司都是重大挑战。但这是不可接受的。这些公司若想扩大规模（为了增加因特网的可持续性，我们当然想扩大规模），一流的客户服务是少不了的：专业、及时响应，由专业人士提供服务。他们必须像其所表现出来的对地球负责那样，对客户负责。

奇怪的扭曲

2015 年年末，我们无意中发现前五年我们与之合作、体验很糟糕的这些公司，有好几家实际上为一家大型上市公司所有。有人分享给我 Reddit 用户（*https://www.reddit.com/r/Hosting/wiki/eig*）列出的 Endurance International Group（EIG）公司拥有的 Web 托管商名单。其中有几个名字，我非常熟悉：正是前五年，我们尝试与之合作的公司。这篇文章写道：

> EIG 拥有的几十家品牌，没有明确表明它们是同一集团的品牌。EIG 因此能留住从一品牌换到另一品牌的客户。而客户接受的服务不会改变，并且客户的网站也只是在同一数据中心内部迁移。
>
> 由于客户对 EIG 的下线时间、网站速度慢、质量问题和糟糕的客户服务的抱怨不断增多，一些经验丰富的 Web 管理员经常会警告他人不要使用 EIG 品牌。不幸的是，有时避免不了，因为 EIG 有意隐瞒它对各品牌的所有权。

我浏览了一遍名单，发现很多熟悉的名字。我很惊讶名单上的多家公司是我们“尝试与之合作，终难逃失败”命运的绿色托管商。据这篇文章，我们每次换用的另一家公司（不可避免地受糟糕的服务和可靠性问题的传染）实际上由同一母公司所有。这种痛苦的遭遇太熟悉了。这是真的吗？

我做过一番功课之后，可以肯定 Reddit 网站的文章并不是一位愤怒的客户独有的挫败感的宣泄，我还找到了其他很多篇受挫的 EIG 客户抱怨其托管服务质量、可靠性和客户服务的文章。写作本书时，仅美国商业改善局（Better Business Bureau）网站就有 345 条抱怨 EIG 的记录。

我请求 EIG 的公关团队提供更多关于他们绿色托管品牌的信息，但未收到答复。我决定不在这里公开我们探索过的托管商（并不都是 EIG 的品牌），因为我们的经历仅能代表一家小公司。然而，我分享该故事是想提醒后来人在选择托管商时，遇到标榜自己绿色价值的商家，一定要做足功课。一言以蔽之，我们不再使用EIG的托管服务品牌。

在美国和其他一些国家，法律要求上市公司最大化股东的价值。换言之，股东若认为公司未能竭尽全力以抓住季度收益的所有潜在利润，就可以起诉公司的领导。在一些情况下，这会中伤企业的可持续性或企业社会责任（CSR）部门，使其在无限制增长精神的引导下，削减慈善工作，或作出裁员决策，以价格欺骗消费者，对环境造成严重破坏。该故事的类似版本在历史上层出不穷。也许每当EIG公司董事会商讨收购一家新Web托管公司时，类似的场景就在董事会办公室上演一次。

顺便一提，这也是共益企业认证和公益性公司（Public Benefit Corporation）相关立法存在的主要原因：依法考虑股东需求的同时，兼顾干系人的需求。合格的绿色托管商，就像我们前面提到的Green House Data和Canvas Host公司，决策过程会考虑所有干系人的需求。考虑这些需求的公益性公司，被追求利润及其他目标的股东起诉的风险也会小很多。

绿色和优质兼得，无异于中大奖

所谓的绿色Web托管商，只有寥寥几个的Web托管方案使用可再生能源供电。有时，其客户服务也令人质疑。综合这两点，就不难理解为什么只有少数人愿意放弃使用更大、更便宜和更稳定的托管商。他们毕竟以客户能负担得起的价格提供了稳定的托管服务和客户服务。但不幸的是，他们以我们星球的未来为代价。

绿色和平的*Clicking Clean*报告和我们的经验，突出说明的是公司巨头为最小化其线上产品或服务的影响所付出的努力，与除大公司之外的、开发或使用因特网的这一方（我们），为建设更可持续的Web所付出的努力，两者之间存在鸿沟。Mightybytes继续用由可再生能源供电的服务器托管网站，并不是只有我们这样做。越来越多的公司正在寻找更优质、更可持续的数据解决方案。

Manoverboard的Andrew Boardman认同以上观点。“我们虽花大量时间和资源去鉴别绿色托管商，但我们还没有找到三连冠的公司：以目标为导向，客户支持给力，且100%使用可再生能源。我们不会停止寻找的脚步。我们的业务、客户和星球都依赖于它。我知道我们找到这种公司，好比是中了大奖。”

绿色托管，更绿的因特网

虽然规模更大、面向客户的玩家，其能源结构向可再生能源转型所做的努力，获得的注意力最多，但因特网其他玩家的用电需求也很重要。数以千计规模较小的公司、非营利机构和本地政府部门，这些因特网流量较小的区域怎么解决托管问题呢？它们中的大多数要么与别家共享设施，租用服务器空间，或是将其产品或服务托管于云平台提供商和内容分发网络。这些机构的数据需求如何向可再生能源转型？

虽然提供合租服务的小型托管商，可再生能源的使用情况无明确数字可查，但绿色和平 2015 年的审计报告中提到的这些托管商（为前面提到的这类规模较小的机构提供服务器空间的托管商），平均用 14% 以上的清洁能源为服务器供电，与美国可再生能源电力的比例 13% 相当。因此，我们要努力实现用清洁能源驱动的因特网，显然还有很大的提升空间。

很多有资源投资本地可再生能源的大技术公司正在不断进步。AWS 在 2015 年的股东声明中宣布公司正努力用 40% 的可再生能源为 AWS 供电（前一年是 25%），并已投资四个大型风力和太阳能发电站，每年可向为 AWS 数据中心供电的电网，输送 160 万兆瓦时清洁能源电力。[注 14] 鉴于 AWS 托管了三分之一的因特网服务，这个数字的影响着实不小。[注 15]

小结

本章详细讨论了 Web 托管服务使用可再生能源电力的重要性以及 Web 托管服务的不同表现在哪些方面。我们还介绍了其他组件（开源软件、框架和公司使命宣言等），它们有助于增加数字产品和服务的可持续性，并减少开发过程对环境的影响。本章所讲的这些组件，绿色托管可以说是最重要的，因为数字产品和服务消耗其电力。其他组件可帮你简化工作流，确保内容是在鼓励可持续性的环境中开发的。它们还

注 14： Amazon.com, 2015 Shareholder Letter (*https://www.sec.gov/Archives/edgar/data/1018724/000119312516530910/d168744dex991.htm*)。

注 15： Synergy Research Group, “AWS Market Share Reaches Five-Year High Despite Microsoft Growth Surge”, February 2, 2015 (*https://www.srgresearch.com/articles/aws-market-sharereaches-fve-year-high-despite-microsoft-growth-surge*)。

可帮你打造更易于访问的应用，满足尽可能多的用户在不同的平台和设备上的使用需求。

行动指南

你想将本章所学内容用到工作中吗？可参照以下指南，行动起来：

- 用Green Web Foundation（绿色Web基金会）的Green Hosting（绿色托管）数据库，找几家用可再生能源为服务器供电的托管商。比较它们的功能、定价以及每家公司具体是怎样使用可再生能源的。是否值得迁到其中一家？为什么值得或不值得？
- 上述问题，你的答案若是“不值得”，可向你正在使用的Web托管商的客户服务部门，表达你对使用可再生能源供电的托管方案的兴趣。
- 探索用可再生能源为办公室供电的方案。你所在地区，购买太阳能电池板，当地政府有无补贴？你能通过其他手段购买可再生能源，而不是购买与电力脱节的REC吗？若不能的话，是否有渠道改变这一情况？
- 公司使命宣言或核心价值观包含对环境的承诺吗？若没有，大家通力合作，将其确定下来。
- 你使用专有软件吗？寻找一个开源软件替代它们，并审计将其用到当前或未来项目的可行性。
- 探索GitHub，寻找潜在的项目资源。
- 不论开发什么项目，都要遵守Web标准，保证团队认同这一点。想办法让Web标准深入人心。

第 4 章

内容策略

你将从本章学到什么

本章，我们将介绍以下内容：

- 为什么说内容的“可寻找性”和搜索引擎优化（SEO）对可持续性很重要。
- 如何让你的内容更易于搜索从而更可持续。
- 打造精简用户体验（UX）的内容策略，使其更具吸引力。
- 更高效的视频点播技术。
- 执行更可持续的社交媒体策略的多种方案。

内容之谜

因特网上所呈现出来的内容爆炸态势，为可持续发展带来重大挑战。Facebook 全球有 14.4 亿多用户，平均每人每天在该网站花 20 分钟甚至更长的时间。[注 1] 其中，美国用户所花时间是这个时间的两倍。所有用户每天所花时间共计近 300 亿到 600 亿

注 1： Jillian D'Onfro, “Here's How Much Time People Spend on Facebook per Day”, Business Insider, July 8, 2015(*http://www.businessinsider.com/how-much-time-people-spend-onfacebook-per-day-2015-7*)。

分钟……仅在 Facebook 上！虽然该公司的服务器（写作本书时）49% 的电力来自可再生能源，并且公司还投巨资发展清洁能源以提升其占比，但它的影响不容小觑，这还只是众多社交网络中的一家（即使是一家真真正正的大型社交网络），纵观整个因特网，似乎每周都会诞生一家社交媒体平台，如图 4-1 所示。

图 4-1

Facebook 用户每天耗在该网站的时间长达 300 亿到 600 亿分钟

类似，YouTube、Netflix 和 Hulu 等几大视频平台的用户贡献了 70% 以上的消费者因特网流量（consumer Internet Traffic），预计到 2020 年将增长到 82%。[注2] Vine、Instagram 和 Snapchat 等非常消耗带宽的富媒体应用，以及 Slack 或 Hipchat 这类协

注 2：Cisco Visual Networking Index: Forecast and Methodology, 2015–2020 (2014) (*http://www.cisco.com/c/dam/en/us/solutions/collateral/service-provider/visual-networking-index-vni/complete-white-paper-c11-481360.pdf*)。

作类应用，此外还有虚拟现实、IP 视频点播系统（video-on-demand，VoD）等，它们的发展壮大，致使流量不断增长。每天提醒我们世界各地发生了什么新鲜事的信息流（newsfeeds）也贡献了不少流量。数以千万计的博客，更是雪上加霜（有的停止更新，有的仍在更新），占据世界各地服务器的空间，每台服务器一年 365 天 7×24 小时不停耗电。这些还只是消费者应用。因特网视频监控和内容分发网络的流量也呈现出爆炸式增长的态势。如图 4-2 所示。

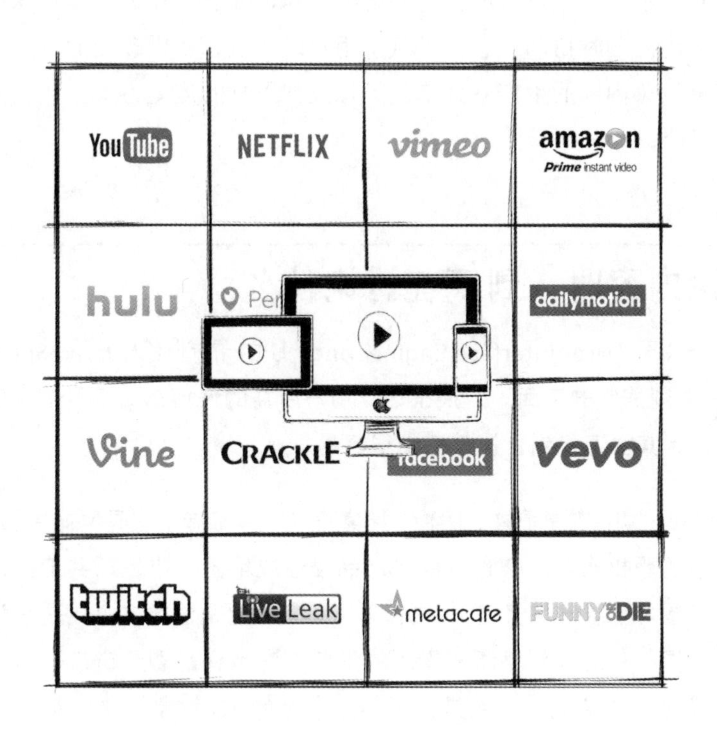

图 4-2
视频内容占据消费者因特网流量的 70% 以上

因特网上内容无处不在，我们写博客，发推文，晒照片，它们的有效期跟你早上从星巴克买的咖啡一般长。我们发的内容很像你喝的那杯咖啡，完成短期目标之后，终难逃葬身于因特网海量内容的坟墓，被人忽视，被人忘记。当然，直到你需要再次找到它。举个例子，你在鸡尾酒会上与朋友争论不休，需要找一个能证明自己观点的统计数字。于是，你到 Google、Twitter 的信息流、Instapaper 账户，甚至古老的 Delicious 网站查找。

所有这一切都导向一个极其重要的问题：我们如何建立起与内容更可持续的关系？

Manoverboard 的 Andrew Boardman 认为这个问题很简单："所有内容都应该是非凡的，且值得分享。真正可持续的内容策略是由定期考虑客户感受的机构所推动的。内容应该改变思想，而不是耗光手机电量。"

也就是说，正如本书其他章节所言，要解决问题，并非不让你分享猫咪视频了。杰文斯悖论已出现。即时访问信息，可赋予用户以力量，提供改变的可能性。我们有很多好机会来改善内容的生产、分享、寻找及其影响的度量方式。让我们一起探索其中的一些机会。

我们讨论内容时，到底在讨论什么

用户体验工程公司（User Interface Engineering，UIE）的创始人 Jared Spool 认为"内容[注3]是用户立刻需要的东西。"换言之，用户所需的任何东西都可被理解为内容。"立刻"意即帮其快速找到，让其感到很容易。

换言之，内容即一切：它是副本、图像、搜索框和联系表单。它是网站主页的焦点图，网站页脚极小的版权声明。它也可能是产品描述或地图，或是新买工具使用方法的视频讲解，或是可下载的保修信息 PDF 文件。它可能是法律文书或是可调整尺寸的图像，放大可显示从近处观察所能看到的细节。它也许是聊天窗口，你可实时获得客户服务，或是一个游戏，又或是你可与之交互的 3D 对象。这些都是内容……当然还有很多其他形式的内容。

不论何时，只要用户需要内容，你能以多快地速度将内容呈现给用户，这就是更可持续的内容策略。

注 3： *Source: https://medium.com/uie-brain-sparks/content-and-design-are-inseparable-workpartners-5e1450ac5bba#.3fm94eidn*。

开发更可持续的内容

内容策略专家 Kristina Halvorson 在她命名极为巧妙的《Web 内容策略》（Content Strategy for the Web，New Riders，2012）一书中，貌似给出了内容策略的实际定义：

> 规划有用和可用内容的生产、交付和管理。

如果我们想在实施内容策略时就规划好，满足当前需要的同时，不会牺牲未来的需要，以一种更可持续的理念指导我们，那么我们该怎样开展工作？面对海量在线信息，我们怎样制定内容策略，才能在满足自己机构需要的同时，兼顾内容对环境的影响呢？

芝加哥共益企业 Orbit Media 的 Andy Crestodina，著有《内容化学：内容营销图解手册》一书（Content Chemistry: An Illustrated Handbook for Content Marketing，Orbit Media Studios，2014）。他认为内容策略是可持续性和内容营销目标两者利益的调和。"内容营销人士想赚足浏览量，我们希望这些访客停留时间尽可能长，"他说道，"我们希望跳出率保持在低位，停留时间长。这些被视为内容策略的成功指标。但从长远来看，我们需考虑自己和访客期望的结果是什么，并想方设法最高效地满足这些目标。"

Andy 建议问问自己以下几个重要问题：

- 用户能快速找到目标内容吗？或者，他们在网站的多个网页之间跳来跳去，寻找更多信息？若是这样的话，跳出率也许很低，用户在网站的停留时间较长，但你没有实现自己或用户的目标。这是个问题。
- 你吸引到了目标访客吗？堆积一个与网站无关的关键词，提升网站的排名，或是邀请不太可能行动起来的的访客访问网站，网站的流量趋势曲线也许好看，但这也不能实现自己或访客的目标。

在制定内容策略时，要兼顾可持续性的话，深入思考并弄清楚成功的真实模样至关重要。"你也许发现在分析工具 Analytics 中看起来很好的几个指标，只是空耗处理器的功率，增加数据中心的室温，"Andy 说道。

要理解怎样以更可持续的理念思考我们的内容，我们首先必须清楚自己的目标以及如何尽可能高效地满足目标。某些让产品或服务更可持续的元素，往往使它们更好地满足用户的需要。但若细节做得不正确，你很容易陷入内容生产的一个陷阱，你生产的内容无人关心。

内容和用户体验：合伙人

作者 Karen McGrane 告诉我们，从事设计工作而不考虑内容，就像给人过生日，送给对方一个包装精美的空盒子。虽然本书内容和设计分不同章节来讲，但需注意的是，这两个领域的相关任务最好在相互协作的场景一并执行。好的设计过程将解决内容需求和用户体验任务，开始画线框图或设计组件之前，要求定义好内容类型和模式。同样，称职的内容策略专家不会在真空工作：最成功的内容策略是与相关干系人共同制定的，与用户体验策略一同制定的。

两个领域的任务一起执行，可达到以下几个重要目的：

- 与其事后再考虑内容，该方法将内容作为成功实现数字产品和服务的关键组件。
- 不论团队做什么项目，都让他们贯彻“内容优先”的方针。为各设备和平台设计显示模式时，这一点很关键。
- 设计过程，使用多种真实的内容，比用占位图像或乱数假文（lorem ipsum），更易于团队快速识别可扩展性问题。

定义规则

什么组成了更可持续的内容策略？内容生产过程，不应产生很多废物，生产的内容，用户能理解并可据此采取行动。首先，内容生产工作流应是以高效、合作的方式，快速产出期望的结果。生产的内容应便于寻找，条理清晰，讲的故事令人信服，最重要的是，能激励用户采取某种行动。它还应该使用合适的设备和平台显示模式展示内容。最后，通往更可持续的内容之路始于度量内容的重要性。能起作用的内容，就多做一点，反之，少做一点，这是绿化内容“供应链”的最快方式。如图 4-3 所示。

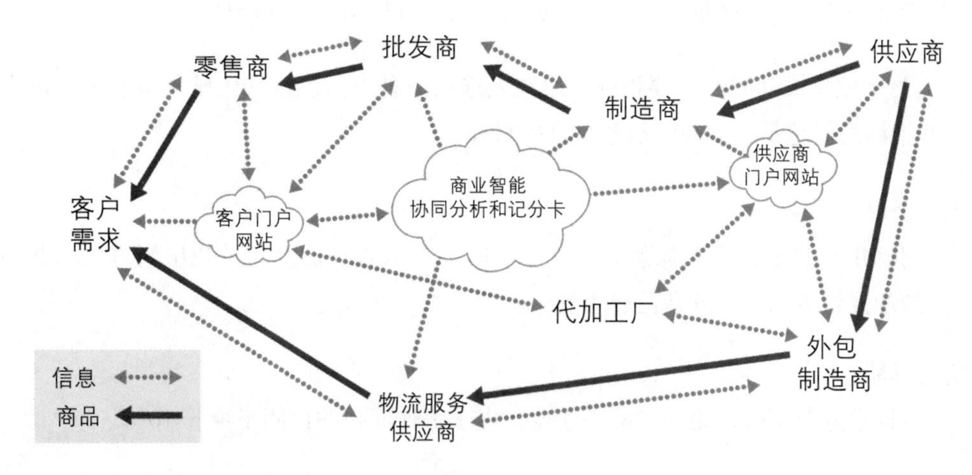

图 4-3
你的内容有供应链吗？有的话，它长什么样子

度量是关键

无法度量的指标，则无法跟踪。不度量性能，无从知道什么最有效。若不知道什么内容对用户最具价值，就难以削减废物、精简流程或生产新内容以满足特定需求。网站或移动应用上的大部分内容，都可以度量，但并非就应这么做。那么，从哪里开始呢？从哪里寻找要度量的数据呢？这里提供几点想法：

分析工具

像 Moz、Hubspot 或 Google Analytics 这类度量平台会告诉你哪些内容有效，哪些无效。但你要加以小心：这些平台能度量一切，并不代表你就应这么做。度量无关的指标，极易浪费大量时间。

树测试

测试导航结构，帮用户更快找到内容。

A/B 测试

向用户提供两种不同的内容或设计方案，并跟踪哪种更好。

转化率优化

测试并改善一个网页或屏幕在激励用户执行目标动作方面的能力。

定义关乎项目成功的最重要指标，以决定选用何种方法测试转化结果最合适。确定这些指标的前提是，你非常清楚自己的目标：

定义需求

明确用户想要什么和你想要什么。有时，这两者可能互斥。找出两方需求共同的基点；否则，你就是白费力气。

定义目标

目标最好要明确，比如“第一季度，电子邮件简报的订阅率增长 10%”。

定义内容类型

什么内容最有可能帮你达成目标？是带有明确行动号召（call-to-action，CTA）导向的博文，是可下载的白皮书，还是两者都可以？制定计划，测试每种内容的效果，并使用效果最佳的。

相关分析

什么指标能证明正在实现目标？上述例子，我们可跟踪白皮书下载量或每月电子邮件简报的订阅量。

设定基准

回顾一段时间以来所取得的进步，并与最初目标相比较。你每月都能持续实现目标吗？重新评估并迭代。必要时，重复该循环。

我们将在本章后面“敏捷内容：更可持续的解决方案？”介绍几种变通方法。

内容审计

我们行业非常强调内容生产，面对这一现状，如何在实践中形成一套逐步淘汰部分内容的方法？如何搞清楚什么内容有效，什么无效？废弃或无效的网页所带来的不可避免的垃圾，谁来清理？了解这些内容，有助于保持网站的精益，并稳步推进内容策略。你从内容审计下手就很好，界定最有效的内容，识别薄弱之处。如图 4-4 所示。

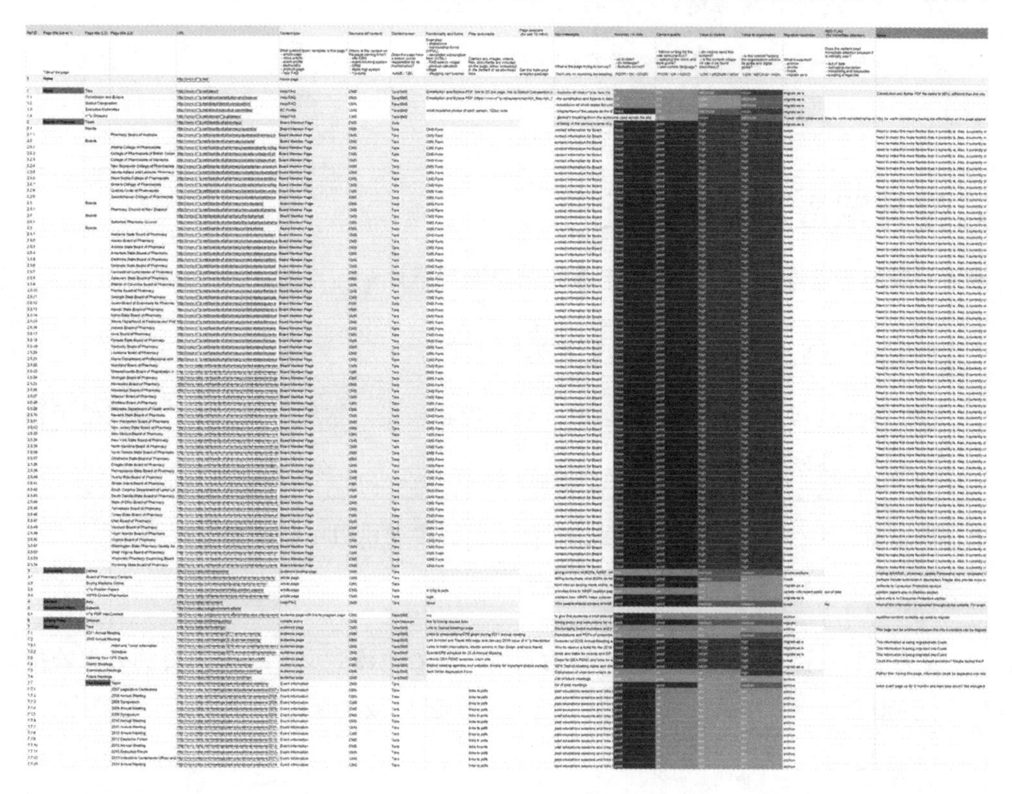

图 4-4
内容审计帮你识别有效和无效内容（是的，这是一个电子表格）

内容审计的对象是网站的所有网址，要查明每个网页的内容负责人、内容效果、网址是否过期，若过期应重定向到何处等指标。一些团队还将关键词研究纳入内容审计过程，以帮助内容团队评估内容的效力，识别趋势和内容鸿沟，并跟踪编辑的改动。重新设计网页时，内容审计的作用尤其大（因为内容审计要求网页已有一定的内容量）。内容审计还是由行动驱动的。下面是审计内容时常采取的行动：

- 删除（你能清空内容吗）。

- 维持现状（不要碰它）。
- 改善（你能把它变得更好吗？若可以，该怎么做）。
- 巩固（你能将其和其他内容整合吗？若可以，该怎么做）。

定性与定量审计的对比

深入开展内容审计之前，你得先弄清楚需要哪种审计：

- 定量审计是指全面记录包括网址在内的所有内容。
- 定性审计是指依据一组特定标准，判断内容质量，帮你制定计划，以改善单独的几个内容板块或网页。

审计内容时，不仅内容可持续的意识不能丢，还得考虑以下两个要点：

裁撤网页，不应留情

效果不好（或一点效果也没有）的网页，留着也没意义。一个网页的效果若排不到前几名（视项目规模和范围而定），你就应裁撤它。

重定向网页

裁撤网页后，要确保将原网址重定向到网站保留下来的网页中与之最相近的，防止搜索引擎为网站记录很多 404 错误，用户若查找被裁撤的内容时，也可为其提供最相关的。

内容营销，白费功夫的情况时有发生。解决这一问题的关键是迭代：你试过很多内容之后，有的放矢增加效果较好的内容，减少效果较差的。这看似很简单，但问题是大部分效果不好的内容仍在线上，尽管它们没大有用处。过时的、用不着、晦涩难懂或难以寻找的内容，白白占据 Web 服务器不必要的空间。而且，存储这些数据，既费电，又耗硬盘空间。

但访问次数最多的网页难道不是用电最多的吗？当然如此。若经过合理优化，它们既能满足公司或机构的需要，也能满足客户、捐赠者的需要。因此，它们帮你维系业务，即使用电多也是好事。

总的来说，准确度量内容的效果，可帮你挑选哪些内容应保留，哪些内容需改善或完全删除。内容审计能帮你度量内容的效果。如要提升现有数字产品或服务的可持续性，可从审计现有内容入手。我们尝试做一次快速的内容审计实验（见图 4-5）：

1. 打开 Google Analytics 工具。
2. 为去年访问次数最多的 100 个网页生成一份报告。

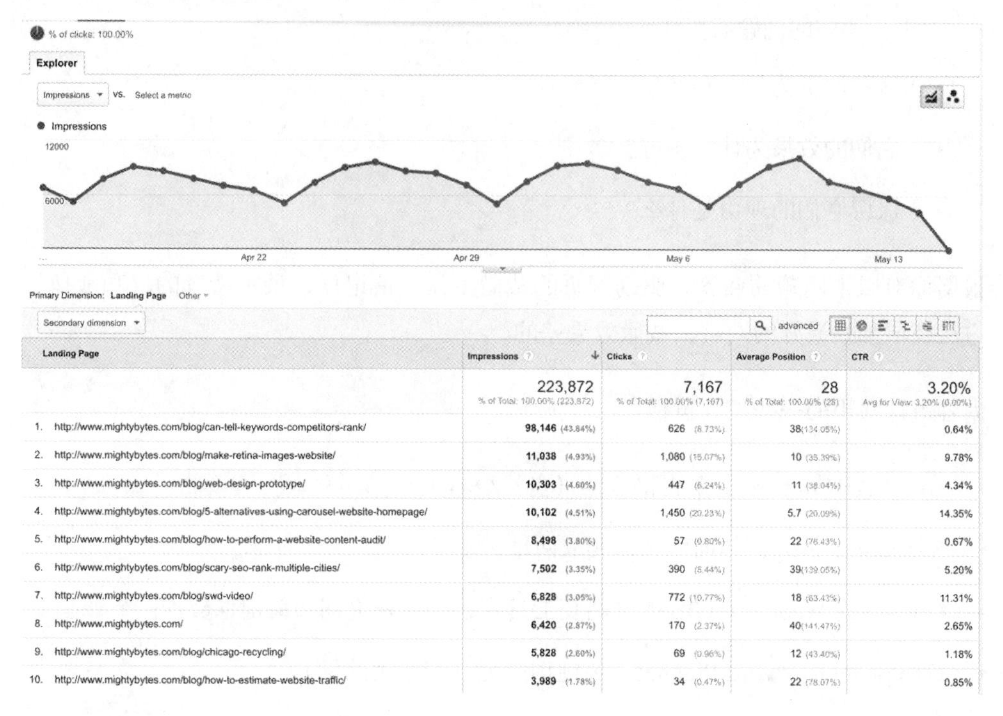

	Landing Page	Impressions	Clicks	Average Position	CTR
		223,872 % of Total: 100.00% (223,872)	7,167 % of Total: 100.00% (7,167)	28 % of Total: 100.00% (28)	3.20% Avg for View: 3.20% (0.00%)
1.	http://www.mightybytes.com/blog/can-tell-keywords-competitors-rank/	98,146 (43.84%)	626 (8.73%)	38(134.05%)	0.64%
2.	http://www.mightybytes.com/blog/make-retina-images-website/	11,038 (4.93%)	1,080 (15.07%)	10 (35.39%)	9.78%
3.	http://www.mightybytes.com/blog/web-design-prototype/	10,303 (4.60%)	447 (6.24%)	11 (38.04%)	4.34%
4.	http://www.mightybytes.com/blog/5-alternatives-using-carousel-website-homepage/	10,102 (4.51%)	1,450 (20.23%)	5.7 (20.09%)	14.35%
5.	http://www.mightybytes.com/blog/how-to-perform-a-website-content-audit/	8,498 (3.80%)	57 (0.80%)	22 (76.43%)	0.67%
6.	http://www.mightybytes.com/blog/scary-seo-rank-multiple-cities/	7,502 (3.35%)	390 (5.44%)	39(139.05%)	5.20%
7.	http://www.mightybytes.com/blog/swd-video/	6,828 (3.05%)	772 (10.77%)	18 (63.43%)	11.31%
8.	http://www.mightybytes.com/	6,420 (2.87%)	170 (2.37%)	40(141.47%)	2.65%
9.	http://www.mightybytes.com/blog/chicago-recycling/	5,828 (2.60%)	69 (0.96%)	12 (43.40%)	1.18%
10.	http://www.mightybytes.com/blog/how-to-estimate-website-traffic/	3,989 (1.78%)	34 (0.47%)	22 (78.07%)	0.85%

图 4-5

我该不该留下？ Google Analytics 帮你解答该问题

3. 现在，请思考以下问题：

- 排名靠前的网页是你希望人们最常访问的吗？
    - 人们会在那些网页上采取行动吗？换言之，它们能否满足业务需求？你若不知道，也许要定几个目标，设置几种转化漏斗。
    - 你能改善这些网页，以更好地服务于既定目标，促成转化吗？
    - 你发现任何表现奇怪的网页了吗？有些本应排在前十名的网页，却排在十名开外？排名靠后的网页，是你所在机构成功的关键？

4. 现在，请检查排名靠后的网页，可以说，这些网址生活于内容错配的网页孤岛之上。要问的问题有：
    - 这些网页为什么存在？
    - 它们的效果为什么不好？
    - 保留它们的理由是什么？

根据你对以上问题的回答，驱动网页的裁撤工作。请记住，最可持续的（和敏捷）方法是增加效果好的网页，裁撤效果差的。

内容审计常用的一些工具包括：

- Excel 或 Numbers 电子表格软件（当然少不了）。
- Screaming Frog：扫描网站，爬取网址。
- Google 的 Webmaster Tools（站长工具）：导入查询词和关键词数据。
- Google 的 Keyword Planner：关键词研究（若适用的话）。
- 用 URLProfiler 汇总从 Google Analytics、Moz Metrics 和 Webmaster Tools 等工具收集的链接、内容和社交数据，整合这些工具的一些数据。

最后再讲一点，过去的内容很容易让我们动感情。公司老板或 CEO 也许很怀念上次钓鱼的经历，想保留博客上的相关照片。但它们若起不到转化作用，只是空耗像素；若无人访问，只是白白浪费服务器空间。你应果断抛弃它们。内容审计能帮你找到这么做的理由。

信息架构

内容的组织方式必须能够帮用户尽快找到所需内容，从而使效率达到最高，并实现更可持续发展。这是信息架构的难点。

例如，文案或品牌策略师为了突出品牌的名义，开动脑筋，设计的按钮标签很简单，但这却严重削弱了用户寻找目标内容的能力。这些晦涩难懂的标签还会干扰残疾人士，他们也许需要借助屏幕阅读器等增能科技（enabling technology）来体验网站内容。如图 4-6 所示。

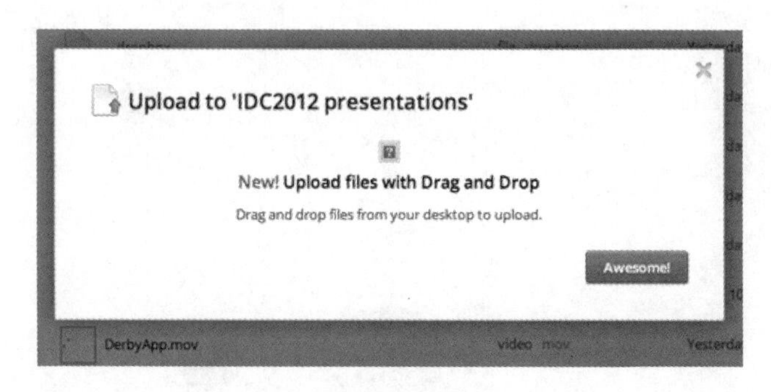

图 4-6
真是棒极了吗？按钮标签应清楚标明单击将执行什么动作

更糟的是，在一个项目的生命周期，信息架构问题周期性出现，影响到各方，若未明确指定负责人，结构和语言不够清晰这两个信息架构问题将难以解决。若责任不明确，信息架构可变为一个模糊不清的术语。它属于内容策略师的工作范畴吗？用户体验团队的？信息架构的相关决策，影响到项目的每一个人（和大多数用户），因此，尽早并经常组织关于导航结构和标签用语的讨论非常重要。设计团队应在项目早期明确指定一成员担任“信息架构掌门”，当这些问题不可避免地出现时，掌门有责任解决它们。

为了使内容便于用户查找，你需要测试导航的标签，并根据得到的测试数据，制定信息架构方面的决策。链向作品展示页面的导航区域，应使用“作品集”或“作品”标签？表单的提交按钮，标签应使用“提交”或“为作品打分”？给定一个特定任务，用户找内容容易吗？这几个问题很重要，你应知道怎么回答。若不能成功解决这些问题，用户就会离你的网站而去。更糟的是，他们经过一番梦魇般地试错之后，心灵将饱受摧残。如图 4-7 所示。

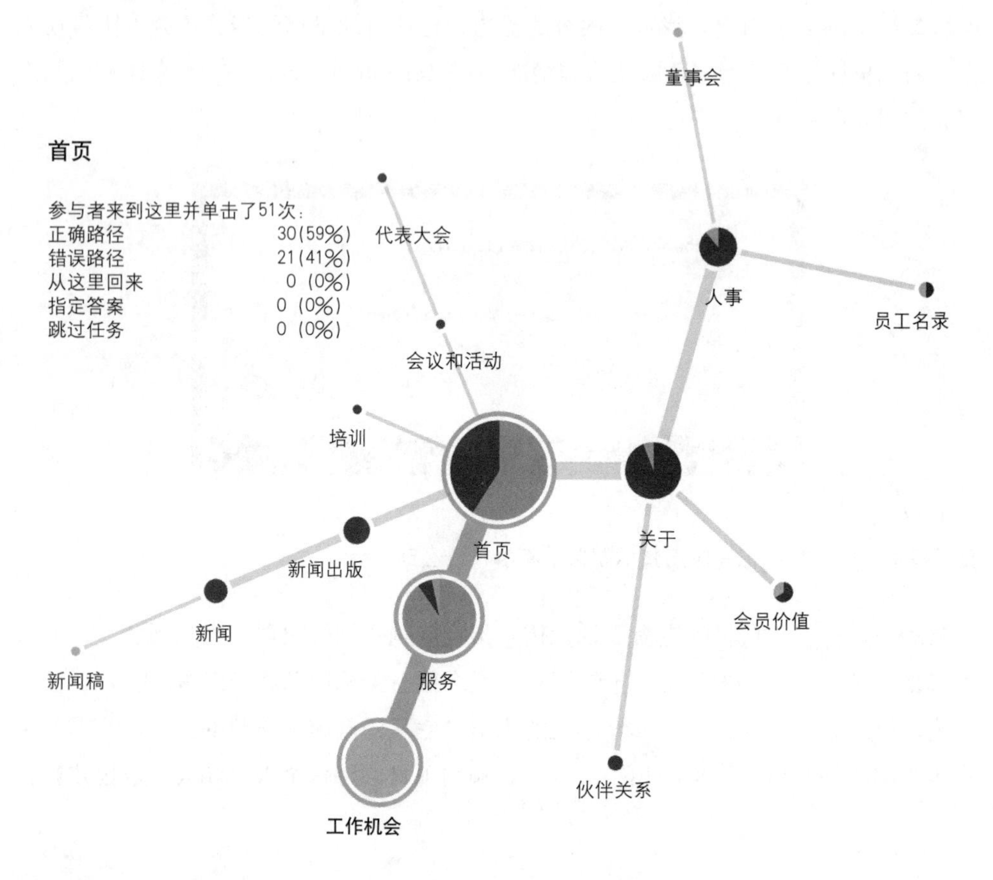

图 4-7
让用户寻找网站的特定内容，多少用户第一次尝试就成功了

Optimal Workshop 公司推出的 Treejack 工具、UsabilityHub 公司的 Nav Flow Test 或 UserZoom 公司的 UserZoom 工具为导航设计提供数据支撑，非常有帮助。数字产品或服务的导航结构规划好后，为用户分配具体任务，比如“捐款”或“寻找乔治·奥威尔的一本书”，让用户使用该导航结构。若大多数人成功完成任务，导航设计比较合理。否则，最好改进导航。

这些工具统计的任务完成率、所花时间、多少人第一次尝试就能完成任务等指标，很有帮助。若要减少用户找到所需内容的时间，这些数据对你的帮助将超乎想象。

讲好故事很重要

我们若想保证内容的效果，需考虑各种指标，仔细斟酌导航标签的命名技巧，此外还可尝试上千种其他方案，千头万绪，我们很容易被困住手脚。但不要忘记生产内容，讲好故事至关重要。毕竟，吸引用户参与、刺激他们快速采取行动是因特网的精髓所在，也是很有难度的一项工作。

“幸亏写作不是单向交流，”芝加哥共益企业 StoryStudio Chicago 的负责人 Jill Pollack 说道。他经营的是一家创意写作和企业交流社区，提供相关培训设施。“优秀的作品邀读者参与对话，我认为这是内容营销成功的关键。你要确保为读者提供参与讨论的方式。”

“采取内容营销策略的话，讲好故事是关键。人们向来都是从故事中学习，以故事建立社区。好的故事源自真实的语气和建立信任的真诚。”

细节往往是成就好故事的要素。因特网上，内容生产者应在分享过多细节和细节分享不充分之间维持平衡。细节过多的风险是失去听众；细节不充分，这种风险同样存在，只是原因不同罢了。如何才能知道你分享的细节在量上恰到好处，或是说因此讲述的故事足以令人信服？如图 4-8 所示。

“不论你写什么或向听众分享什么，我最好的建议是把时间用上，”Jill 说道。“写完的稿子至少读三遍。考虑它传递的信息。请人当编辑，校对你的文字，挑战你的假设。做完这一切之后，读一读稿子，并扪心自问，稿子是否水准够高，是否要求听众有足够大的梦想。内容营销人士所犯的最大错误是低估听众。”

下面这几条快捷的指南，最好能记住：

- 一定要讲清楚：读者喜欢读表达清楚的内容。

图 4-8
在 StoryStudio Chicago 组织的工作坊上，Jill 帮助大家寻找讲好一个令人信服的故事需要多少细节

- 价值主张放到最前面。
- 直达主题，但不要遗漏重要细节。
- 提出的问题或行动指南，一定要解答，形成闭环。

搜索引擎跟讲故事又有怎样的关系？本章不是讲 SEO 和快速寻找内容吗？确实如此。但 Andy Crestodina 认为讲好故事和好用的搜索引擎并不排斥，搜索策略也不应盖住内容质量的风头。永远都不要。Andy 建议遵从以下步骤，协调内容和搜索引擎营销工作。他说，不要在有机搜索结果中植入一个词语的推广内容或是推广一篇博文，除非你先完成以下工作：

- 真诚地尝试在因特网上为你的主题创建最优质的网页。
- 只有当关键词与内容真正相关时，才优化网页在该词搜索结果中的排序。
- 尽可能用自然语言，以完整的句子（问题和答案）帮搜索引擎在搜索结果中展示简洁的数据。

虽然本章可以花大量时间讨论搜索算法以及不用承担责任的优化方法、“黑帽”SEO 方法和关键词排序，但 Andy 和 Jill 所讲的经验与内容策略联系最为密切，也就是一定要首先搞清楚内容的目的和意图。

以身作则

最后，优质内容另一非常重要的作用是帮用户作出更可持续的选择。不论是用户购买产品后，向其突出显示更可持续的运输方案，还是用户作出更有良知的选择时奖励用户，或讲一个令人信服的故事，告诉用户为什么一个方案比其他方案对环境更友好。总之，优质内容可带来真正的改变。不论何时，首先都要留意能突出显示可持续性的机会。你不相信我说的？请试用以下网站，并告诉我你发现了什么。如图 4-9 所示。

视频内容

以视频形式讲故事，更令人信服，但也更占带宽，使用更多能源。鉴于视频内容占据消费者因特网流量的大头，视频内容应切题，且压缩合理，并尽可能托管在用可再生能源供电的服务器上，这些都很重要。

故事节食

Andy Crestodina 认为有节制地使用脚本是精简视频的第一步。“跳过冗长的介绍，直达要点，”他说，“如能将五分钟视频压缩至三分钟，你算帮了大家一个大忙。由于在线数据，视频占大头，压缩视频对观众和地球都大有裨益。”

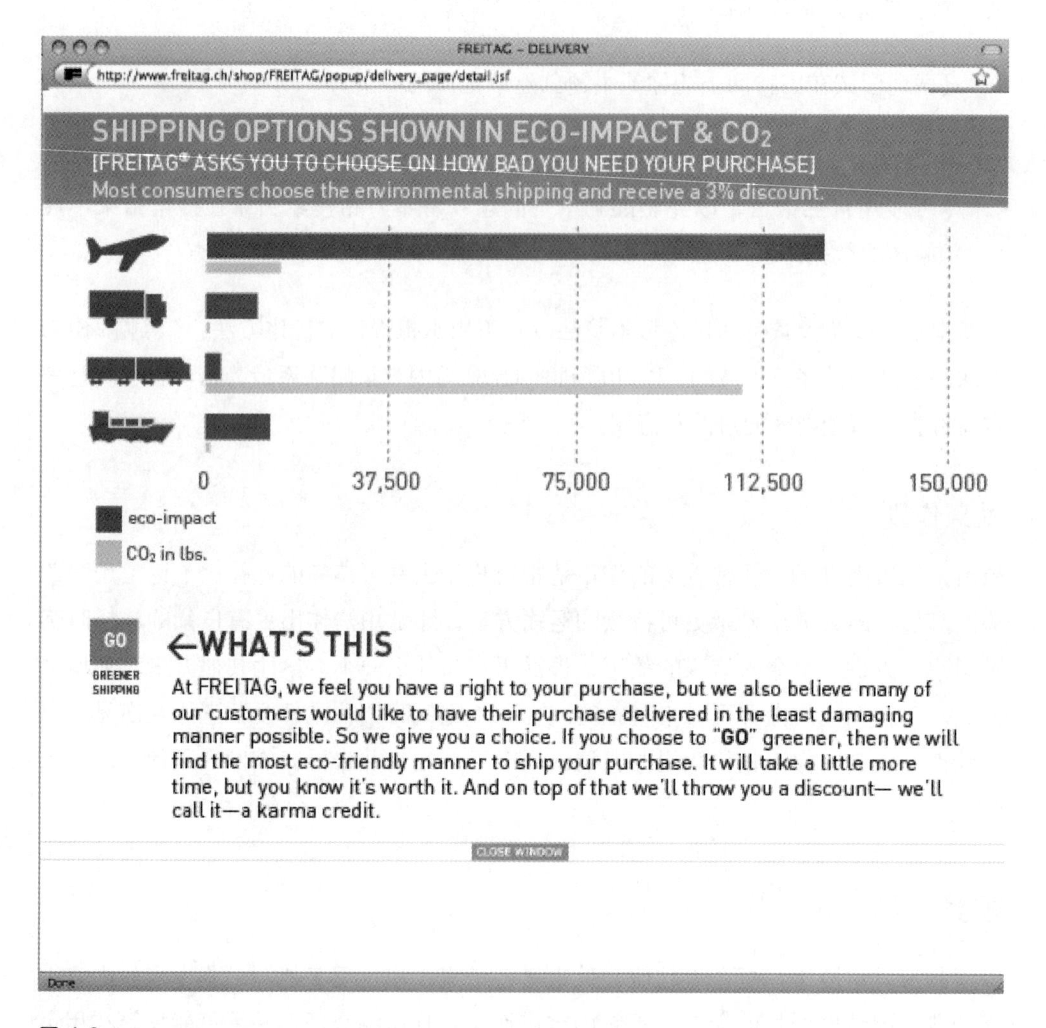

图 4-9

优质内容配合精心的设计，帮用户作出更可持续的选择

换言之，Web 视频所增加的价值，应该与生产和消费视频多用的能源相当。如图 4-10 所示。

图 4-10
拍视频往往多拍了一些镜头。精简脚本，确保视频不至于明显浪费资源

视频脚本的内容指南非常类似前面讲的，但其编辑过程甚至更重要。拍视频时拍的内容往往多于实际需要的，为节约时间，我们可能保留这些多余的镜头。但不要这样做。如一些镜头与视频的明确目标不符，如不能达到告知、说服或转化用户的目的，那么请毫不犹豫地删掉它们。

如今在移动设备上播视频很普遍，精简这类视频内容加倍重要。即使你选用的视频平台尽其所能，以适合带宽和处理器速度的比特率，提供视频播放服务，但一个 7 分钟的视频本应剪成 3 分钟，却没有剪，就会浪费用户 4 分钟时间、4 分钟的流量和用户设备 4 分钟的电池使用时间，可以说没有任何好处。

视频工作流

由于拍摄和编辑视频的工具耗电量很大，我们应精简视频制作流程，使产出更可持续。第 3 章讨论可持续工作流时所讲的原则也适用于视频生产。

加拿大影视制作公司 Hemmings House 是一家共益企业，它制作纪录片、教育、宣传、企业和很多其他类型的视频内容。其首席执行官和执行制片人 Greg Hemmings 认为可持续性对公司很重要。“可持续性不仅关系到我们所处环境的健康，还关系我们社区、社会和商业模型的健康，”他说。Hemmings House 团队已采用可持续性原则，但他们仍不断探索新方法，将该原则应用到其他业务和数字产品或服务的碳足迹上。“Hemmings House 是一家数字公司。视频制作生成的文件非常大，在减少数字碳足迹方面，我们仍需努力。但我们正在朝这个目标努力。”

Hemmings House 不仅鼓励员工骑自行车或步行上下班，支持本地公司，并尽可能从本地采购，还采取更多措施建设更可持续的视频制作工作流。下面我们介绍他们在视频制作的各个阶段是怎么做的，如图 4-11 所示。

影片先制工作

项目准备阶段或项目初期，Hemmings House 使用以下策略：

- 办公室使用循环利用程度非常高的纸张。
- 有印刷环节的大型项目，购买其他共益企业（如加拿大不列颠哥伦比亚省 Mills Office 公司）的服务。
- 通讯录数字化。
- 制片会议使用 Skype 或 Google Hangouts（环聊）视频聊天服务。不到万不得已，避免大家聚到一起参加开发会议。
- 员工尽可能步行或骑自行车上下班。

图 4-11

Hemmings House 一直在探索新方法，以建设更可持续的视频制作工作流

- 该公司加入了 Sustainable St. John 组织，这是本地一家会员制可持续机构。

后期制作

在办公室和后期制作室，Hemmings House 团队为可持续发展做了以下事情（见图 4-12）：

- 实施低能耗标准（下班后，关闭计算机，杜绝彻夜开机现象）。
- 尽可能在日光而不是顶灯下工作。
- 下班后，关闭暖风。

图 4-12

Hemmings House 测试项目文件在移动设备上的效果，确保文件体积小、质量高

该公司的编辑人员使用 Avid、Photoshop 和 After Effects 等应用，用电量很大。他们一直在省电模式下使用计算机，不用时就将其设置成睡眠模式或关机，以减少用电。

他们还用 Hightail 之类的文件传输服务传输大量文件。“我们认为该方法比把视频拷到优盘或硬盘上邮寄对环境的影响要小，” Greg 说道，“然而，我们接下来应寻找一家使用绿色电力的 FTP 服务商。”

分发

Hemmings House 为解决视频文件分发问题，下一步考虑使用绿色托管，服务器需使用可再生能源电力。目前，该公司将大部分视频托管在 YouTube 和 Vimeo。如图 4-13 所示。

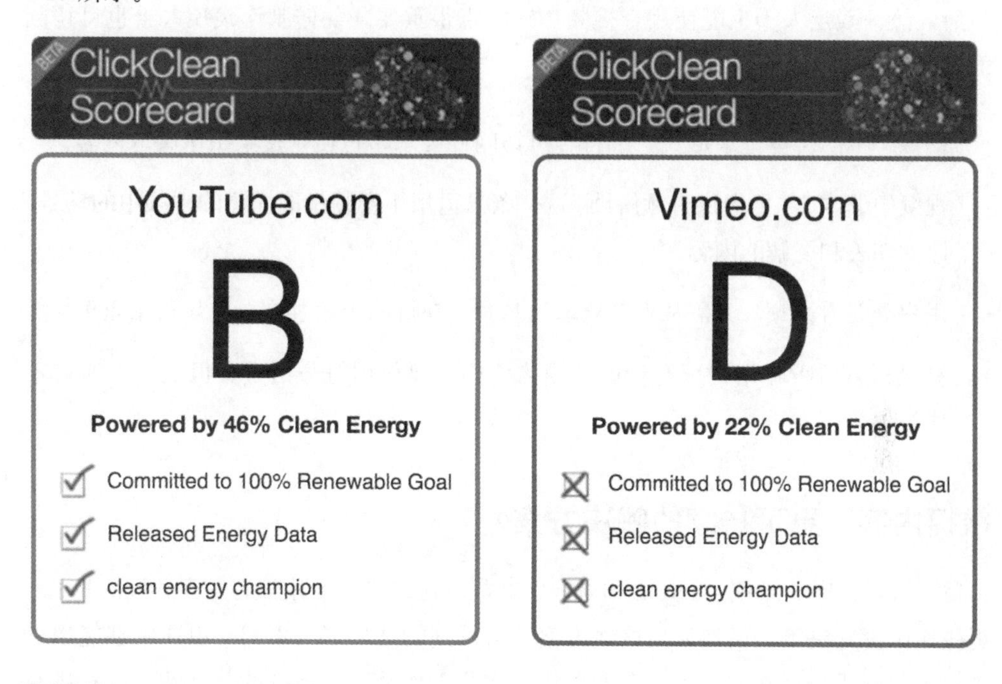

图 4-13
视频的托管商：虽然 YouTube 作为 Google 产品大家庭的一员实现了碳中性，但绿色和平给 Vimeo 的评分很低

视频压缩

若要降低带宽使用率，最好方式是保证图像质量的同时，以压缩率最高的算法为视频编码。流媒体服务自动将视频压缩成多种质量水平的视频，然后自动切换成用户

的网络连接所能支持的质量最好的版本。你上传的若是高清视频，YouTube 争取提供同等质量的播放服务。但真的有必要吗？很多视频没这个必要。

我们还可以从视频文件的音频轨道节省带宽。讲话人的头部特写视频无需立体音频轨道。“音频以单声道模式输出，” Andy Crestodina 说道，“能节省一定带宽，且用户永远也注意不到。”

可访问的视频

最后，保证残疾人士也能使用音视频，这一点很重要。如何制作残疾人士也可访问的视频，W3C 给出了下面几条建议：

- 提供脚本的文本记录形式，以符合可访问性要求，也便于搜索引擎爬取内容。
- 视频中的内容，要提供音频解读。这一条只适用于音频没能描述的视频中的场景，比如图表和图解的内容。
- 用户既要看视频，又需从音频获取信息时，在屏幕上添加字幕就显得很重要。
- 符号语言对听障用户很有帮助，因为他们主要使用符号语言。但这一点通常不作要求。

敏捷内容：更可持续的解决方案？

精益、敏捷、增长黑客、Scrum 和看板，这些敏捷方案的变体都有一个共同的目标：更快作出更好决策。虽然使用这些方案，所得到的结果形式不同，但通常都能用更少资源得到质量更高的产出，我们也可以将其看作是更可持续的（当然，没有哪两个项目雷同）。本章前面“度量是关键”曾讲过，最佳的内容策略是以更少的资源，生产更多效果好的内容，减少效果不好的内容。实现这一目标的最佳方式是度量实现目标过程的每一步你学到了什么。

敏捷方法支持这一理念，虽然它们主要用于软件项目，但它们真的几乎跟任何项目或创举都相关。Pamela Meyer 在她的《敏捷转变：打造敏捷和高效的领导、团队和机构》注[4]（The Agility Shift: Creating Agile and Effective Leaders, Teams, and Organizations）一书中，介绍了如何将敏捷应用到整个机构。

“任何项目或过程的成功都取决于高效交流、合作和协调能力以及持续学习，” Pamela 说道，“很多机构的领导和团队，不管是哪个行业，目前正将敏捷作为战略重点，转变思维和工作方法，以求在快速变化的市场中保持竞争力。”

要生产敏捷的内容，团队应懂得如何测试内容的效果。团队应具备跟踪重要指标的知识，并能依据各指标，决定是否调整内容。他们应既能快速响应外部力量，比如竞争对手搅乱行业或开发出新品，又能响应内部力量，比如公司的新发展、削减预算和客户服务需求等。

该流程已为很多公司所采用，只不过在具体应用中也许会有所调整。但经常被忽略的是，公司还得有清理无效文件的流程，不然这些垃圾白占服务器空间，浪费电力。优秀的内容团队还应具备重新编组的能力，必要时可发动员工大扫除，减少废物。

一种科学的方法

本书其他章节，我们不论讨论什么项目，都强调邀请真实用户执行测试的重要性。执行小型内容测试，收集上来的知识，为项目下一步怎么做能减少资源使用提供洞察力。提出一个内容假说，然后证明或证伪该假说，极大地减少浪费力气的情况。即使内容猛兽很容易让人屈服，它鼓动我们发表大脑冒出的一切想法，但最好还是采用科学的方法来对待内容。“必须像科学家一样来操作内容营销。注[5] 只有反馈，没有错误，” Search Engine Journal 公司的 Srinivas Rao 说道。

注 4：Pamela Meyer, *The Agility Shift: Creating Agile and Effective Leaders, Teams, and Organizations* (Brookline, MA: Bibliomotion, 2015)。

注 5：Srinivas Rao, “Applying Principles of Growth Hacking to Content Marketing”, Search Engine Journal, October 6, 2013(*http://www.searchenginejournal.com/applyingprinciples-growth-hacking-content-marketing*)。

精益创业公司和最敏捷的机构以迭代循环的形式完成任务，其目标非常明确，结果可度量。从他们那里取经，可得到潜在更可持续的内容策略和营销成果。至少，工作流程将更可持续，因为精益和敏捷的流程本质上是建立在减少废物的基础之上的。

形式最简单的内容实验，可分为以下几步：

1. 定一个目标。
2. 定一个指标（或关键绩效指标，KPI），该指标能代表目标。
3. 生产内容，实现目标。
4. 分析指标，你离目标更近了吗？
5. 改善内容，重复执行以上步骤。

该实验步骤貌似很熟悉？举个例子，一家开展网上订购软件业务的公司，为增加销售额使用了常见的营销漏斗，我们将上面所讲的内容实验步骤应用到该场景的分析。2014 年 BrightLocal 研究了线上用户的评论和感言是如何影响购买决策的，结果表明 10 名消费者之中近 9 名在决定是否支持本地公司时参考了线上评论（10 名消费者之中，有 4 名经常这么做）。[注6] 该场景下，公司假定网站添加客户感言板块，能增加 10% 的销量。为了实现这一目标，第一个月应有 100 份订购，第二个月有 110 份，以此类推（保证这里的数学运算尽可能简单）。

该团队从满意的客户那里收集了一些评语和照片。然后，将带有行动号召导向的简短客户案例，添加到网站的几个关键板块。在 Google Analytics 工具里设置目标和漏斗模型，跟踪用户从每个案例网页的行动号召元素到购买的整个过程。若用户到达“感谢购买”网页，表明目标实现。该团队连续三个月跟踪这一目标的实现情况。

这个过程可拆解为以下几步：

1. 目标为销售量每月递增 10%。

注 6： BrightLocal, “Local Consumer Review Survey 2014” (*https://www.brightlocal.com/learn/local-consumer-review-survey-2014*)。

2. KPI 是完成在 Google Analytics 设置的目标。

3. 内容是重点客户的案例。

4. 分析：第一个月完成目标的 60% 或订购软件的客户增加 60 个。

5. 改进内容，再次实验。

6. 分析：第二个月完成目标的 88%。

7. 改进内容，再次实验。

8. 分析：第三个月完成目标的 112%。

9. 改进内容，再次实验。

上述例子，实验之初，虽未能实现目标，但结果喜人，我们对策略稍加调整之后，很有必要再尝试一次。例如，改进这个案例的内容，也许能增加转化率，或改进行动号召，使其更加明确。

但多次测试的结果不同该怎么办？实验几次之后，仍未达成预期目标该怎么办？你可能得换用另一种策略，尝试不同类型的内容。

搞清楚哪些用户是通过实验转化来的，这一点很重要。该例子，度量漏斗效果一定要从案例网页开始。即使最终结果与其他几个实验相同，我们还是有必要查明特定漏斗的引流情况，以明确具体内容策略的效果。

调整实验过程，是为了彻底减少废物，这一点要牢记于心。一些措施若不起作用，从实验数据就可知道何时该调整，以便少浪费能源，并尽早把精力放到效果好的内容上。如图 4-14 所示。

准备而不是规划

规划很好，也很有必要。规划是人的天性。然而，太多的规划会消耗不必要的资源。若你的想法未经实际要使用内容、软件或应用（或你生产的其他任何类型的最终产品）的用户验证，投入的资源就被白白浪费了。内容生产采用敏捷方法的一个好处是，你准备而不是规划内容。换言之，你不必拘泥于所有内容相关工作的规划，而是准备使用你从每次内容实验收获的经验和教训，指导下一轮迭代工作。如图 4-15 所示。

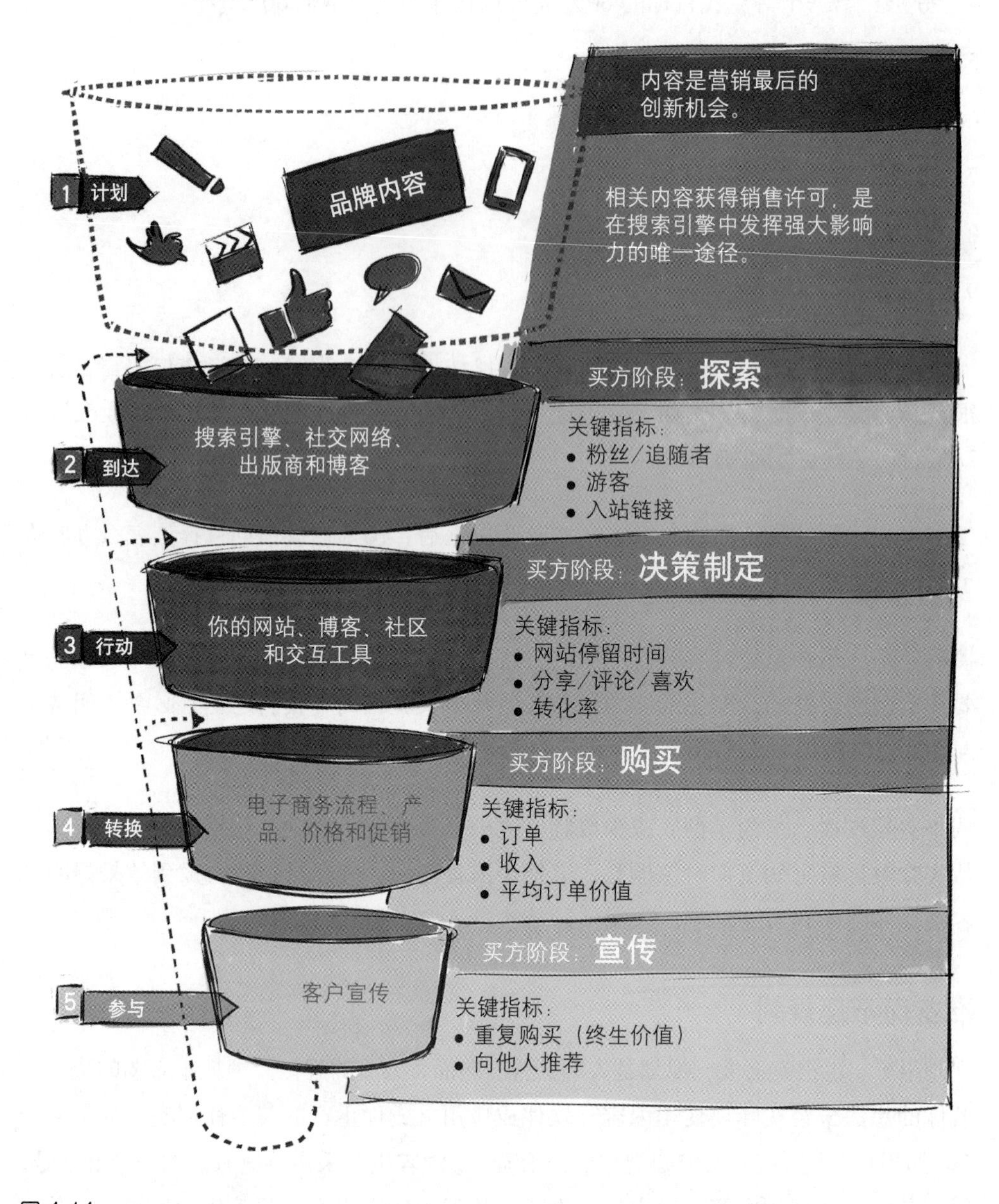
集客式（入境）
营销漏斗
内容是营销最后的
创新机会。
1 计划
品牌内容
相关内容获得销售许可，是
在搜索引擎中发挥强大影响
力的唯一途径。
买方阶段：探索
2 到达
搜索引擎、社交网络、
出版商和博客
关键指标：
粉丝/追随者
游客
入站链接
买方阶段：决策制定
3 行动
你的网站、博客、社区
和交互工具
关键指标：
网站停留时间
分享/评论/喜欢
转化率
买方阶段：购买
4 转换
电子商务流程、产
品、价格和促销
关键指标：
订单
收入
平均订单价值
买方阶段：宣传
5 参与
客户宣传
关键指标：
重复购买（终生价值）
向他人推荐

图 4-14

营销漏斗提供的指南对内容实验很有帮助

图 4-15

规划工作是人的天性，但出乎意料的变动无处不在。过多的规划，浪费资源，设置不合理的预期，更好的工作方法是做好准备

一次，我们等一位内容策略师制作一组人物角色（persona）模型，等了两个月。这两个月，能不能快速做一些实验？做了这些实验也许能得到相似、可行动的洞察力？当然可以了。

这样讲并非让你彻底将规划扔出窗外，只不过提醒你规划要适度。编辑日历虽能帮内容营销团队按规划行事，但还是有局限性。比如，某任务自从被记到编辑日历之后就一直待在那里，但该任务的效果并不好，你若仍死板地按照编辑日历行事，那么它实际上帮的是倒忙。同理，花过多时间在战略规划上，若决定实施的策略，一旦行不通，则有害无益。

LimeRed 公司的 Emily Lonigro Boylan 分享了如下案例：

> 我们一直在等一位客户完成为期半年的战略规划。我们只能等规划结束后，才能为其开发网站。或者，我们不用等？也许我们能早点开始帮他们，也许网站的某个组件，我们可以提前开发并上线，而这有可能立即提升捐赠率。制定策略，要耗时六个月，完成之日有些内容也许就已过时。采用敏捷方法可解决这个问题。员工时间、文件制作和修订时间、浪费的时间，这些时间你能节省多少呢？结论自然是令人震惊的。所以，项目若能支持快速迭代，为什么不呢？

敏捷内容策略的教训

下面是将这些方法应用到内容策略和营销工作得到的教训：

接受限制

有时，最简方案就摆在你面前，你却未意识到。接受项目周期、预算或资源的限制，尝试寻找结果也许相同但更简单、更快的任务。例如：

- *从小任务开始*

  先利用社交网络讨论想法，然后再执行。

- *设定比较现实的目标*

  字数要少、一篇文章表达一个想法等。

- *材料要薄*

  制作一些小巧的作品（比如原型），你可与少量目标受众分享，以收集反馈。

例如，当初刚考虑刊登一系列介绍可持续 Web 设计方法的博文时，我们先写了一篇博文，列出这一系列的目标。然后，我们到数字营销公司、共益企业、Climate Ride 受益人和可持续性实践者这一目标网络测试该博文的效果，反馈结果激励我们继续前行。社交媒体也可为该方法提供有效渠道。

总是要测试

至此，测试的重要性已非常明确。但如何将其纳入工作流程，使其成为一个重要、持续进行的环节？下面介绍几种方法：

- *建立快速反馈循环*

  用数字工具尽早、快速收集反馈。

- *街道采访*

  随机向陌生人提问可快速回答的问题。

- *寻找真实用户*

  真实用户的反馈，其重要性再强调也不为过。

- *让用户参与进来*

  有条件的话，想方设法刺激真实用户参与进来。

很多项目，我们使用了 SurveyMonkey 和其他简单的数字工具，快速验证想法，我们尽可能采访真实用户。你若友好地发问，就会惊喜地发现人们很乐于帮你。此外，前面刚讲过，用社交网络、在线群组或 UsabilityHub 这类用户体验社区验证内容也很容易。

度量重要指标

Alistair Croll 和 Benjamin Yoskovitz 是《精益分析》（Lean Analytics，O’Reilly Media，2013）的作者，他俩建议找到并关注重要指标。一个指标也许随时间而发生变化，但只关注最重要的事项，你的精力就不会分散。请牢记以下指南：

- *明智地选择*

  不要被各种指标压得喘不过气来。

- *设定基准*

  确定一个指标之后，经常迭代，直到你发现真正有用的指标。

例如，当我们着手开发网站可持续性度量工具 Ecograder（详见第 7 章）时，培养意识是我们的一个核心指标，因此我们把精力放在漏斗模型顶部的指标，比如社交媒体的喜欢、提及、转发、分享次数以及引荐流量，并尝试增加它们的量。

考虑分享

即使不是所有的内容都适合用分享来评价效果，但无需投入大量努力，我们就能用它轻松地判断内容的效果。可考虑使用以下方法：

- *分享*

  先分享其他公司生产的相似内容，以便对自己的内容效果如何，做到心中有数。

- *条列式文章*

  整理出与所策划的特定主题相关的博文列表。测试这篇博文的效果。

  我最初是通过他人分享的内容，了解可持续性 Web 设计的。同样，该主题的很多早期博文也是基于他人的博文和补充资源列表。这是快速评估一段内容效果的好方法。

改变内容的用途

赋予现有内容以新形式，移作他用，以节约资源。但不要直接复制现有内容。还是要花点时间让每段内容虽则概念相同，但读之各有千秋。因为除非你告诉搜索引擎，否则它们无法识别一则内容的哪个版本是最原始的，所以直接复制内容，你有可能遭受搜索排名惩罚和流量损失。如图 4-16 所示。

你若是未收到将你写的博文分享到另一博客的请求，不妨在博文网页的 HTML 头部增加一个“rel=canonical”标签，告诉搜索引擎你的第一篇博文是原创的。可考虑用以下方法改变内容的用途：

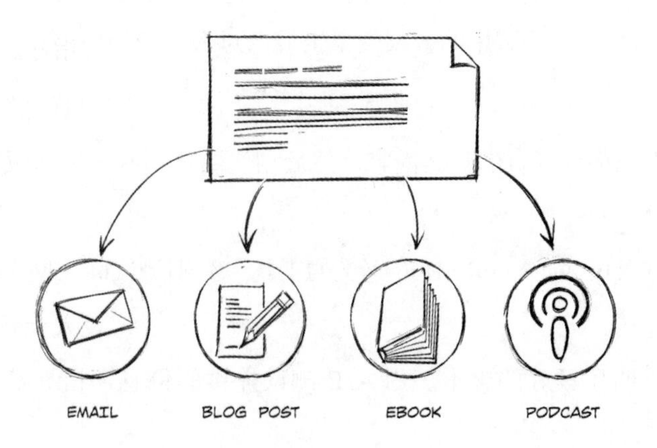

图 4-16
一封邮件既可以用作一篇博文，一本电子书，也可以用作播客的演讲稿，内容无处不在，改变其用途，可节约时间和资源

- *内容类型*

  将博文转换为电子书、视频或播客等形式。

- *客座文章（guest post）和社交网络*

  重写博文，发表在外部站点或社交网络上。

我们用可持续 Web 设计系列博文的内容，创作了可持续产品开发宣言资源，将其做成可下载的文件，以帮广大产品团队在开发数字产品时做出更可持续的选择。我们还以很多博文作为演示文稿、其他客座文章、视频等资源的基础。在排名靠前的网站发表客座文章，也能帮你的网站增加高质量的入链。

推动转化

对内容做 A/B 测试，快速确定哪个版本的内容效果最好。当然，生产 A 和 B 版本的内容花时间更多，但你有可能收集到价值更高的信息，会节省日后工作的时间。可能的话，一次只测试一项内容，比如行动号召的用语或按钮的位置。同时测试多项内容（称为多变量测试），可能导致结果含混不清，难以找出究竟是哪一项内容使得测试中的赢家效果更好。可考虑使用以下策略：

1. *创建两个版本*

   弄清楚你想测试网页的什么内容，然后创建网页的两个不同版本。

2. *运行测试*

   用 Optimizely 或 UsabilityHub 之类的工具，分别测试同一网页的两个版本。

3. *跟踪结果*

   选用效果明显较好的版本。用 A/B 测试提供的信息，指导日后工作。如图 4-17 所示。

Your Website URL Required
http://
Your Email Address Required
Sign up for EcoGrader product news and information
Grade Me

旧方案

A/B 测试的赢家

标签用语很重要！

转化率增加 10%

图 4-17

效果比拼：A/B 测试能帮你快速找出某项网页内容的最佳处理方式

开发 Ecograder 时，我们想收集用户邮箱，但团队就实现方式存在分歧。一些同事想强制收集邮箱。另一些同事认为这样做太冒昧。因此，我们花几周时间测试了几种方案。最终，我们一致认可预先选中的复选框，默认将邮箱保存到数据库这种方案。该决策是以 A/B 测试效果最佳的方案为基础，同时仍能满足我们的需求（收集邮箱）。

更可持续的搜索

若用户找不到内容，那么内容无法完成预定目标。我们都遇到过这种情况：你着急需要一则信息，掏出手机，在搜索引擎中键入关键词，搜索引擎返回 376 万条结果，但只有少数几条提供了你需要的信息。你花几分钟浏览一个又一个网页，却迟迟得不到正确答案（你很少会继续浏览第二页搜索结果，除非不得已），你很可能改进关键词，重新搜索。找内容的过程，无时无刻不在耗电：不论是你在仔细阅读搜索结果的前端网页，还是处理你多次查询的后端。但你真得关注这些吗？

2009 年，Google 公开一次普通的搜索相当于释放 0.2g CO_2。[注7] 它自己承认道“普通汽车行驶一公里所产生的温室气体相当于一千次 Google 搜索的影响。”因此，一次搜索的影响微不足道。但是，据 Internet Live Stats（因特网实时统计）网站的研究表明，Google 每年处理 1.2 万亿次搜索（写作本书时），杰文斯悖论再次生效。[注8] 这家搜索引擎每年潜在的 CO_2 排放量为 24 万公吨，虽远远落后于 12 亿多辆汽车上路（每辆车每年约排放 4 美吨 CO_2），但影响仍然是巨大的。[注9] 当我们讨论最小化温室气体时，每减少一点都是有帮助的。

自 2007 年起，Google 宣布自己实现了碳中性，因此假定 Google 所有搜索的影响要么被抵消掉，要么使用可再生能源电力，这可是件大事。[注10] Google 公开的数字可能没有包括你尝试寻找信息时浏览不同搜索结果的时间。其实，这也耗电，而且耗电量还不小。

这里所讲的可持续性理念与第 3 章的相同：内容越易于寻找，前端耗电越少。虽然

注 7： Urs Hölzle, “Powering a Google Search”, Google Official Blog, January 11, 2009 (*https://googleblog.blogspot.com/2009/01/powering-google-search.html*)。

注 8： Internet Live Stats, “Google Search Statistics” (*http://www.internetlivestats.com/googlesearch-statistics*)。

注 9： John Voelcker, “1.2 Billion Vehicles On World's Roads Now, 2 Billion By 2035: Report”, Green Car Reports, July 29, 2014(*http://www.greencarreports.com/news/1093560_1-2-billion-vehicles-on-worlds-roads-now-2-billion-by-2035-report*)。

注 10： Google, “Google Green” (*http://www.google.com/green*)。

如何为因特网所有网站进行排序和分类也许是Google的问题，但保证用户找到你网站的内容却是你的问题。你可以用搜索营销（包括SEO）和社交媒体营销这两种方式，将你的内容在合适的时机展示给合适的人。

但这一切都从寻找内容开始。内容被发现之后，同样重要的是，内容要令人信服，帮用户快速解决问题而不设障碍，帮用户作出更可持续的选择。换言之，例如，一个人想从你的网站购买一个水壶，你怎么才能帮他快速作出明智的选择，并激励他选用影响较小的配送方案？他遇到的常见问题，是否很容易就能从网站常见问题页面找到答案？好的内容实践（策略、信息架构、优化和度量）很有帮助。

SEO和可持续性

当我向Andy Crestodina问及SEO和可持续性，他告诉我节约访客时间和节约数据中心能源是一回事。“真正的SEO是研究如何跟搜索引擎合作，帮人们快速、高效找到正确答案，”Andy说道。“目标是为问题做一个网页，放上完整、详细的答案，优化答案之中关键词的排名。这样做，访客来到该网页后，很可能会停留下来找到问题的答案，完成他们的目标。而与答案不沾边的网页，提升它们的排名，既浪费能源，又浪费时间。”

那么，这是否就意味着具有搜索引擎意识的内容生产者不应再使用关键词？并非如此，但它确实表明不能仅考虑搜索引擎。如Andy所讲，质量是头等要务。很多其他因素（比如社交媒体、用户评论、本地商家索引、入链等）在确定网页在因特网中的定位时，也得考虑。

当你思考网站需要涵盖哪些常用的内容主题和话题时，关键词还是能派上用场的，此外，为内容分类（组织内容乃至导航）和投放AdWords广告等任务也得用关键词。毕竟，当有人问起，你的内容是讲什么的，你不假思索地告诉他们，你的答案里就用到了一两个关键词。了解你写的话题是否很受欢迎，很多人是否也为之写了很多文章，掌握这一信息也很有帮助：话题越流行，团队就越难提升相关关键词的搜索排名。换用SEO术语，这些被称为胖头长尾关键词，是内容话题排序难度的一个标志。

Pete Markiewicz博士认为长尾关键词（搜索量较小但通常更确切）更可持续。“你以较小的搜索代价将很分散的用户聚集在一起，销售产品和服务，换用别的关键词搜索代价可能非常大（例如，罕用药）。换言之，优化长尾词比热门关键词更可持续。”如图 4-18 所示。

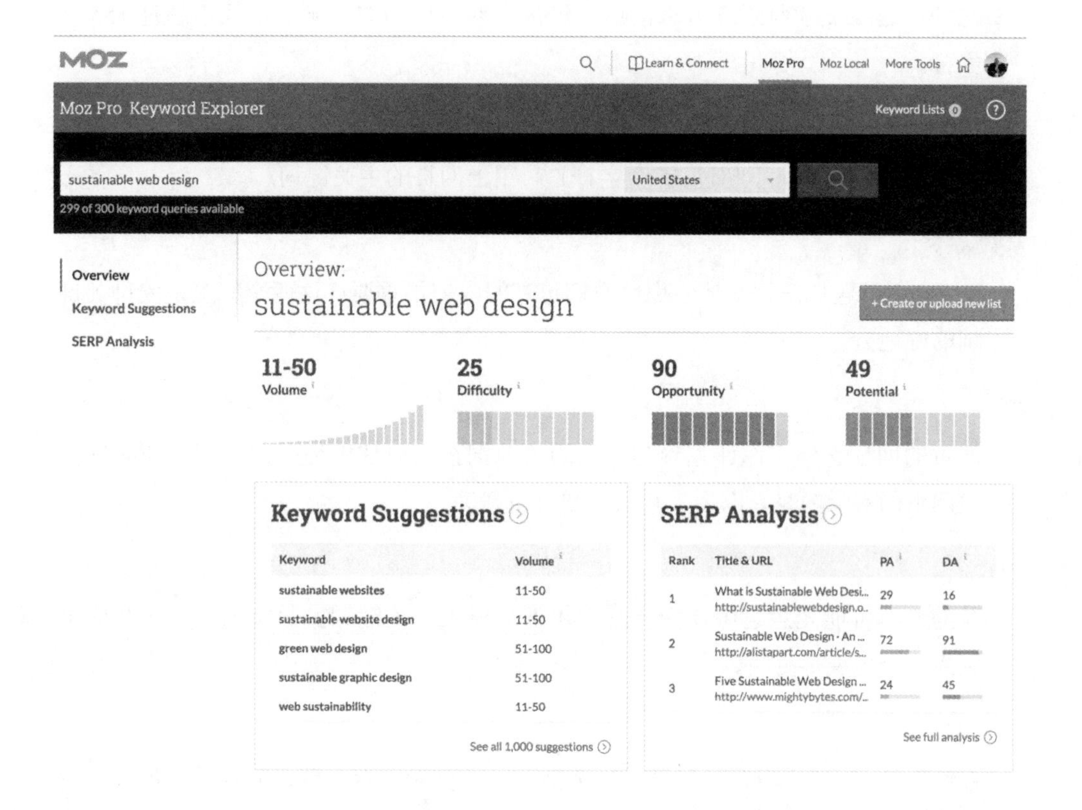

图 4-18

Moz 的 Keyword Explorer（关键词探索器）可帮你发现适合优化的关键词，并指明优化顺序

优化网页标签，关键词和短语也能起作用。然而，网页头部的关键词描述元数据（过去，SEO 人员常往里塞尽可能多的关键词）作用较小。如要优化网页相对于某个关键词的排名，在网页的某些位置做优化更有效；然而，做 SEO 之前，得确保你围绕话题所写的文章尽可能地完美（参照本章前面所讲的）。

网页中下面这些位置的关键词和短语，仍会影响网页的排名：[注 11]

注 11： Pratik Dholakiya, “Does Keyword Optimization Still Matter?”, Convince & Convert(*http://www.convinceandconvert.com/digital-marketing/does-keyword-optimization-still-matter*)。

meta 标签的 description（描述）属性

出现在搜索引擎结果页上的网页介绍，可吸引用户点击网页，或拒用户于千里之外。这段文字介绍应力求清晰，包含了参与排名的关键字，且不超过 155 个字符。

title 标签

保持简洁、友好（不超过 55 个字符），用上网页的主关键词。

标题标签

h1 和 h2 标题标签告知搜索引擎它们包裹的内容很重要。这两个标签是安排关键词的好地方。

网址

网页的网址之中，你计划参与排名的关键词至少应该出现一次。网址还必须描述网页的实际内容，以便对真实用户有所帮助。

内容

是的，你可能无意之中在内容的主体部分植入了关键词。关键词通常比其他单词或短语出现得更频繁。

alt 标签

在图像的 alt 标签中，增加描述性关键词，不仅对搜索引擎，而且对残疾人士也有帮助。

最后也可能是最重要的一点，所有植入关键词或短语的位置，若用户会阅读这些内容，那么它们读起来应很自然，而不是明显的关键词堆砌。内容首先要对用户友好，其次才是对搜索引擎友好。

站内搜索

我们讨论可持续搜索，若不提网站的站内搜索就不算完整。若还未搭建站内搜索，或站内搜索配置不当，访客无法快速找到所需内容，你不仅帮了用户倒忙，还在浪费能源。这也许看似显而易见，但找一个开箱即用的搜索插件，为 WordPress 或

Drupal 模块配置好，使其贴合你独特的内容需求，也不容易，需要定制的地方很多，工作量之大也许会让你感到惊奇。如图 4-19 所示。

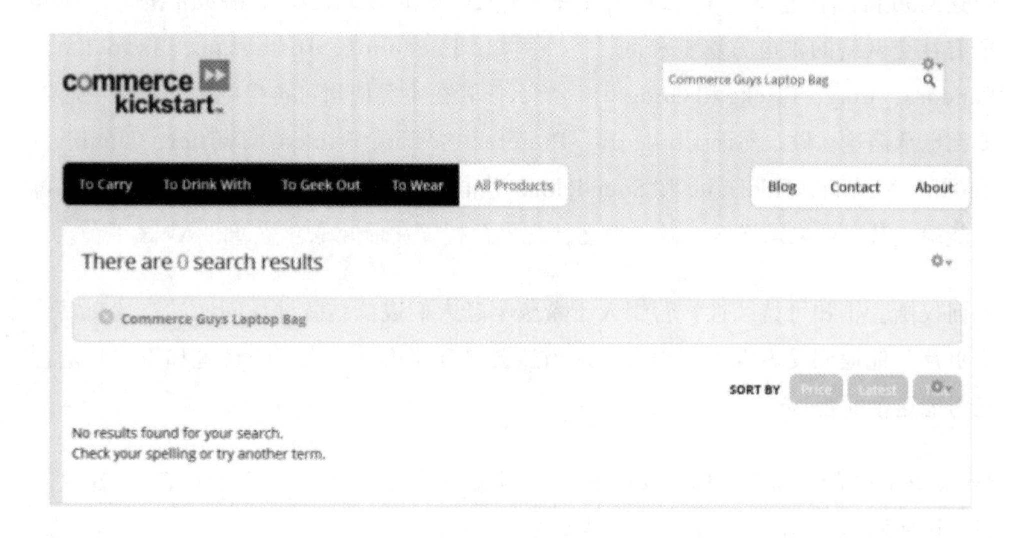

图 4-19

你的站内搜索需要配备译员吗？确保返回的结果与查询词高度相关

站内搜索优化，你需要解决以下几个问题：

- 搜索框在移动设备上能高效地使用吗？
- 包含非标准字符的查询词，搜索引擎是否能以恰当的方式解释它们？
- 第三方系统（比如购物车、客户关系管理系统、内容管理系统、插件或捐赠引擎等）的内容能查询吗？

站内搜索若无法完成以上任务，既挫伤用户，又浪费时间和能源。

更可持续的社交策略

2014 年，因特网的移动端用户已超过台式机用户。2015 年 8 月，全球近 32 亿多网民之中，22 亿是活跃的社交媒体用户，头一年活跃的移动端社交媒体用户增长了 23.3%，平均每秒新增 12 名用户。[注 12] 仅 Facebook 一家就有近 15 亿用户。显然，我们喜欢分享自家猫咪的视频。

但这对可持续性意味着什么？据绿色和平 2015 年的 *Clicking Clean* 报告，并非所有社交网络的供电方案都相同。[注 13] 例如，Facebook、Instagram、Snapchat、Pandora、Etsy、Flickr 和 Google+，要么托管在主要使用可再生电力的数据中心，要么已承诺这么做。然而 LinkedIn、Pinterest、Vine、Vimeo、Twitter、Tumblr、Reddit、Netflix、Hootsuite 和 Soundcloud 等很多公司，写作本书时仍未转型到可再生能源，甚或是未承诺这么做。很多社交平台托管在前几章介绍过的 AWS 平台。

如何权衡营销和可持续性？营销人士希望驱赶人们成群结队地访问网站、社交媒体主页及其他他们发表内容的地方。这当然会提升使用率。内容营销者和策略师是否应考虑这个问题？

Triple Pundit 的主编 Jen Boynton 并不这样认为。“若有公司问我对此有什么建议，我建议他们不必担心，不必将其纳入规划，”她说道。

她的推理是这样的，制定内容策略的环节，会受到很多复杂决策的干预，并且社交媒体公司的数据中心，我们也难以控制或对其施加影响。“人们的时间和能源非常有限。担心小型服务提供商（比如 Pin 或 Vine）的排放量，就顾不上有希望治理好的更大的排放源了。”

她认为内容驱动型公司要参与和推动改革，有其他一些方法。“一家公司若关注排放源，这可能是因为社交媒体是该公司的主要业务，我们可建议他们提倡使用能效

注 12： Simon Kemp,“Global Digital Statshot: August 2015”, We Are Social, August 3, 2015(*http://wearesocial.net/blog/2015/08/global-statshot-august-2015*)。

注 13： Greenpeace, Clicking Clean: A Guide to Building the Green Internet, May 2015(*http://www.greenpeace.org/usa/wp-content/uploads/legacy/Global/usa/planet3/PDFs/2015ClickingClean.pdf*)。

高、用可再生能源电力供电的数据中心，而不是避免使用那些存在问题的服务，”她说道。“他们可倡议采取切实有效的行动，比如公开要求改革，支持绿色和平等组织的活动，公布环境影响较大的托管商等。这是更快、更高效的改革路线。”

Orbit Media 的 Andy Crestodina 鼓励人们尽可能清楚地认识到他们的问题，寻找一种面面俱到的方法解决问题。“我们的行动是有成本的。我们闭口不谈成本，就面临引发较大负面影响的风险，”他说道。“分摊成本，集中效益：这是解决难题的秘方。”

Andy 建议所有线上行动都要深思熟虑。“除非你对内容深信不疑，且内容与你自己、营销和受众有关，才把它放到网上。这对市场营销人士和客户都适用。不要生产内容，除非你消费它。不要分享内容，除非你在乎它。”如图 4-20 所示。

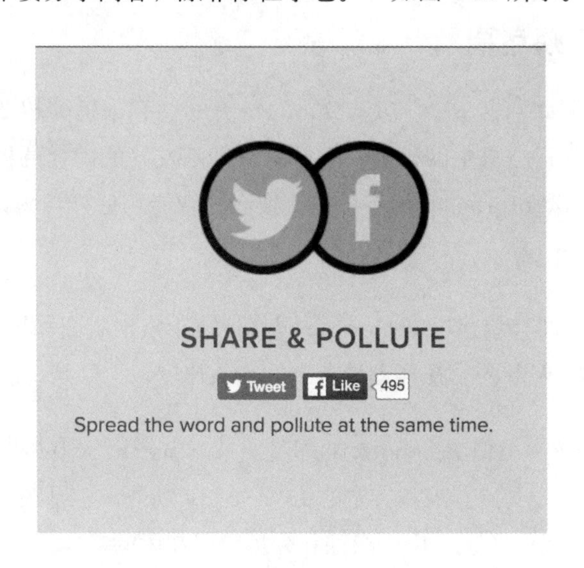

图 4-20
Tweetfarts 给人的警告：每次分享，一只轻盈的小鸟就会死亡

潜在障碍和解决方法

从长远来看，本章所讲策略可帮你打造更高效的内容工作流，消耗更少的资源。但是这些策略要与我们生产的内容建立起更可持续的关系，还有一些潜在障碍。

意识

意识是一个很大的障碍。我们认为因特网上的一切，尤其是内容，都是一次性的，这种观念由来已久。无忧无虑的大众仍未意识到用 iPad 观看电视剧《杰茜卡·琼斯》（Jessica Jones）或阅读 J.K. Rowling 新出的大部头作品，是要消耗电力和各种资源的，某些情况下，它们的环境影响甚至比刻成 DVD 或印成纸书还要严重。知情的内容生产者应接受 Jen Boynton 的建议，倡导使用在线平台、软件即服务（SaaS）产品和社交网络，以提高效率，更重要的是用可再生能源为其服务器供电。

绿色美国、绿色和平和其他机构组织的活动，已将目标锁定在 Amazon、Twitter 和 Pinterest 等公司，同时还帮 Apple、Facebook 和 Google 等公司更快向可再生能源转型。

技术发展，扑朔迷离

情况也在改变。例如，自 2014 年起，Google 开始惩罚未适配移动端或未使用响应式布局的网站在搜索结果中的排名，提升对移动端友好的内容的排名。此外，语义 Web 和微格式（microformat）仍有希望让搜索更智能和更符合场景。这些进步可帮用户更快找到所需内容。

与之相关的还有，2015 年年末，Google 跟其他数十家出版商和技术公司共建 AMP 项目，这对于加快 Web 内容在移动设备上的加载速度，无疑是一次创举。

AMP HTML（开源）类似 Facebook 的即时文章（Instant Article，闭源），提供了 HTML 的一个子集，支持有限和特定的 JavaScript 功能。它是为面向阅读而不是交互的内容设计的，提供了包括广告跟踪和分析代码在内的功能。“AMP 是行业联手打造更快的移动 Web 的一个好方法，”Twitter 产品经理（Group Product Manager）Michael Ducker 说道。他参与了该项目。

2016 年 2 月，Google 将 AMP 头条新闻（AMP Top Stories）整合到所有移动端搜索结果之中，使移动端用户能更快地接触到热门搜索结果。这真是个好消息，因为据 Yahoo 的移动应用分析平台 Flurry 的统计数据表明，仅有 5% 的移动端媒体时间消耗在移动 Web 上（其余用在各种应用）。该数字之所以这么小是因为网页加载速度慢、捆绑恶意软件和低劣的广告破坏了用户体验。如图 4-21 所示。

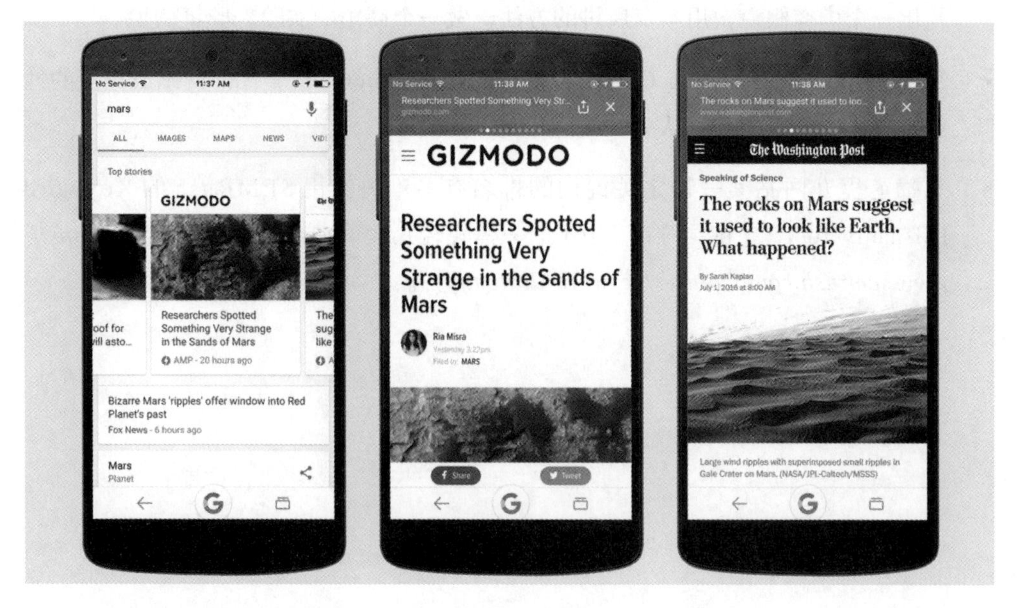

图 4-21
2016 年 2 月，AMP 头条新闻开始出现在 Google 的移动端搜索结果中

小结

本章，我们探讨了好的搜索引擎策略有哪些基本方法，以及为什么说这些策略能帮用户更快地找到内容。我们还探讨了快速直达目标、讲好故事和内容定位这三点在帮用户作出更可持续的选择方面所能起到的重要作用。本着讲好故事的原则，我们还介绍了制作更具说服力、高效和下载速度快的视频的方法。最后，我们讨论了内容营销和可持续性在分享故事时有可能扮演的角色。

行动指南

你想深入探讨本章所讲的这些概念吗？可尝试以下事情：

- 尝试用 50 个以内的单词讲述你的故事。能压缩到 20 个单词乃至更少吗？用 140 个字符讲完，怎么样？
- 提出一个内容假说，用本章所讲的方法，做一个简短的实验，验证假说。
- 用 HubSpot 的 Marketing Grader 或 Open Site Explorer 检验你的网站或应用的性能，并思考怎么改进。从头脑风暴开始。
- 想知道提升网站某一特定关键词的排名有多难吗？用 SEMRush 的 Keyword Difficulty Tool（关键词难度工具），只需轻轻几次单击，就能知道答案（*https://www.semrush.com/features/keyword-difficulty*）。

第 5 章

设计和用户体验

你将从本章学到什么

本章，我们将介绍以下内容：

- 良好的可用性及其对可持续性的影响。
- 最优的用户体验（UX）设计实践，如何促进更可持续的设计方案的执行。
- 更可持续的设计流程的哪些部分在不断变化？

用户与生命周期

你正要用移动设备订票、捐款或订阅电子邮件简报，但网站未适配移动端。这不仅让你备受挫折，还浪费能源。“能效高的网站，难以使用的话，算上在排版糟糕的界面之间跳转浪费的功夫（和电池使用时间），它的可持续性其实是降低了，”集作者与教授身份于一身的 Pete Markiewicz 说道。

Nathan Shedroff 在他的《设计是问题所在》（*Design Is the Problem*）一书中，建议设计师采纳以下三条策略，创作更可持续的设计作品：

去物质化策略

减少设计方案所消耗的物质和能源的过程；例如，简化网页，使用适量的设计元素达到目标即可而不要多用。

物质转化为服务策略

将产品转化为服务，以减少自然资源使用的过程，因为服务的内在属性使得它对资源要求相对较少。例如，基于订购模式的在线财务软件。

信息化策略

用在线账单、网上银行和电子邮件等信息技术手段，替代因使用实体产品（如纸张）而产生的运输需求。

以上三种策略虽能节约资源和能源，但无法解决能效问题，无助于推广可再生能源，也不能帮用户做出更可持续的选择。KemLaurin Kramer 在《可持续性时代的用户体验》（*User Experience in the Age of Sustainability*, Morgan Kaufmann，2012）讲道“响应终端用户的真实需求，同时努力鼓励更可持续的产品使用方法，这两点对设计方案很重要。”

此外，Pete Markiewicz 在他题为“用可持续 Web 设计挽救星球”（Save the Planet Through Sustainable Web Design）一文中指出，不是所有的去物质化策略都是好的，因为像素是真实存在的，且不停地消耗能源：“像素被点亮后，屏幕上的这些亮点具有物质的属性，它们的存在，要求持续输入能源。[注1] 将一些产品转化为一大群屏幕上的亮点，可变得更可持续，但是我们必须意识到这些亮点也需要一些物质才能存在，大型、高科技网络，耗费大量电力，且计算机需要一直处于开机状态，网络才能正常工作。”如图 5-1 所示。

Laura Klein 在她的《精益创业用户体验：更快、更聪明的用户体验研究与设计》一书（*UX for Lean Startups: Faster, Smarter User Experience Research and Design*,

注 1：　Pete Markiewicz, “Save the Planet Through Sustainable Web Design”, Creative Bloq, August 17, 2012 (*http://www.creativebloq.com/inspiration/save-planet-throughsustainable-web-design-8126147*)。

O’Reilly，2013）中讲道“精益用户体验不是指向产品添加新功能。它讲的是如何找出驱动业务的指标，理解解决客户的哪些问题后，能改善这些指标，并产生解决这些客户难题的好想法，然后验证我们是否正确。”对于创建更可持续的设计方案，这么讲也是正确的，但我们的目光要超越业务指标或营销目标，将产品和服务的整个生命周期囊括进来。这是一处关键的不同点。

图 5-1
每处优秀体验的背后是一个以电力驱动的数据中心

最后，一些可持续性实践依赖于顺从的态度和大量文档，而这些硬生生的规定无视用户需求。我们需扪心自问，什么符合精益和敏捷用户体验的方法论？什么不符合？

超越用户：整体体验

让我们一起探索这种更广阔的视角，以及如何将其用于用户体验。第 3 章讨论过，我们将可持续性作为用户体验设计的一部分来考虑时，必须考虑所设计的产品和服务的整个生命周期以及我们的多种选择。很多用户体验从业者只关注直接影响终端用户的功能和设计元素，这是可以理解的。更宏大的设计蓝图的复杂性，往往由产品或项目经理负责处理。但这是一个多层的栈结构。其中，用户体验和数据层是大多数从业者所熟悉的：

展示层

体验的外观和感觉；体验的视觉设计语言。

任务层

应用的操作流和交互方式。

基础设施层

产品使用的基本技术。它提升还是妨碍用户体验？

接下来是文化和社会经济栈，我们的工作离不开它们：

设备生产

我们为其设计应用的设备，使用争端矿物吗？设备的生产过程是否遵守公平劳动原则？生产过程产生多少有害的废物？

电源

我们应使用可再生能源电力吗？

设备处理

我们为内置了自动报废功能的设备生产产品吗？我们的工作是加速还是延缓了产品的自动报废？如图 5-2 所示。

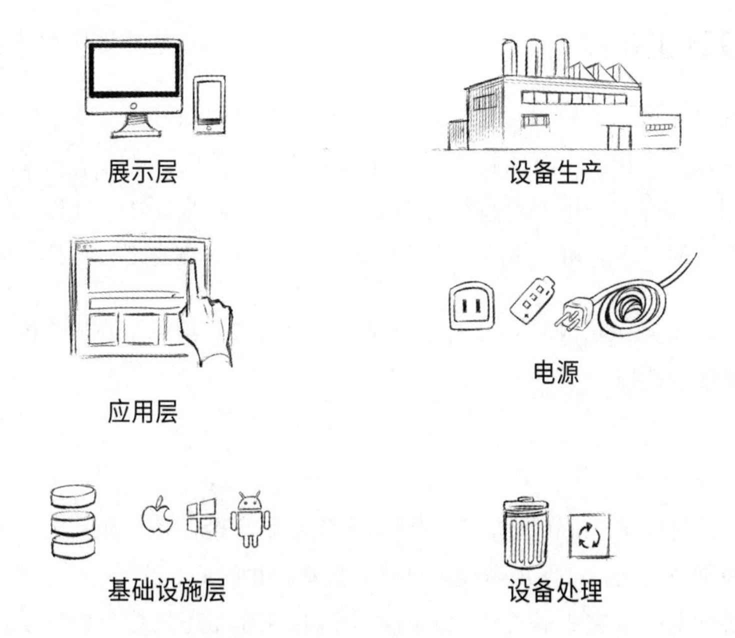

图 5-2
将用户体验的各层级堆积起来，全方位思考

若要真正将可持续思想贯彻到工作流程，需扪心自问：我们利用上面所讲的用户体验栈结构制作的设计方案，能否提升可访问性，是否鼓励使用可再生能源，能不能打破社会经济壁垒，或者我们是在维持一个不平等的系统。用户体验设计师也许可以说争端矿物和不平等劳动等跟自己无关（你若持有该立场，很可能不会读这本书）。你若是产品经理，这些恰恰是你的问题。绿色美国的内容策略师 Bernard Yu 在 2016 年可持续用户体验大会上指出“从事用户体验工作的过程，我们不仅要弄清楚正在设计的产品是否合乎道德，甚至还要想清楚我们是否尝试去解决这类问题……遇到这类问题，我们边往后撤，边说这不是产品引起的，而是整个前提出错了？”[注2]

注 2： See “Building More Holistic View of Sustainable: Digital Project Planning at Green America”, available on YouTube(*https://youtu.be/IW_qRxcQIe8*)。

可持续设计工作流

带着对这些关乎设计大局的问题的认识，我们再来思考如何以合适的方式将可持续性目标植入设计工作流，全面打造更可持续体验？公司应在产品或服务的整个生命周期，帮用户和客户作出更可持续的选择，设计团队应监管这一过程。但我们自己也应采用高效的工作流和精简的用户流程（user flow），制定更可持续的解决方案。

用户体验设计师 Amber Vasquez 提倡将两者结合起来：给予用户最佳体验，并助其作出更可持续的选择。

合作

在线创意作品社区 Format 调查了 2000 多名摄影师、设计师、插画家、艺术家、制品人和其他创意人士，试图理解他们更喜欢怎样安排时间。[注3] 调查发现，“49% 的人更喜欢等作品全部完成后再分享，而不会选择在作品还只是个想法或尚未完成时分享。”这是个问题。

你若调查人们对 Web 设计师哪些方面最不满，就会得到一致结论：“他们失踪了”或“我联系不上他们”，又或“他们沟通不充分”。要保证设计过程的成功和高效，你们必须合作，还要经常合作。

20 世纪的瀑布模式不适合可持续用户体验时代，新时代看重持续分享式学习，认为准备胜过每一次的周密规划。所有团队必须对整个项目生命周期的所有触点达成一致，以保证项目后期团队的共识不动摇。这一点对处于机构—客户关系的软件团队同等重要。如图 5-3 所示。

注 3： Format，“How to Live Like a Creative”（*http://format.com/creativepeople?platform=hootsuite*）。

图 5-3
没有持续的合作，何以谈项目成功

Pete Markiewicz 在博客写道，“‘混合’团队的项目成员了解彼此的工作，可持续性在这样的团队实现得最好。在迭代设计过程，效率等问题就可提出来。混合式工作环境，程序员也许不是一名出色的设计师，但他们也上过一些设计课，理解设计的重要性。设计师也许不是专业的程序员（但希望他们能理解 HTML、CSS 和 JavaScript），但他们若对代码有足够多的了解，设计的作品将易于实现或使用。”[注4]

注 4： Sustainable Virtual Design，“The Green Team, Part I – The Role of Art Direction in Sustainability”（*https://sustainablevirtualdesign.wordpress.com/2012/03/09/the-greenteam-part-i-the-role-of-art-direction-in-sustainability-39*）。

敏捷实践、用户体验和可持续性

Exygy 是旧金山一家通过了共益企业认证的软件公司，该公司的 Philip Clarke 和 Zach Berke 认为：

> 敏捷完全是以减少废物的想法为基础，力求减少时间和功夫浪费，减少垃圾代码等。高效地运用敏捷方法，关注影响最大的问题。只要做好这一点，你就不用写用不上的代码。你跟团队的沟通也将更顺畅。你就能生产出可尽快交付的产品。比起其他方法，敏捷能帮你更快地收集用户反馈和启动迭代。

再次重申本书各章的一个共同主题：废物更少等于更可持续。

简化用户任务流以提升效率，成为开发更可持续数字产品和服务的设计准则。若用前面所讲的策略，审计网站的可持续性，其实就是要找出以下问题的答案：

- 设计过程是否尽可能地高效？
- 产品或服务的信息架构（比如导航），对目标用户是否尽可能地直观？
- 设计团队用真实的内容做设计吗（见第 4 章）？
- 标签和消息是否清晰、简洁？
- 为实现某一特定的转化目标，所有界面都优化过吗？
- 用户能以最少的操作步骤完成任务吗？
- 不管用什么设备或平台，用户都能享受到良好的体验吗？
- 解决方案是否解决一个真实世界的问题？

重实际，讲策略

整个 20 世纪，设计采取的是一种自上而下、单向的方法，但 21 世纪的可持续设计采用的是合作对话。下面提供一些策略供参考，设计过程采用这些策略，可提高效率，从而能使设计过程更可持续。

定义用户和设备

评审数字产品和服务的可持续易用性，设计师面对的是不断涌现的设备：笔记本、平板、平板手机、手机、电气设备、车辆及其他平台，内容必须适配这些设备，为用户提供良好的体验。

精益人物角色

你想方设法触及的用户是否对你计划开发的产品或服务感兴趣？你想给自己吃颗定心丸。虽有千百种工具供你发挥，你可以从用户的社交媒体账户和其他在线资源抽取他们的行为和喜好，但你很容易陷入设计研究的兔子洞。过量的研究工作浪费时间和资源。而研究不充分，则有可能完全错失目标。

“我们的几个项目，需要前去拜访用户，因而研究工作的碳成本很高，” MadPow 的体验设计主任 James Christie 说道，“可能的话，我更喜欢远程研究。但要注意，不做研究的代价是，重新设计所浪费的功夫，这个代价太大，最好不要冒险。”

Amber Vasquez 谈道，总的来讲，她认为设计师或设计公司做的研究不够多。如要削减预算，研究和测试往往首当其冲。很多情况下，用户研究并未列入预算，而这削弱了项目的发展潜力。

为了弥补因用户研究不足而造成的损失，她遇到研究时间或预算受限的项目，有时会使用典型人物角色或精益人物角色。精益人物角色重直觉而不是一味地埋头研究，它的用处是启动研究过程，促成与客户的讨论，并协调业务目标和用户需求。

设计团队在理解项目要求的基础上，制作精益人物角色。然后，再召开工作坊，请客户参加，客户往往对自己的用户有更深入的理解，所以请他们补充用户的相关特征。如图 5-4 所示。

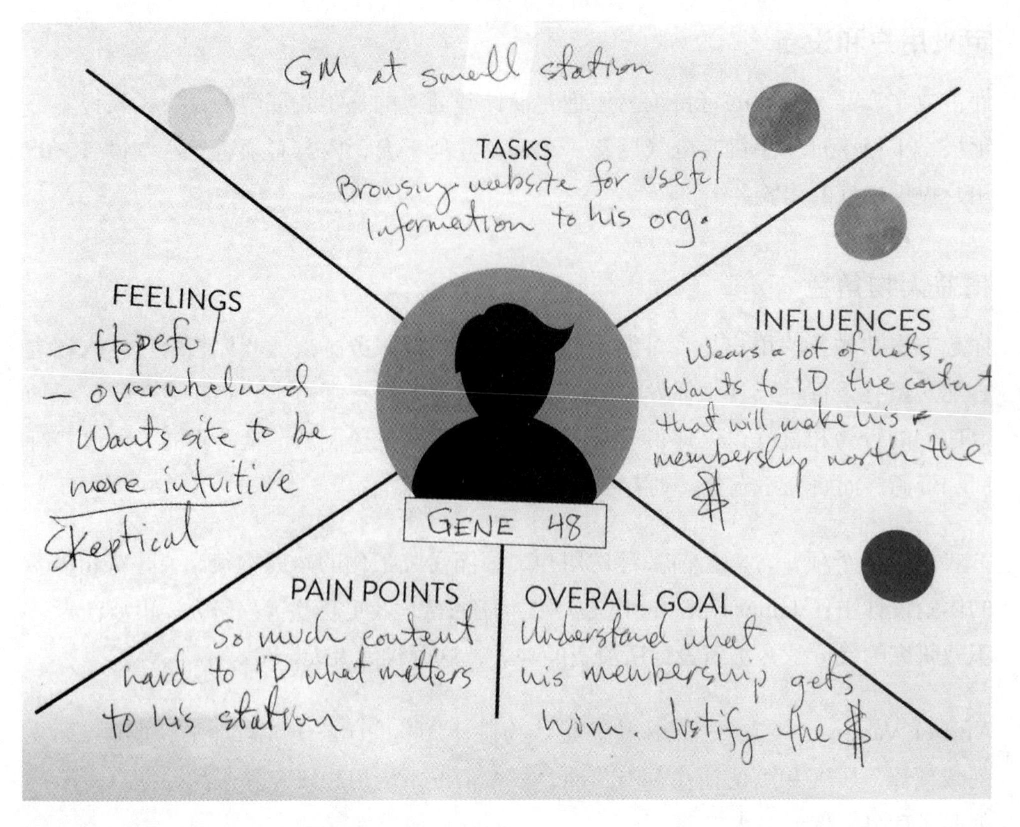

图 5-4

用典型人物角色工具，快速定义用户需求

该过程经常与矩阵练习并行开展。矩阵练习比较客户业务、市场目标与用户目标，找出它们共同的基石。最后，设计团队实打实研究多种渠道的反馈，填补剩余的缺失，比如可利用 LinkedIn 或 Facebook 的在线网络或开展用户访谈等。

精益人物角色方法的要点是以合作形式，快速、高效执行完该流程，获得关键洞察力，然后再开展耗时较多的研究工作，查缺补漏，而不是一条路走到黑。一开始就使用线上研究工具，很容易迷失在数据之中。

人物角色意在使大家就你为谁而设计达成共识，理解了设计对象，可以此指导整个过程的设计决策。而过度思考会浪费时间和能源。

精益线框图

很多线框图工具，在制作线框图时加入过多细节，线框图就会显得支离破碎。但多少细节算多呢？一个按钮或滑动器反复调换位置，该浪费多少时间呢，尤其是一些组件很可能有确定的内容和显示模式，且已为用户所熟知。类似，面面俱到的工具，比如 Adobe Illustrator 也许对你价值不大，因为它给你过多的控制权。而像 InVision 这样更专注于原型设计的工具，出活快、质量高。因特网已走过四分之一个世纪，为何还要重造轮子？

也许有人认为线框图细节越多，供发挥（或解释错误）的空间就越少，但你把精力放在合作问题上，以完善的设计系统解决问题，而不是过多考虑页面元素的位置，你有可能更快取得更好结果。

“我们不绘制线框图，” Amber 说道，“一有机会，我们就集中精力开发设计系统，其中就包括组件模式库。” 绘制线框图的过程，从而变为组合各种组件，表达出页面想要实现的功能这一过程。常见的做法是，在白板上贴便利贴（每张便利贴代表一个组件）或干脆画出组件。如图 5-5 和图 5-6 所示。

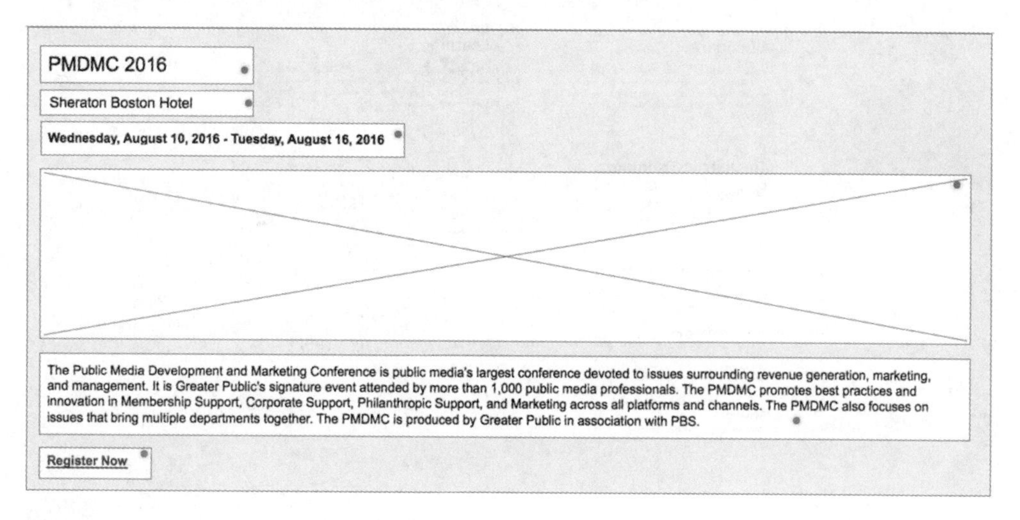

图 5-5

展示活动信息的内容模式

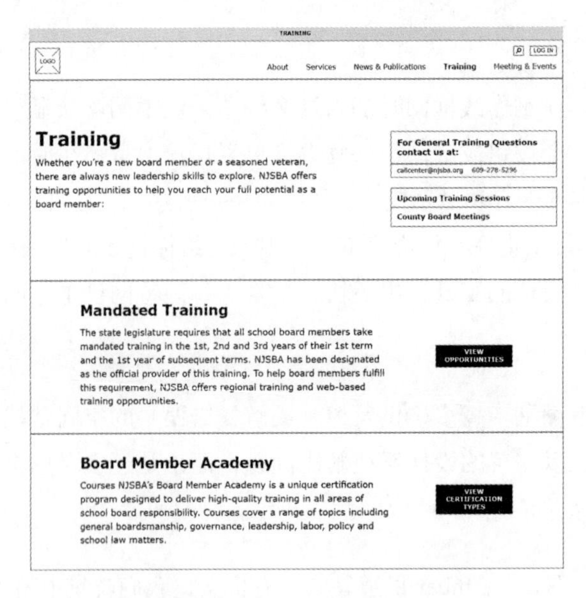

County Schoolboards Association Programs

Quisque ac lacus accumsan, ullamcorper urna ut, placerat turpis. Etiam vulputate, libero nec luctus scelerisque, neque neque condimentum ligula, eget rutrum velit enim fringilla est. Curabitur ultricies lorem et tortor convallis molestie.

Workshop

Workshop, the major training conference for school officials, attracts board members, administrators, school business officials, district staff and educators to a vast array of training opportunities. Highlights of the event include general sessions with nationally prominent speakers; large group lecture sessions; small group hands-on Action Labs; and vendors and organizations contributing to an exhibition of the latest educational products, services and technologies.

Webinars

Quisque ac lacus accumsan, ullamcorper urna ut, placerat turpis. Etiam vulputate, libero nec luctus scelerisque, neque neque condimentum ligula, eget rutrum velit enim fringilla est. Curabitur ultricies lorem et tortor convallis molestie.

eLearning

Quisque ac lacus accumsan, ullamcorper urna ut, placerat turpis. Etiam vulputate, libero nec luctus scelerisque, neque neque condimentum ligula, eget rutrum velit enim fringilla est. Curabitur ultricies lorem et tortor convallis molestie.

In-District Training

For Boards

To help boards deal with critical issues and function effectively as a team, NJSBA also offers focused training at the board level. All programs are eligible for Board Member Academy credit toward the Board Certification and Master Board Certification designation. Opportunities include:

Board Effectiveness Training

FSRs work with boards on defining their roles and responsibilities, improving board/superintendent relations, building teamwork and conflict management skills, and conducting board self-evaluations.

Topical Workshops

These specific programs address districts' identified needs in areas such as goal setting, ethics issues, referendum campaigns, finance/budgeting, parent/community involvement, regionalization, board committees, parliamentary procedure, ad hoc committee training, Sunshine Law issues, and other individual board issues/needs. Workshops are shorter than retreats and are usually more limited in scope.

Retreats

FSRs can conduct intensive, personalized day or weekend training, using activities specifically designed to meet an individual board's needs.

Find your FSR

Type your district

District Name FIND

Contact us

New Jersey School Boards Association
413 West State St.
Trenton, NJ 08618
Main: 609-695-7600
Free: 888-88NJSBA
in f

Quick Links

Events
Privacy Policy
Press Releases
Employment Opportunities
Public Records Information

Mission Statement

The New Jersey School Boards Association, a federation of boards of education, provides training, advocacy and support to advance public education and promote the achievement of all students through effective governance.

© Copyright 2015 New Jersey School Boards Association. All Rights Reserved. No part of this document may be reproduced in any form or by any means without permission in writing from NJSBA.

图 5-6
线框图的细节远超内容模式

内容模式和页面概要

每个网站、产品或服务均由不同类型的内容组成：焦点图、横幅广告、消息列表、表单、活动、博文、文本对话框、视频和白皮书等。这些内容类型常以不同的方式呈现，具体采用哪种方式，取决于它们所在的页面。内容模式展示的是每种内容类型的信息如何呈现。

例如，你们公司经常举办各种活动，你也许想把活动通知放到网站首页、博客的侧边栏或重要页面的页脚。虽然所有这些通知推广的可能是同一活动，但每处通知的内容模式却是独一无二的，各自的模式决定了活动通知的大小、类型和布局。用户往往很快就能熟悉这些布局，因为它们为各网站所普遍采用。

由上可见，内容模式对单一内容类型这一层级的设计很重要。而页面概要在页面层级的设计中发挥着重要作用。顾名思义，页面概要是一篇简短的文档，它描述的是一个页面的目的，其中就包含确切的转化目标。页面概要帮助客户和设计公司回答以下几个重要问题：

- 页面为什么存在？
- 页面的转化目标是什么？
- 要实现转化目标，最少需为用户提供多少内容？
- 起支持作用的信息列表，使用什么内容？

页面概要能帮内容生产团队搞清楚其资源或限制。制作完页面概要，内容工作更加清晰。页面概要还为设计团队提供了一系列很有帮助的指南，他们可据此用设计好的组件制作页面布局。如图 5-7 所示。

显示模式和组件设计

内容模式不同于显示模式，显示模式展示的是内容类型如何在样式模块化过程所定义的视觉设计系统中恰当地呈现。组件是设计模式的具体实现。有了显示模式和组件设计，就没那么大必要设计严格的整页模板。开发一套可用于特定组件的内容库和显示模式，你就可以创建模块化设计系统，灵活混用和搭配组件。如图 5-8 所示。

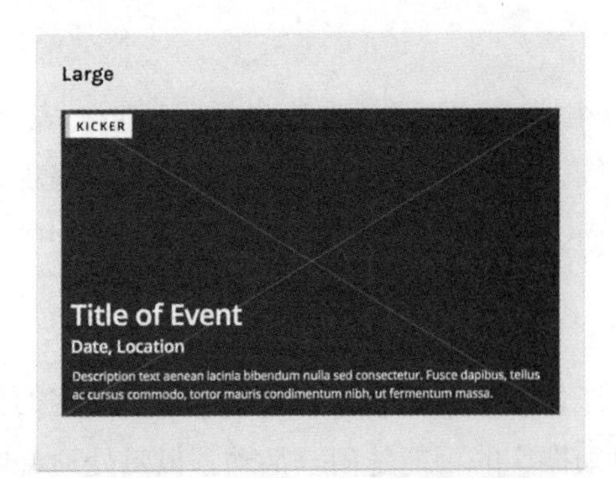

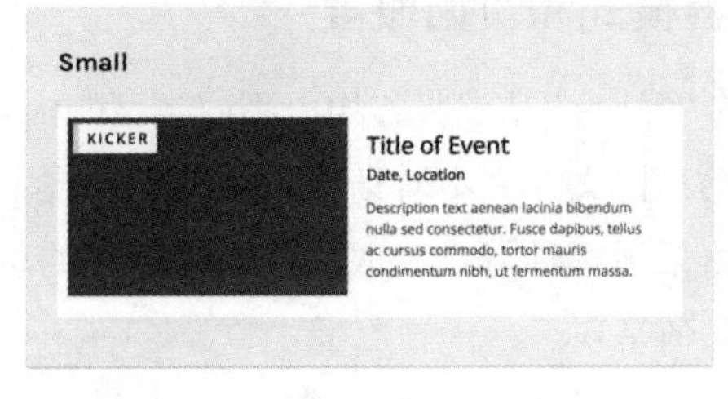

图 5-7
内容模式以因特网常用交互为基础，因而为设计师所熟悉且易于使用

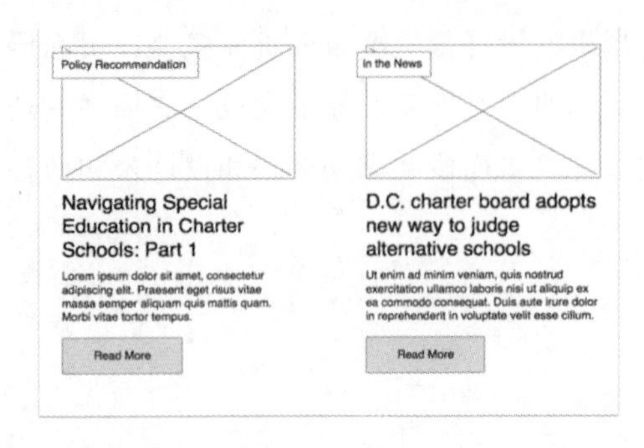

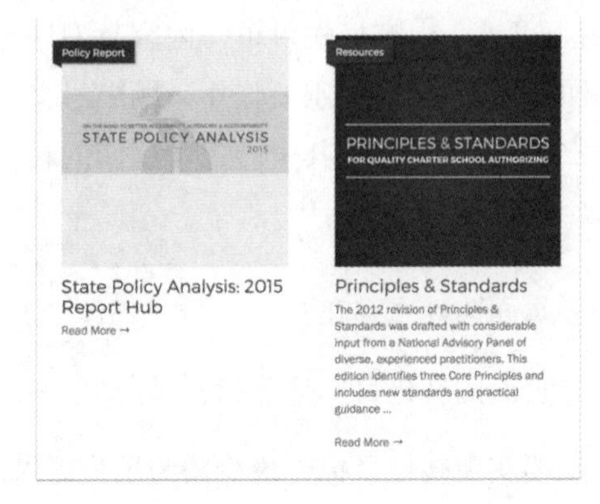

图 5-8
Mightybytes 为 NACSA 开发的组件库，支持自行混合和搭配组件，以满足其特有的内容需求

有了一个得到大家认可的模式和组件库，就可根据页面概要的指导信息，从库里挑出最契合页面转化目标的模式和组件。组件设计也能惠及客户，因为只要网站上线，系统内在的灵活性使得开发新颖、独特的页面变得更简单。

如何在团队推行该方法？谁来做？ Daniel Mall 写了一篇博文“内容和显示模式”

（Content and Display Patterns），他在文章中讲道“考虑模式时，内容策略师主要考虑内容模式；设计师主要考虑显示模式；前端开发者负责将两者结合起来。”

用户故事

敏捷团队定义产品路线图，不能少了产品的实际特色和功能，而用户故事对于确定这两者起着重要作用。用户故事的常见形式是：

> 作为 < 角色 >，我想要 < 功能 >，以便 < 理由 >。

举个用户故事的例子：

> 作为 < 管理员 >，我想 < 添加新用户 >，以便 < 他们能更新博客 >。

举办发现工作坊，产品团队一起定义必要的特色功能和一般功能，继而以此定义产品。定义好这些功能之后，为其安排先后次序并分类。设计和用户体验团队，接着用这些故事定义内容模式、线框图和组件，形成产品或服务的设计系统。

用户故事的批评者认为它们不够详细，不足以真正描述一个功能，它们可能模糊不清或为留有发挥余地，尤其在设计过程，而这可能会导致范围蔓延。

用户故事作为一个更大的敏捷框架的一部分，可提高设计过程的效率，从而节省时间、资源和能源。一些团队喜欢用便利贴和白板，享受它们带来的触觉上的便利性，其他团队则偏爱 Trello 这样的在线团队协作工具。如果你用数字工具，它们当然离不了电，比如你用的正是 Trello，它托管在 AWS，而 AWS 的可再生能源使用这一块得分并不高。如果你要用真实材料来模拟数字产品，请考虑所用材料的可循环性。即使很多便利贴用的都是循环材料，涂胶的地方可能会导致一些再循环程序不接受它们，从而无法循环利用。如果便利贴的用量很大，请使用支持多种废纸的再循环程序。而且，仅美国每年报废的白板笔就达 4 亿支之多。AusPen 白板笔使用无毒墨水，且可反复加墨水，对环境更友好。

避免黑暗模式

跑向光明，Carol Anne！[译注1]Dark Patterns 网站致力于指出欺骗用户的用户体验模式。[注5]这些欺骗手段浪费时间和能源，给用户带来无尽的挫折。它们是彻头彻尾地令人讨厌。黑暗模式有别于一般设计过程应避免的糟糕设计，比如询问用户他并不需要透露的信息或让 IT 或 HR 部门等非专业设计人士设计表单，黑暗模式是蓄意欺骗。

设计过程，下面事项要避免：

- 要求用户提供信用卡免费试用产品或服务，但取消订购却很难。
- 同理，千万不要把订购流程做得很容易，把取消订购做得很复杂。（用户体验术语称其为“蟑螂汽车旅馆”，英文为 Roach Motel）。
- 修改模式后及时告示用户，否则可能会误导用户。例如，蓝色按钮本来一直是将用户带至下一界面，但到某处却突然变为“购买”按钮，用户本能点击蓝色按钮，之后才意识到该按钮的行为与之前 19 个大小和颜色相同的按钮不一致。用户不愿被人诱导执行动作，诱导花钱这事，他们更是深恶痛绝。
- 不要将广告伪装成其他潜在更受欢迎的内容。原因不用多说了吧。
- 结算过程的最后一步，不要增加令用户感到惊奇或隐藏的开支，不要悄悄往用户的购物车塞商品。
- 不要钻用户在网上浏览而不是详细阅读细节的空子，误导用户，比如将“取消加入”按钮伪装成“加入”按钮。

让产品休息

P.T. Anastas 和 J.B. Zimmerman 在文章“按照绿色工程的十二原则设计”（Design through the Twelve Principles of Green Engineering）中写道“产品、过程和系统需使用能源和材料，因此它们应该由‘输出拉动’，而不是由‘输入推动[注6]’。”换

译注 1：电影 Poltergeist（《鬼驱人》）中的台词。

注 5：*http://darkpatterns.org/*。

注 6：Paul Anastas and Julie Zimmerman, “12 Principles of Green Engineering”. American Chemical Society (*https://www.acs.org/content/acs/en/greenchemistry/what-is-greenchemistry/principles/12-principles-of-green-engineering.html*)。

言之，产品无需运行时，就让它停下来。尽可能给予用户控制功能的主动权。若产品或服务拥有内置的通知或备份机制，例如，使用默认设置时，让用户能够控制这些功能的频次，以树立能源利用观念。这也是在设计作品中突出强调更可持续的选择的绝佳机会。你的产品每天检查两次有无新数据，比起每五分钟一次，消耗的能源更少。如图 5-9 所示。

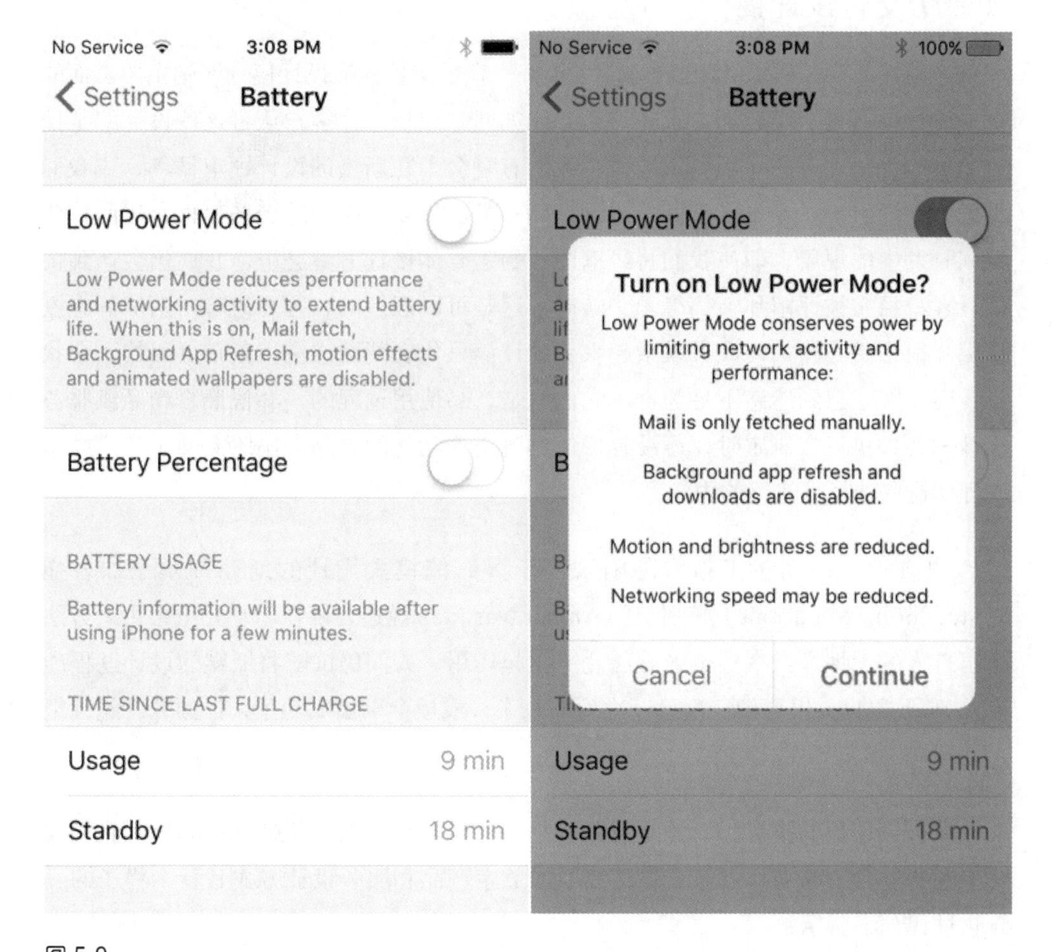

图 5-9
让用户决定产品的休眠时间和消息推送频率

若应用同时使用手机摄像头、WiFi 或移动数据、GPS 功能，比如 Snapchat 应用，这会显著降低性能，且耗电量大，使用的数据流量也较多，从而浪费大量资源。开展用户体验设计实践活动时，记得这些事，鼓励干系人讨论可用性和能效。

视觉设计

不同的视觉设计方法也能为可持续性用户体验提供指导。下面介绍一些简化视觉设计工作流及其交付成果的方法。

如今仍交付设计稿

同很多设计公司一样，Mightybytes 多年来一直是交付标准设计稿（网站主要页面的视觉设计稿，每个像素都追求完美），比如网站项目。让客户认可这些设计稿是推动项目前进很关键的一环。该过程，我们有时会卡在新增的设计评审循环，或我们推进到开发阶段，原本已确认好的设计稿却又生出复杂的问题。偶尔也有这两种情况同时发生的现象。即使我们将线框图放到了整体设计方案之中，我们仍会遇到挑战。客户经常被评审环节搞得晕头转向，这是可以理解的，客户对着一两屏静态设计稿，很难将其与最终成果联系起来。设计稿只代表网站或应用某个页面的一个状态，因此客户感到迷惑不足为奇。它们只是产品使用过程的一个快照。产品或服务设计的各种决策在制定时，还没有任何具备交互功能的作品，快照无助于客户或用户理解这些选择更宽泛的内涵。

“客户或设计公司员工很容易陷入基于瀑布流模式设计的斯德哥尔摩综合症（Stockholm Syndrome）陷阱，” Amber Vasquez 说道，“在新媒介上采用老方法是出自人的天性，但事实是老方法几乎不起作用。人们仍试图将纸媒的设计过程硬塞入 Web 项目，但他们一次又一次地失败了，或极个别虽成功了，但预算却超出很多。”

而在没有设计稿的情况下，凭空想象一个项目，客户不知道落脚点在哪里。我们安排的预售过程，帮客户理解一种更高效的数字产品和服务设计方式是什么样子的。预售过程如下所示：

- 前期对话时，简单综述该过程。
- 我们一步步拆解基于组件的设计过程，每一步提出建议，并附上详细到交付成果的样例。
- 在介绍材料里附上我们自己（和他人）所写的博文，以证明我们的方案对自己团队和终端用户具有明显的优势和共同价值。

- 如果可行的话，我们还附上从该过程受益的用户的个人感言。

让我们一起更详细地看看这种工作方式。

样式模块

在我们公司 Mightybytes，项目最初的一些设计交付成果采用样式模块的形式，我们用它传递在线视觉品牌的精髓。它比情绪板更详细，是专门为网站和应用设计的。样式模块包括网站最常用的视觉资产：字体、颜色、图像样式和界面元素等。样式模块的目的是，帮客户和设计公司找到一种通用的视觉语言，来设计数字产品或服务的各种组件。因为样式模块独立于布局或用户体验，所以它们可帮设计公司和客户团队就网站元素的样式达成共识。样式模块为创建布局打下了基础。

客户若有现成的样式指南或品牌说明书，这再好不过，它们非常有助于生成样式模块。其他媒介已有字体选择和配色方案供参考。设计团队根据 Web 的特点，调整这些设计指南，生成样式模块。他们还为图标设计方法、图像处理方法、按钮和其他常用界面元素定义样式。这些元素进而成为层叠样式表所定义的样式的基础，样式表控制着整个网站的外观和感觉。若决定将标题的字体由原来的黑色改为灰色，只需修改样式表就行，很快就能搞定。如图 5-10 所示。

颜色选择

21 世纪初，具有可持续性意识的设计师，建议数字设计使用深色，因为白色或明亮的像素耗电多，所以改用深色能降低能耗。实际上，Heap Media 甚至开发了一个特殊版本的 Google 搜索，称为 Blackle，写作本书时，该网站称通过让用户在背景为深色的屏幕而不是白色屏幕使用 Google 搜索，为此已节省了 5461326.853 瓦时电力。然而，若大多数显示器仍使用阴极射线管发射红、绿和蓝色荧光，这些节能举措就有效。而 LCD 显示器或 LED-lit LCD 屏幕显示黑色屏幕比白色更耗能[注7]。

注 7： Larry Greenemeier, “Fact or Fiction?: Black Is Better Than White for Energy-Effcient Screens” , Scientifc American, September 27, 2007(*http://www.scientifcamerican.com/article/fact-or-fction-black-is*)。

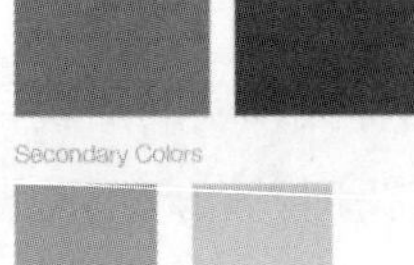

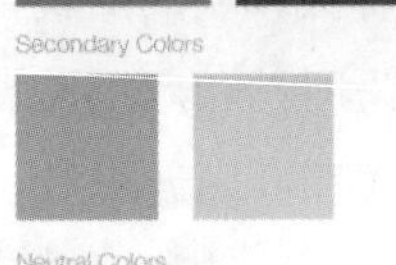

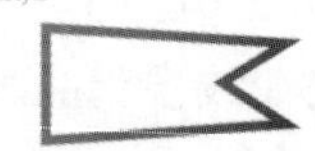

Bike & Build
Gotham Black
CROSS-COUNTRY BICYCLE TRIPS
Subhead, Gotham Book
Lorem ipsum dolor sit amet, consectetur adipiscing elit. Praesent eget risus vitae massa semper aliquam quis mattis quam. Morbi vitae tortor tempus, placerat leo et, suscipit lectus. Phasellus ut euismod massa, eu eleifend ipsum. Nulla eu neque commodo.
Body Copy, Gotham Book
Primary Colors
Secondary Colors
Neutral Colors
Possible Call-to-Action
DONATE >
Possible Icon Style
Possible Patterns/Strokes
Photography should be aspirational and could focus on groups & close-ups of work getting done. When content is superimposed over photography, images can be colorized to a solid color or a gradient of blue to red.

图 5-10

这些样式模块帮 Bike & Build 团队早早地理解透彻配色方案、图像样式和按钮的处理方法，然后他们将其用到网站组件

但并不是只有 LCD 一种屏幕。较新的智能手机和平板所用的 OLED 屏幕，每个像素自己生成光源（而不像 LCD 显示器那样使用背光源），因此设计作品的主色调若选用黑色，那么不用激活像素，耗能就非常少。[注 8] 然而，使用黑底白字配色方案，往往难以阅读，从而带来可访问性问题。所以，虽然这种配色在 OLED 上耗能较少，但如果人们要看两遍才能看清内容的话，这样做无疑是净损耗。

注 8： Quora, "Does a White Background Use More Energy on a LCD Than If It Was Set to Black?" (*https://www.quora.com/Does-a-white-background-use-more-energy-on-a-LCDthan-if-it-was-set-to-black*)。

有鉴于此，设计界面时有必要考虑选用什么颜色吗？答案取决于以下两点：

- 对用户的了解程度。
- 品牌一致性对设计作品的重要程度。

首先，数以百计的产品，包括三星、松下等公司生产的很多平板、设备和智能手机使用 OLED 屏幕。[注 9] 写作本书时，iPhone 仍使用 LCD 屏幕。[注 10] 一些设计方案，在某种类型设备的屏幕上节能，在另一种设备上却耗能较多。若知道大部分用户使用哪种设备，就可以有的放矢地设计，但这种情况有多常见？

类似，可访问性指南要求为低视力群体提供高对比度的样式表。该应用场景下，样式模块也许应使用一组精简的、高对比度的颜色。

其次，颜色对任何机构的品牌都很重要，很可能在大多数情况下，对机构而言，品牌的一致性要比能源效率更重要。一种潜在的更有用的决策也许是，使用"扁平"的视觉资产设计作品，图像包含大块大块的扁平色，而不要使用梯度、斜面或其他效果。CSS 按钮和矢量 SVG 文件比将其做成光栅文件体积要小，也就是需要下载的数据更少。此外，扁平图像在响应式设计中更易于扩展。如图 5-11 所示。

字体和排印

数字产品和服务设计，设计师可用的排印方案有成千上万种之多。排印方案的可持续性取决于以下两点：

- 它们增加了多少加载时间。
- 它们增加了多少 HTTP 请求。

让我们一起看看常用字体及每一种字体的优缺点：

注 9： OLED-Info, "OLED Products: Comprehensive Guide" (*http://www.oled-info.com/devices*)。

注 10： Dr. Raymond Soneira, "The iPhone 6 and 6 Plus Have the Best LCD Screens You Can Buy", Gizmodo, September 22, 2014(*http://gizmodo.com/the-iphone-6-and-6-plus-havethe-best-lcd-screens-you-c-1637612720*)。

图 5-11
哪一种配色方案耗能最多？视情况而定

系统字体

用户的机器或设备上默认装有这些字体，它们使用的资源最少，这使得它们自动成为更可持续的选择。它们还会限制设计的选择空间，因为大多数系统仅安装几种系统字体。

Web 字体

Web 字体的选择几乎有无数种，即使设备实际上并未安装的字体，也能正常显示。因为它们托管在外部服务器上，它们会增加页面的 HTTP 请求数，进而影响页面的加载速度。我们在 Mightybytes 公司做的实验表明，用 Typekit 添加一种字体，页面平均体积增加 11KB，而 Google Fonts 更是增加了多达 28KB。[注 11]

嵌入式字体

该类字体是用 CSS 规则 @font-face 嵌入页面。虽然在页面嵌入字体比起以上两种方法，页面体积增长得更多，但可以用 Font Squirrel 这类工具，删除用不到

注 11: Amber Vasquez,“Web Fonts and Sustainability”, Mightybytes Blog, July 19, 2013(*http://www.mightybytes.com/blog/sustainability-web-fonts*)。

的图像符号或特定的外语字符等元素，优化字体。你还可以用 Base64 编码将字体转化为一个数据 URI（统一资源标识符），直接将其嵌入样式表。即使样式表文件变大了，但 HTTP 请求会减少。如图 5-12 所示。

图 5-12
系统字体、Web 字体、嵌入式字体：哪种最适合你的需求

你也可以考虑使用下面几种好方法：

- 最多只用两种字体，没必要用多种 Web 字体。
- Web 字体经常用作图标（如 Font Awesome），但目前认为该方法有缺陷，用 SVG 作图标，而不要用图标字体。
- 使用屏幕字体而不是印刷字体；比如用 Georgia 或 Verdana。
- 设计作品主要用系统字体，有节制地使用 Web 字体。不要使用三种不同的 Web 字体。找到最佳组合。
- 降低字体文件的体积。你很可能不需要所有的字符。
- 最后，以绿色方式托管字体比使用 Adobe 的 Typekit 提供的服务更可持续。至少你可以控制字体的下载。

为数字产品或服务选择排印方案时，要谨慎考虑。若项目对设计的要求很高，那就使用一种 Web 字体。若要求性能最佳，一种简单的系统字体就可能会满足要求。或许，Web 字体适合台式机用户，而系统字体适合移动端。不论选用哪种方案，一定要确保不会降低性能。若不确定该用哪种方案，请查看页面体积预算。你还有多少千字节可用？

图像

网站的照片和图标这些视觉资产如何处理，既可保持视觉完整性，又能减少文件体积，我们接下来就来探讨该问题。如图 5-13 所示。

Content size by content type

CONTENT TYPE	PERCENT	SIZE
Other	56.7 %	3.86 MB
Script	19.2 %	1.31 MB
Image	18.7 %	1.27 MB
CSS	2.4 %	170.47 KB
Plain text	2.1 %	149.27 KB
HTML	0.8 %	55.22 KB
Total	100.00 %	6.81 MB

Requests by content type

CONTENT TYPE	PERCENT	REQUESTS
Image	37.5 %	155
Other	28.1 %	116
Script	25.9 %	107
HTML	2.9 %	12
CSS	2.9 %	12
Plain text	2.7 %	11
Total	100.00 %	413

图 5-13
合理使用图像，可增加页面的视觉冲击力和分量

网页插入图像，可增加大量额外数据。因此，首先问问自己是否真的需要图像。一张照片或其他类型的图像，是否对于你讲故事或概念至关重要，而这个故事和概念关乎内容的成败？你若断定一张图绝对有必要，用分辨率无关的 CSS 效果，甚或是 Web 字体，能否得到相同的效果？

哪种格式

SVG 等矢量图格式与分辨率无关，放大或缩小不会增加页面体积。图形、图标和商标等图像非常适合用该格式。但照片这类复杂的图像完全不适合，它们更适合用 PNG 或 JPG 这类光栅图像。光栅图用像素阵列显示图像。光栅图的这种构造方法，

使得它比同样内容的矢量图文件要大，因此准备 Web 文件时有必要仔细考虑图像的显示需求。下面这些指南需牢记于心。

- PNG 或 GIF 文件，非常适合含有水平线且无需拉伸的图表或图像。PNG 文件还支持阿尔法透明度。
- JPG 格式很适合照片。商标和其他线条图形若存储为该格式，它的压缩机制会使得图中出现锯齿状条纹。
- 前面刚讲过，SVG 非常适合色彩为扁平色（少用渐变效果）、分辨率无关的线条图像。SVG 图像放大后，清晰度不变。因为矢量图以几何方程的形式存储，所以渲染图像所需的计算能力相对较多。它们也更灵活，支持用 CSS 控制或添加动画效果，以实现更丰富的交互效果。如图 5-14 所示。

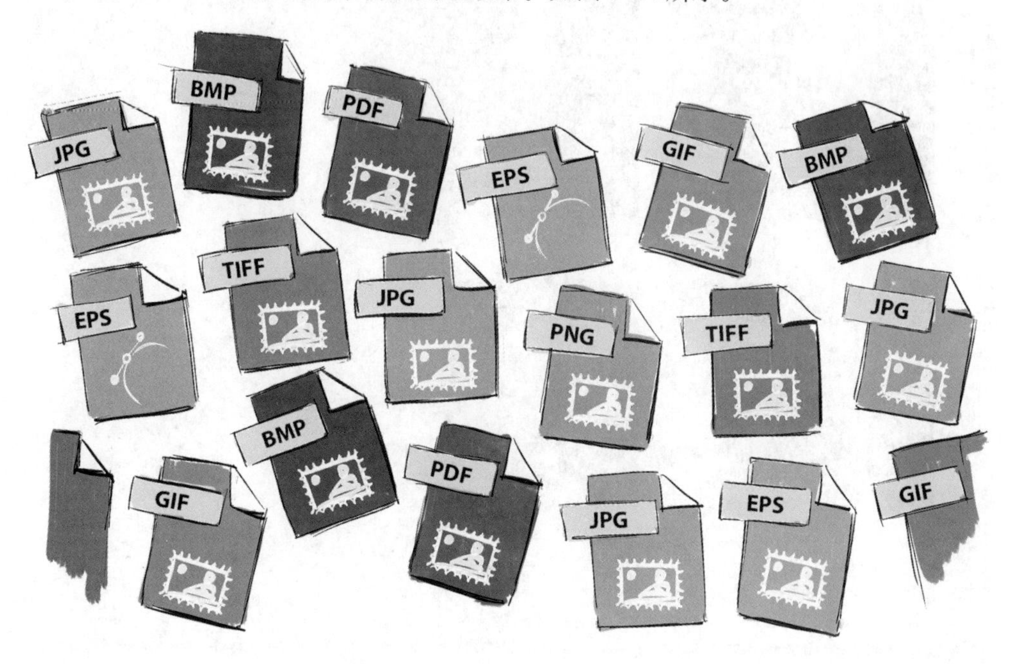

图 5-14
哪种图像格式能更好地满足你的需求

图像压缩

一定要用 Smush.it、Kraken.io 或 Image Optimizer 这类压缩工具跑一遍全部图像，剔除因数据冗余而增加的文件体积。若用 Photoshop 这类图像编辑工具，保存时选择“Save for Web”（保存成 Web 格式）会增加不必要的元数据，输出文件的体积比其他优化工具的大 50%。

并且，从视觉设计的角度来讲，黑白图像或插图比起视网膜级别的 JPG 图像，数据量相对较小。如图 5-15 所示。

图 5-15

图像压缩很关键：争取在图像质量和体积之间取得最佳平衡

使用 CSS 雪碧

CSS 雪碧（CSS Sprites，亦称 CSS 精灵）将多张图形或图像整合为一个文件，用 CSS 属性控制，按需显示文件的一部分。例如，网站所有图标可使用该技术处理，用户访问网站时，这些图标只需下载一次，图标将被缓存到浏览器中，然后整站所有页面的图标都不需要再发起新的 HTTP 请求，也不会因为存放多张小图像而增加数据量。如图 5-16 所示。

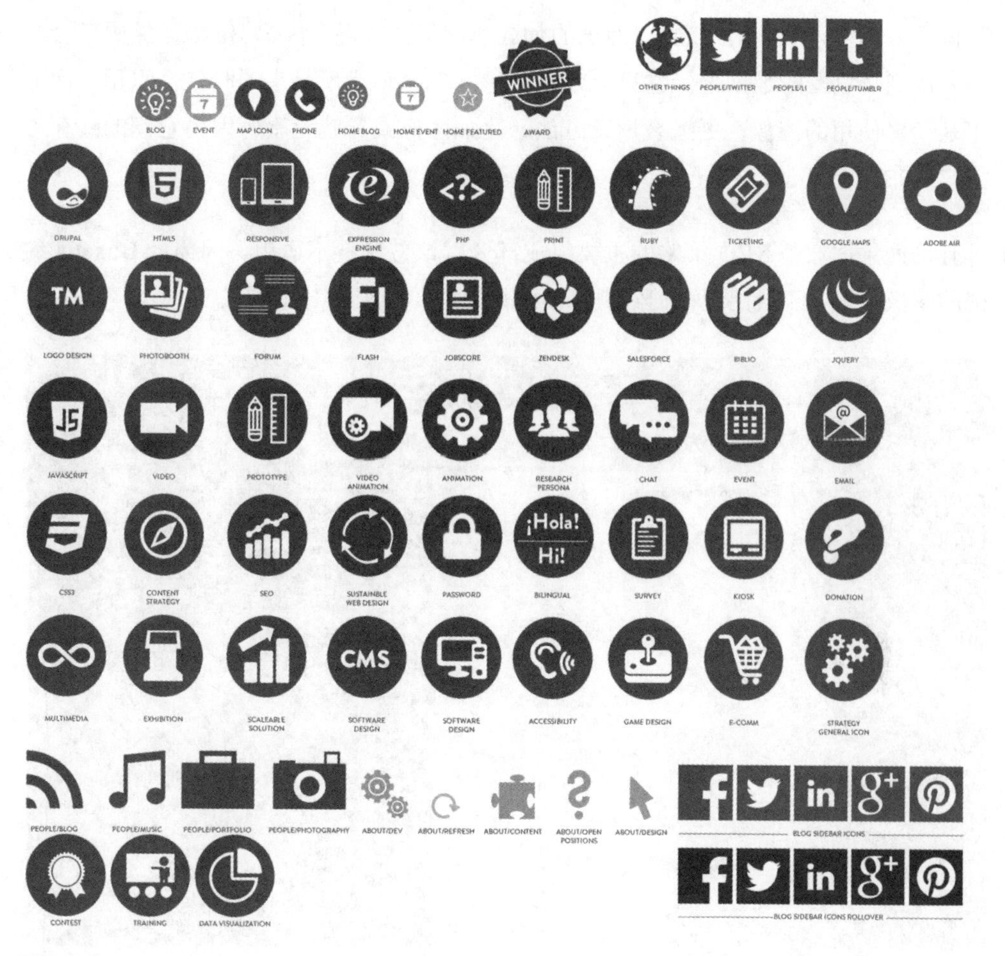

图 5-16

一图多用，CSS 雪碧削减 HTTP 请求次数和文件体积

内联图像

有时，较好的做法是直接将图像插入到 HTML 代码。图像用 Base64 编码（1987 年第一次提出，甚至比万维网还要早）后，可直接插入 HTML，以减少 HTTP 请求，加快网页加载速度。

网上有一些免费的 Base64 图像编码器，使用方法很简单，拖进一张图，就可将其转换为一个 Base64 文件。一些编码器先压缩图像，再将其编码为 Base64 文件。

用途单一的小图最适合用该方法处理。对大图编码，即使压缩之后（你总是应该这样做），再插入 HTML 代码，网页的加载速度仍会变慢，因为 Base64 编码不会减少发送到浏览器的数据量。它只会减少发起 HTTP 请求所带来的时延。只用一次而不是频繁使用的图像，更适合用该方法，比如图标或导航元素，因为它们的缓存方式与 CSS 雪碧不同。

并且，如果图像是 SEO 策略的重要组成部分，该方法就不适用，因为经 Base64 编码的图像，根本不会出现在搜索引擎的结果之中。如图 5-17 所示。

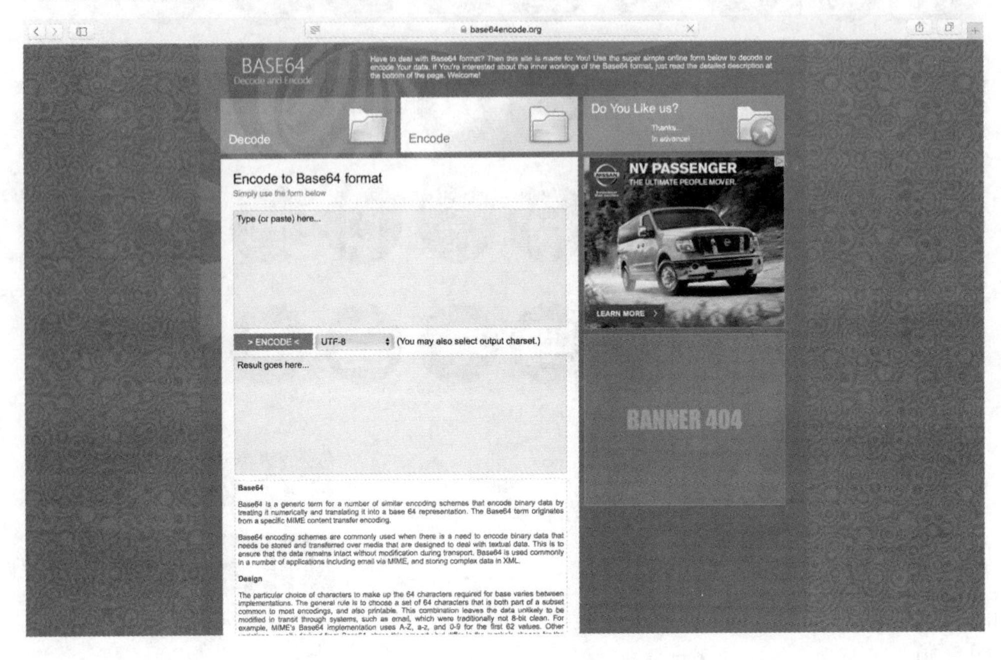

图 5-17
Patrick Sexton 开发的 Base64 图像编码器，可将图像转换为数据流

网页的打印样式

是的，人们仍会打印网页，不经常打，但确实有时会打。食谱、银行公告、合同、常见问题、地图、说明书等是人们常打印的网页。你的网页打印出来，视觉效果如何？

如果网页未针对打印机优化过，极易浪费大量的纸张、油墨和其他资源。可持续设计原则要求对打印机友好的屏幕或 Web 页面，使用资源最少，且打印结果可接受。

为了实现这一目标，印刷品应该跟其他媒介类型，比如屏幕和言语被同等对待。即使大多数浏览器默认自动选择颜色以节约油墨，但往往还是没有定制的方案更有效。你可以用 CSS3 的媒体查询，查看设备的能力，核查视口或设备的宽度和高度、水平或竖直方位以及屏幕分辨率。你可以用这些查询，调用单独的样式规则或样式表，根据不同标准调整页面。如图 5-18 所示。

图 5-18
你也许未意识到，但用户确实会打印网页；若不优化，就会浪费纸张、油墨、时间和其他资源

打印网页所用的样式表，作为网站附加的 CSS 文件，该文件不用放上所有相关样式，仅放上有别于屏幕显示的打印样式。如果你使用 print 媒体查询，默认样式通常已包含在内。定义清楚差别很重要。例如，像素是默认的度量屏幕的单位，但印刷品的单位是英寸或厘米，并且在定义打印样式时记得加上内外边距。

创建打印样式时，需考虑以下事项：

背景、图像和颜色

　　利用打印样式，强制特定页面元素，选用对打印机更友好的颜色，使用较少的油墨。对于图像或背景极其重要的场景，你还可以覆盖默认的浏览器设置，强迫渲染它们。类似，你可以用CSS过滤器反转含有黑底白字的图像。

导航和按钮

　　因为这些组件与打印出来的页面无关，将打印样式中的display设置为none，将其删除。

图像

　　你不想让图像超出出血线，尤其不想将图像的一小部分挤到另一页的顶部，将图像的最大宽度设置为100%，可避免该情况。

显示外链的链接地址

　　确保显示页面外链的地址。

增加一个打印按钮

　　增加一个打印按钮，点击该按钮专门调用打印样式表，比用浏览器默认的打印设置，打印效果更好。

需记住的要点是，增加打印样式，不仅要保证文件体积足够小，还得保证打印质量可接受。Web团队经常忽略打印样式，其实是无意中浪费了资源。多花点时间，将网页改成对打印机友好的，就可改变现状，让用户少受挫折。

度量成功

本书其他地方讨论过，全部设计工作要建立在一种度量成功的牢靠的策略之上。尽早设定目标，利用策略，验证自己是否能否快速满足这些目标。不要再在设计决策或客户所要求决策的基础上作更多假设。相反，设计过程的每一步尽可能加入用户测试环节。请真实用户测试设计决策，以便在坚实的数据基础上推进项目。该方法可帮你远离纯粹由主观情感驱动的令人不快的对话，比如“但我觉得应该用绿色”。

A/B 测试（将两种用户体验方案呈现给用户并跟踪其交互）可加快用户产生数据的速度，从而获得更佳的设计决策。如图 5-19 所示。

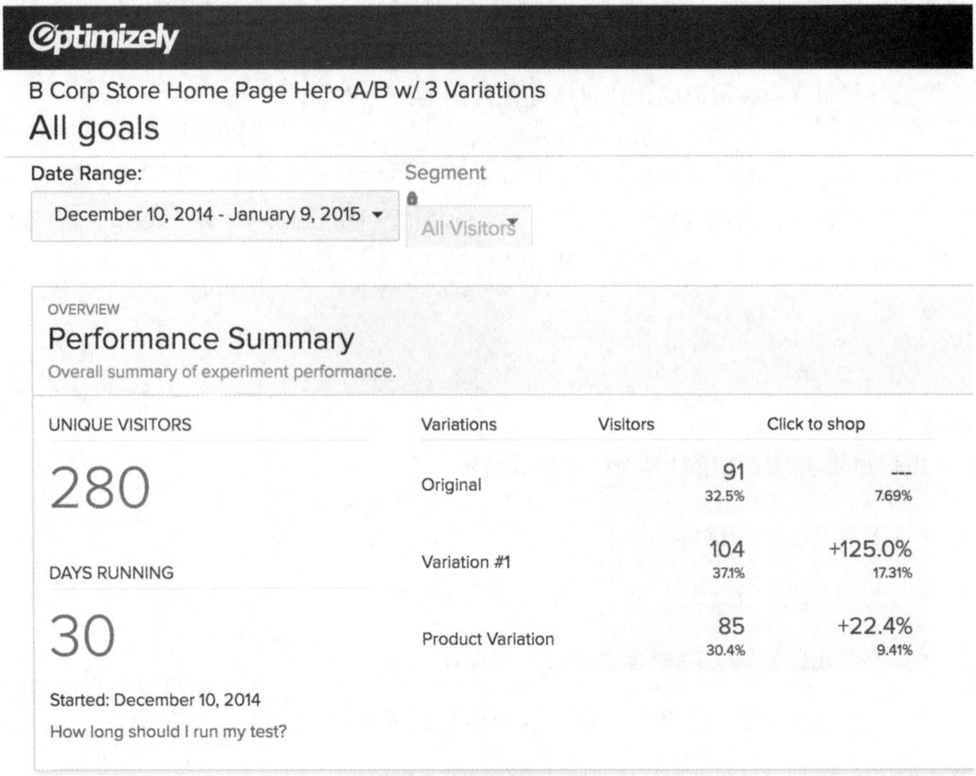

Optimizely

B Corp Store Home Page Hero A/B w/ 3 Variations

All goals

Date Range: December 10, 2014 - January 9, 2015

Segment: All Visitors

OVERVIEW

Performance Summary

Overall summary of experiment performance.

UNIQUE VISITORS

280

DAYS RUNNING

30

Started: December 10, 2014

How long should I run my test?

Variations	Visitors	Click to shop
Original	91 32.5%	--- 7.69%
Variation #1	104 37.1%	+125.0% 17.31%
Product Variation	85 30.4%	+22.4% 9.41%

图 5-19
度量什么是最重要的：最成功的设计项目属于那些用数据支持决策的

Optimizely、UsabilityHub 和 Optimal Workshop 等资源，可帮你快速推动设计决策，而不用花过多费用举办用户测试工作坊。当然，这些工作坊有举行的必要，但并非所有项目都得召集一屋子目标用户测试一整天，那也真够奢侈的。

可访问性、可持续性和设计

Ken-Laurin Kramer 在《可持续性时代的用户体验》（*User Experience in the Age of Sustainability*, Morgan Kaufmann, 2012）一书中讲道“可持续设计应力求以包容和‘普适’吸引人。用普适的设计方法，遵循普适的设计指南，我们就可同时践行可持续设计和可访问性理念。”换言之，兼顾可访问性的产品和服务，适合在多种计算机和设备上使用，其中包括屏幕阅读器和其他使能技术。可访问性高的产品和服务比未考虑全部用户构成情况的，在可持续性方面的潜力更大。

人们说数字产品或服务是可访问的，往往是指它适合残疾人使用。W3C 组织发表的 Web 内容可访问性指南（Web Content Accessibility Guidelines，WCAG），帮产品团队开发可访问性更高因此也更可持续的体验。

WCAG 包含四大类 12 条指南：[注 12]

可操作

用户必须能够操作所有界面组件和导航：

- 所有功能可用键盘启用。
- 为用户提供充足的时间，来阅读和使用内容。
- 不要用已知的、能引起惊厥的方式设计内容。
- 提供几种方式，帮用户导航、找内容和判断其当前位置。

可理解

界面信息的内容或操作，不能超出用户的理解能力：

- 文本内容可读且易懂。
- Web 页面的出现和操作是可预测的。
- 帮用户规避和纠正错误。

注 12：W3C, “Web Content Accessibility Guidelines (WCAG) 2.0” (*https://www.w3.org/TR/2008/REC-WCAG20-20081211/#contents*)。

可感知

网页内容不是用户的所有感官都能觉察到：

- 所有非文本内容都要提供文本形式的替代内容，以便将其转换为用户需要的其他形式，比如大型印刷品、布莱叶盲文、语音、符号或更简单的语言。
- 为基于时间的媒介，提供替代内容。
- 生产的内容能以不同形式呈现（比如，更简单的布局），而不会丢失信息或结构。
- 便于用户看清和听清内容（比如，前景要和背景区分开）。

健壮性

随着技术进步和用户代理的进化，用户必须能够访问内容：

- 最大程度兼容当前和未来用户代理，并提升对辅助技术的兼容性。如图 5-20 所示。

图 5-20
可持续设计应努力具备包容性和普适性

Web 标准

Web 标准之于可持续性，就像可持续性之于可访问性，它们相辅相成。利用 W3C 组织的标准，我们可以“开发丰富的交互体验，由大型数据中心驱动，适配任意设备。”设计师若用 HTML 和 CSS 这类对 Web 友好的标记语言，其产品和服务支持尽可能多的设备，因而可访问性更高，如果他们在没有牺牲用户体验的前提下，还进一步精简标记语言，仅保留最核心的标记的话，这样做更可持续。

W3C 组织将其所有的标准分为以下几类：[注 13]

Web 设计和应用

开发和渲染 Web 页面的标准，其中包括 HTML、CSS、SVG 和 Ajax 的使用标准等。

Web 设备

这些技术实现了随时随地用任意设备访问 Web。设备可以是智能手机，也可以是可穿戴设备、互动电视或汽车等。

Web 架构

URI、HTTP 等 Web 基础技术。

语义网

这些技术使得人们可以用 RDF、SPARQL、OWL 和 SKOS 等技术，创建数据仓库，开发词汇，编写处理数据的规则。

XML

定义与 XML 技术相关的标准，比如 XML、XML 命名空间、XML Schema、XSLT 和 EXI 等。

Web Service

基于消息的设计服务，以 HTTP、SOAP、SPARQL、WSDL 和 XML 等技术为基础。经常用于支付、安全和国际化相关技术。

注 13：W3C,“Standards”(*https://www.w3.org/standards*)。

浏览器和创作工具

我们用来访问和生成 Web 内容的工具：浏览器、媒体播放器、内容管理系统、社交媒体、照片和视频分享应用、博客工具等。

虽然深入探究 Web 标准已超出本书的讲解范畴，但是以标准的 HTML 和 CSS 标记语言来设计数字产品和服务，就可确保尽可能多的用户可访问你的内容，对搜索引擎也更友好（见第 4 章），因为包裹在标准化设计中的内容更易于寻找。遵循标准的页面性能更好，能更快地将信息提供给用户。因为 Web 标准在制定时既考虑未来的发展变化，也考虑已有 Web 产品的向后兼容，所以它们更稳定和更可靠。这些就是提高可持续性的所有技术。牢记于心吧！

现在，让我们探索其他几种设计策略，它们能提高可访问性，因而采用这些设计策略得到的结果更可持续。

移动优先

移动优先是 2009 年 Luke Wroblewski 发明的一个术语，指的是移动设备的一种设计策略。[注14] 它包括三个部分：

- 移动设备激增，带来很多新机会。
- 移动设备要求设计团队关注什么是最重要的。
- 移动设备提供的新功能和新机遇，有利于创新。

这些变化要求你重点关注对用户最重要的内容。移动优先策略，要求设计师和内容生产者，优先考虑用户在移动设备而不是台式机上的需求，台式机通常屏幕更大，处理能力更强。该策略源自渐进增强基本原则（稍后会讲），渐进增强的思想是，产品在较小的设备上以较少的资源提供优秀的用户体验，在更强大的设备上，用户体验还可提升，而不是反过来。移动优先迫使产品负责人在增加任何其他锦上添花

注 14：Luke Wroblewski，“Mobile First”，LukeW Ideation + Design, November 3, 2009 (*http://www.lukew.com/ff/entry.asp?933*)。

的功能之前，优先考虑对于满足目标和用户需求来说最必不可少的内容和交互。该工作方法对那些看重内容而无视其效果的客户很有帮助。

用移动优先的策略，设计数字产品或服务，要想成功，内容模式和组件设计至关重要。鉴于设备如此之多，设计公司和客户需共同合作，就每种屏幕最核心的元素达成一致。而该决策为尺寸更大的屏幕的设计提供参考信息。如图 5-21 所示。

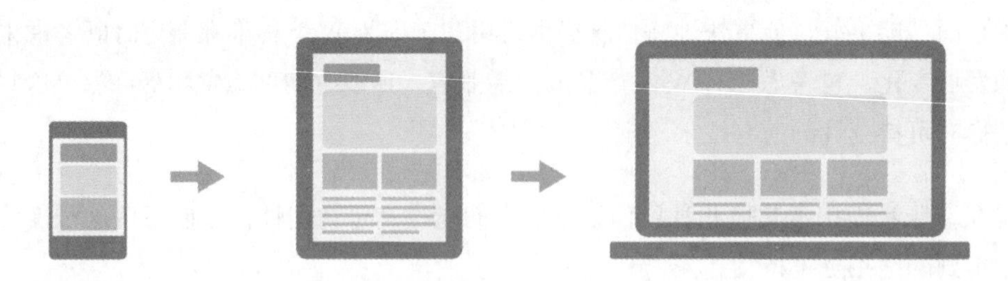

图 5-21
优先考虑移动端用户的需求，可扩展性更强

移动优先是一种更可持续的策略，在安排内容、事务和交互时优先想到移动设备，终端用户所需加载的数据就会更少，消耗的能源相应就少。类似，视觉设计决策优先考虑移动端，移动端页面加载更快，占用更少带宽，从而也会节省能源。

渐进增强

渐进增强是一种 Web 策略，它根据用户设备和软件的强大程度，采用不同级别的技术，让每一位用户可访问最基本的内容，使用最基础的功能，然后增加用户代理（比如浏览器）所支持的功能。换言之，对于用户代理最先进和功能最丰富的设备，使用了渐进增强技术的页面，所展示出来的功能就越多。

该技术关系到设计师和用户体验从业者的工作，渐进增强不是为优雅的降格而设计——首先为最先进的技术开发体验，用上尽可能多的锦上添花的功能，之后再考虑小型、陈旧和较慢的设备，渐进增强是对这一设计思路的反转，把重点放在最大化可访问性上。渐进增强的设计理念，优先考虑最小公分母是什么，找到之后为其开发最佳的体验，然后再在该体验的基础上，逐层增强。如图 5-22 所示。

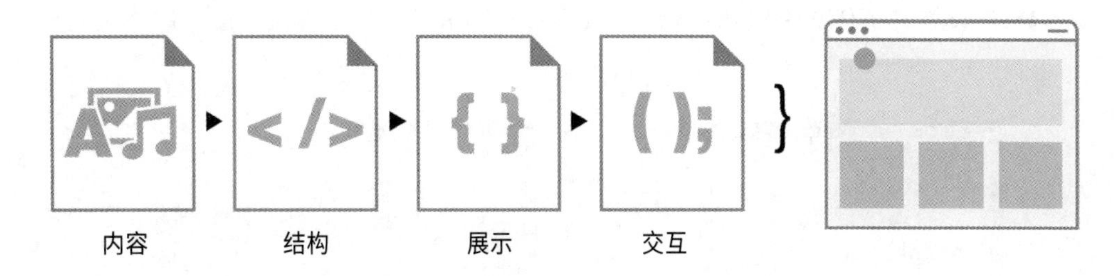

图 5-22
渐进增强确保使用低端设备的用户，仍能访问基础内容和功能

移动优先是渐进增强的一种自然而然的扩展。就像本节所讲的其他策略和方法，它对可访问性的重视，使它成为一种更可持续的策略。

响应式设计

2010 年，Ethan Marcotte 在 A List Apart 网站的一篇文章中提出了响应式 Web 设计（responsive web design）这个术语。[注 15] 响应式设计用流式布局响应屏幕的尺寸，并作相应调整，以适应不同屏幕分辨率。响应式设计一般使用 CSS3 的媒体查询，该技术赋予页面调整自己尺寸的能力，以符合输出设备屏幕尺寸，而不用改变内容。

批评者认为，响应式网站加载时间较长，因为响应式网站用的媒体查询，要缩放元素或调整元素大小，需请求网站的视口大小。因此，在移动设备上访问响应式页面，实际加载的资源与用台式机访问网站加载的相同，这既浪费资源，又占用带宽。但结合移动优先和渐进增强策略，响应式 Web 解决方案可为用户带来最佳的跨设备使用体验，以支持更多的用户访问网站，而消耗的资源却更少。

注 15：Ethan Marcotte, "Responsive Web Design", A List Apart, May 25, 2010(*http://alistapart.com/article/responsive-web-design*)。

类似（但有点差别），自适应设计（adaptive design）适配几种特定宽度的浏览器。换言之，浏览器的宽度为这几个特定的宽度时，网站才调整页面布局[注16]。

用网站分析工具找出用户最常用移动设备访问的网页。预算或时间有限的话（何时没有限制过），可优先调整这些页面。如图 5-23 所示。

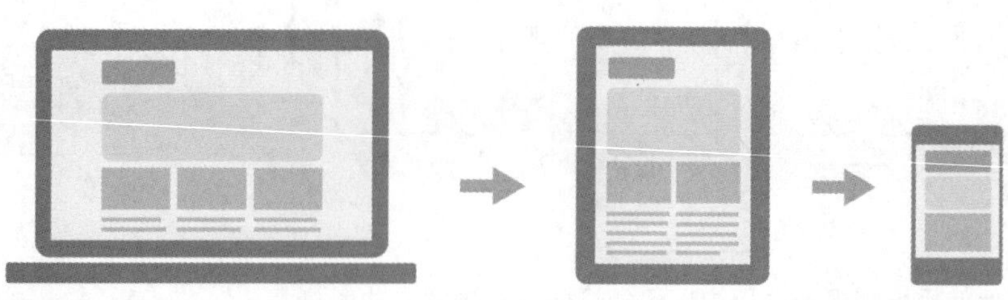

图 5-23
有时，响应式设计仅用 HTML 缩小了为台式机设计的图像，但图像在移动设备加载仍会有延迟

不管如何解决移动端用户的需求，采用响应式布局绝对很有必要。我们已过了临界点：更多内容是通过移动端而不是台式机访问的。更多的搜索也来自移动设备。因此，你可以安全地推断大部分用户使用移动端。加之 2015 年 4 月，Google 宣布的新搜索算法，对移动端友好的网站，在搜索结果中的排名，高于未适配移动端的网站。因此，若是对移动端不友好，你的网站在搜索结果中的排名实际上是受到了搜索引擎的惩罚。

可持续用户体验的潜在障碍

什么会阻碍我们设计更可持续的数字产品和服务？设计一个检验系统，制定详细步骤，逐步排查这些障碍，但是拦在我们和更可持续设计方案之间的更大障碍是什么呢？

注 16： Geoff Graham，“The Difference Between Responsive and Adaptive Design”，CSS-Tricks, November 11, 2015(*https://css-tricks.com/the-difference-between-responsive-and-adaptivedesign*)。

专有技术是我们的一大忧虑：

- 需要插件的 Flash 和其他专有技术，很多移动设备都不支持。
- Apple 的移动产品不支持 Java，Android 产品使用定制的虚拟机运行专门为 Android 开发的一个 Java 版本，这可能会挫伤很多用户。
- 任何其他需要插件的技术或不遵守 Web 标准的技术。

例如，Flash 作为视频回放的一种格式，很多网站仍在使用它，尽管标准视频播放器已出现多年。很多广告网络也使用 Flash，明显降低了新闻站点和其他流行的以广告驱动的内容网站的速度。此外，除了我刚刚所讲的占用大量带宽，消耗很多能源之外，大多数移动设备无法播放 Flash 内容，因此若想开发更可持续的用户体验，请舍弃 Flash。

小结

本章介绍了很多基础知识：

- 我们鼓励用户体验设计师考虑他们所设计的产品和服务的长期需求及整个生命周期，而不单单是短期的用户需求。
- 我们讨论了良好的可用性对可持续性的影响。
- 我们介绍了一些优化设计方案的实用技术，以产出更可持续的交付成果。
- 我们探讨了可访问性和 Web 标准是如何影响可持续设计方案的。

第 6 章我们将讨论如何用性能度量技术度量设计方案，以更快、更节能的方式交付产品和服务。

行动指南

请尝试以下事项：

- 凭直觉写下自己用户的典型人物角色的一些信息。然后，调研用户，看一看自己所写的与真实情况有多接近。
- 在便利贴上写下一些内容和显示模式。用它们做几个页面的线框图。
- 利用 WebAIM 的 Web 可访问性评估工具 WAVE，检验你的网站对残疾人的可访问性（*http://wave.webaim.org*）。
- 利用 Google 的 Mobile-Friendly（移动端友好测试），检验你的作品对移动端友好的程度。
- 利用 MobileTest.me 检验你的网站在特定设备上的效果（*http://mobiletest.me*）。

第 6 章

性能优化

你将从本章学到什么

本章，我们将介绍以下内容：

- 为什么说性能优化是实现 Web 可持续性的重要一环。
- 如何开发性能更好的数字产品和服务。
- 性能评估工作流小窍门。

性能很重要

数字产品和服务能在速度、可靠性和可持续性之间找到最佳平衡点吗？一次采访中，芝加哥的开发者 Eric Mikkelsen 就速度和可靠性两者之间的分歧给出了以下看法："速度和可靠性很有意思，因为有时它们彼此对立，"他说道，"开发网站，既要利用面向明天的技术，还要顾及昨天的话，这会增加代码库的体积。"那么，最完美的平衡点在哪呢？

几年之前，Amazon 发现页面加载时间只慢一秒，为在线零售商每年的销售额带来的潜在损失高达16亿美元。[注1] 类似，Google发现搜索结果仅延迟0.4秒，每天的搜索量就会减少800万次查询，从而丧失很多或更多广告投放机会，直接影响潜在的广告收入。

类似的例子还有很多，性能较差所带来的损失，不仅表现为客户营收的减少。例如，Netflix发现自从用了GZip之后，带宽成本下降了43%，而这是很常见的一种文件压缩工具。[注2] 这清楚地表明性能更优，公司利润会更高，用户也会更快乐。

实际工作中，追求性能最优，显然非常困难。据HTTP Archive，2016年5月，网页的平均体积增至2.4MB多。膨胀的轮播图、缓慢的分享控件和不停转动的视频背景，已成为网站的标配，即使越来越多的证据表明这些功能严重影响网页的性能。显然，实际工作中某个地方脱节了。这一切是怎么发生的呢？

James Christie在他写给A List Apart网站的“可持续Web设计”（Sustainable Web Design）这篇文章中讲道，“没有人有意要制作体积多达1.4MB的网页，但是客户经常要求加上吸睛的图像、高级社交功能和大量锦上添花的设计元素，添上这么多内容，网页体积就上来了。”（2013年年末，Christie写这篇文章时，网页的平均体积仅有1.4MB，可见其增长速度有多快）。

我们很容易把快速膨胀、性能较差的网站归咎于客户，毕竟，他们只是要求加上自己想要的功能，并往往愿意为之买单，但开发高性能的产品和服务是我们应该为之不懈奋斗的目标，当然也包括客户在内。教育我们的客户，指导他们作出更可持续的选择，尤其是关乎性能优化的，不应该成为一场艰苦卓绝的战斗。本章要讲的一些示例，很有说服力，可帮客户看清形势。如图6-1所示。

注1： Kit Eaton, “How One Second Could Cost Amazon $1.6 Billion In Sales”, Fast Company, March 15, 2012(*http://www.fastcompany.com/1825005/how-one-second-could-costamazon-16-billion-sales*)。

注2： Bill Scott, “Improving Netflix Performance”, O’Reilly Velocity Conference, June 23, 2008(*http://cdn.oreillystatic.com/en/assets/1/event/7/Improving%20Netflix%20Performance%20Presentation.pdf*)。

图 6-1
数字悍马：轮播图、分享控件、视频背景，这些组件导致网页膨胀，挫伤用户。其实，有更好的实现方式

平衡速度、可靠性和可维护性

第 5 章所讲的网站优化方法，重点是利用设计技巧、实验和 A/B 测试，帮数字产品和服务在业务上有更好的表现，而网站性能优化（Website Performance Optimization，WPO）只关注如何提高向用户提供数据的速度。实际上，它是速度和可靠性的结合，这两个指标完成了，网站可持续性最高：网站的数据若毫无用处，不管数据在你的果机上加载和渲染速度有多快，还是没有用处。加之，可持续性服务不会牺牲未来的需求，因此 Web 团队还必须考虑其方案日后的可维护性，前面 Mikkelsen 提到了这一点。如果更新网站，需动用很多人力，用过时或定制的内容管理系统（CMS）搭建的网站，或仍未用 CMS 的少数网站，就存在这种情况，既浪费时间、金钱，又挫伤了那些想从网站实时获取信息的用户。但可维护性会带来性能上的开销。因此，我们接下来更详细地讨论如何平衡速度、可靠性和可维护性三者之间的关系。

WPO 的定义

WPO 是一种“知识领域，它研究的如何提升网页在用户浏览器的下载和显示速度”，为了表达清楚 WPO 的概念，人们不惜给出这个有点过于直白的定义。[注 3]

WPO 长期以来仅仅是开发者在做，他们的重点是优化网站代码和榨干硬件的能力。然而，设计师和开发者合作为用户提供快捷、可靠和有用的解决方案，性能优化的效果最佳。技术风投领军人物 Fred Wilson 在他题为“成功 Web 应用的 10 大黄金原则”（10 Golden Principles of Successful Web Apps）演讲中提到“有实际证据表明速度比功能更重要。速度是必要条件[注 4]。”（他将速度放到 10 大原则之首）。

因此，照此逻辑，数字产品和服务的所有缔造者——设计师、开发者、产品负责人、内容策略师和产品经理等，都应将性能优化作为工作中的头等大事。

类似，根据性能审计师 Steve Souders，“终端用户的响应时间的 80% 到 90% 耗在前台。

注 3： Wikipedia，“Web Performance Optimization”(*https://en.wikipedia.org/wiki/Web_performance_optimization*)。

注 4： Fred Wilson，“The 10 Golden Principles of Successful Web Apps”，The Future of Web Apps, Miami 2010(*https://vimeo.com/10510576*)。

因此，请从前台开始优化。”注 5 他在 2004 年提出了 Web 性能优化这一术语。如图 6-2 所示。

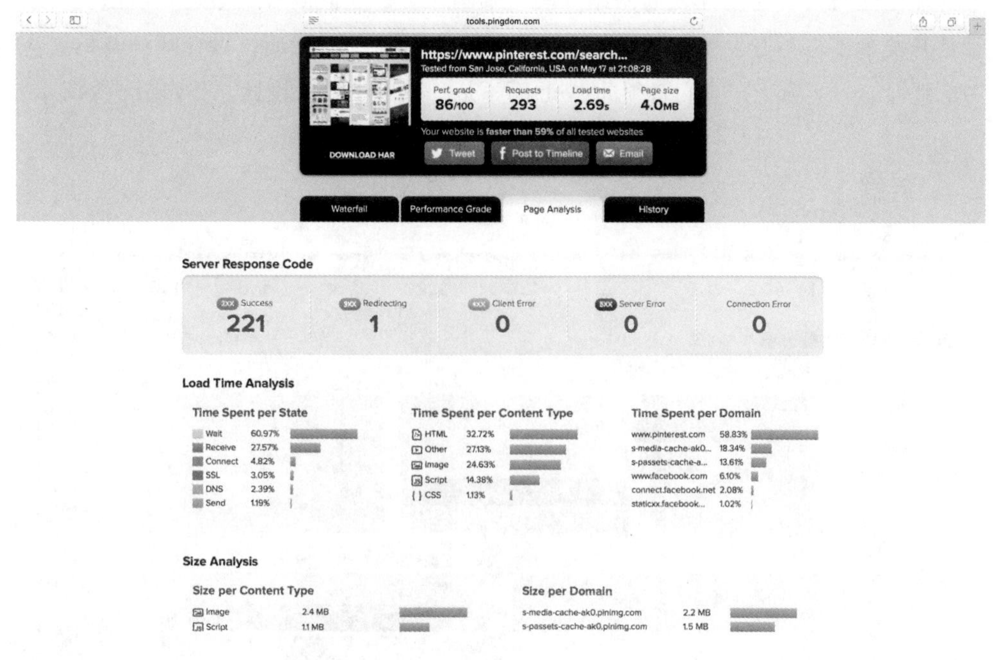

图 6-2

大部分影响性能的地方是在前端

2012 年，Souders 先生从常用网站选取了一部分，测试其性能，发现这些网站加载和执行前端组件所需资源（JavaScript、图像、CSS/HTML 及其他资源，再加上浏览器必须执行的渲染任务所需的资源）的时间，占整个页面加载时间的 76% ～ 92%。因为前端功能很大程度上取决于设计决策，所以说设计师在制定最优解决方案问题上，显然起着关键作用。然而，在实际工作中，我们却往往把性能优化的任务交给开发者而不是设计师去处理。

优化和合作

在工作流之中，设计师和开发者若各干各的，大家谁也不肯揽优化这活儿，那么它

注 5： Steve Souders, “The Performance Golden Rule”, SteveSouders.com, February 10, 2012(*http://www.stevesouders.com/blog/2012/02/10/the-performance-golden-rule*)。

很容易不了了之。“设计师选用大图设计页面，开发者就是下再大的力气去优化，也难以提高页面的效率，”身兼作者和教授身份于一身的 Pete Markiewicz 说道，“Web 设计师往往将其工作定性为为网站‘画一幅画像’，他们很难突破这一看法。其后果是开发者不得不开发臃肿的功能来支持设计师的想法。然而，设计师一开始就应考虑到性能。实际上，他们必须为 Web 而不是一张电子纸去设计。”如图 6-3 所示。

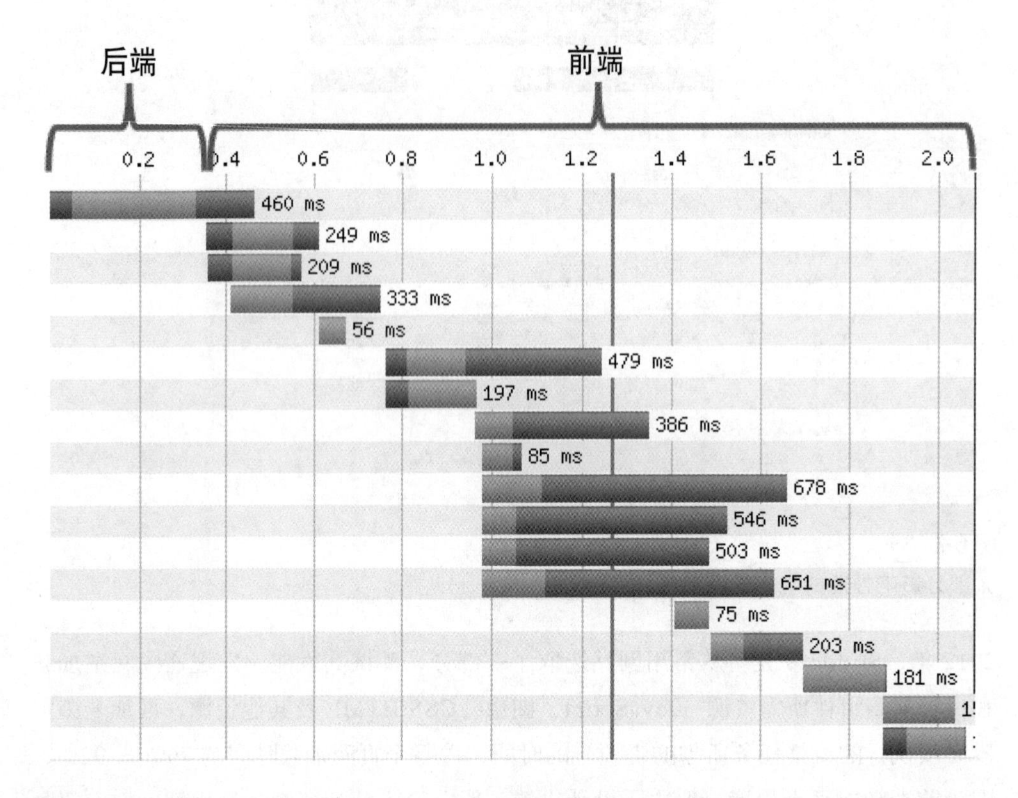

图 6-3

Web 可不是一张电子纸，设计师必须从一开始就考虑性能

谢天谢地，随着精益、敏捷团队和用户体验这些设计理念的普及，我们在项目的生命周期既可以保证性能，又可以兼顾用户的幸福度。但由于经常受限于客户的要求、项目范围和以截止日期驱动的决策，我们仍有必要考虑性能优化。合作和持续交流，以及提前定好明确的性能目标，并在项目产品周期坚守目标，是推出和维护更可持续的优化方案的关键。

但你仍需回答一个问题：你正在开发的是一个速度很快的、轻量级网站，还是接下来若干年都能正常运行的一个可维护的网站。要得到该问题最可持续的答案，不免要作一番取舍。

性能和可维护性

最快的产品当属那些代码最精简、加载资源最少的。用户有需要时，它能立即将其所需信息呈现给他们，甚至用户使用速度较慢、较陈旧的设备或所在地区带宽有限，它也能立即满足用户需求。它知道何时只提供主干内容，何时用户代理支持一种更健壮的用户体验。

但是要开发最快的产品，也许意味着，不要用特定的库或框架，放弃某个内容管理系统（CMS）或客户关系管理系统（CRM）。客户或管理者也许想要很多东西（那些熟悉的界面设计（UI）模式，掩盖了它们背后所需的代码），可能妨碍性能优化。反之，开发者也许只关注代码优化，而 UI/UX 问题却置之不理。最后，在不借助开发团队的帮助下，无法更新的 Web 应用（即使人员到位，开发起来可能非常快），对未来不大友好，这样的 Web 应用不太具有可持续性。

开发者 Eric Mikkelsen 对这个主题的看法是（见图 6-4）：

图 6-4

开发者用库和框架就好比用卡车

开发者用库和框架，就好比用卡车。卡车是很有帮助的工具，能大大简化工作，但它们消耗大量汽油。如果一个人的工作是及时把事情搞定，那么他不会真的放弃很有帮助的工具。因此，我们需改变工作对性能的影响微乎其微这一看法。做预算时，记得把团队改进产品或服务性能的相关预算做进去，告诉每个人多花时间没问题，但一定要开发出速度快、轻量级的产品或服务，我们要优先考虑性能。

项目团队和产品负责人在合作制定决策时作出这些折衷，以帮团队达成共识。虽然具体怎么做因项目而异，但我们可围绕如下目标展开讨论：在项目规格要求的范围之内，开发更可持续的解决方案，实现产品或服务在性能和可维护性之间的平衡。

库和框架

谁控制系统？选用什么库和框架，往往受该问题所驱动。或者，如知名博主和开发者 Tomas Petricek 所讲“框架定义了所要填充的结构，而‘一个’库具有某种结构，可在此基础上继续开发。”[注6]空房子或一个个独立房间的集合，哪一种更有用取决于你。并且，框架和库两者的结构不同，数字产品或服务用多个库很容易，但难以用多个框架。

这关系到性能优化和可持续性，因为两种方法都有成本，它们可能会降低应用的速度，但都会加快开发过程。下面，我们来看看它们是如何做到的。

框架

从现有框架入手开发应用，可节约时间。Web 框架提供了常用脚本和资源的快捷使用方法，免除了很多常见的编程任务。因此，每次开始新项目，开发者无需再从头实现常用功能。如图 6-5 所示。

注 6： Tomas Petricek, “Library patterns: Why Frameworks Are Evil” , Tomas Petricek’s Blog, March 3, 2015 (*http://tomasp.net/blog/2015/library-frameworks*)。

图 6-5
一些常用框架

你若使用框架，要将自己写的代码放到它里面。你将自己的代码插入到框架的各个位置。应用运行时，框架需要的话，可调用你的代码。框架非常有用，可节约时间，但若你仅用到框架的一部分功能，那会怎样呢？太糟糕了。

虽然使用框架一开始能节约大量时间，但由于框架自身的瓶颈，应用的性能也可能会受到影响。

库

你若使用库，要从自己的应用内调用外部脚本。这些库也许放在自己的服务器上，它们更可能放在负责托管共享资源的服务器上。例如，Google 托管了十多种不同的常用 JavaScript 库。开发团队可调用这些库实现应用的常见功能。如图 6-6 所示。

图 6-6
一些常用的库

类似框架，这些库也是一些很有帮助、能节省时间的工具，但每次调用一个不同的库，会增加 HTTP 请求，进而影响性能。然而，若用 Google 的 Hosted Libraries 这类常用资源，如果你自己的网站启用了缓存机制，终端用户很可能已将网站的脚本加载到他们自己的浏览器，从而减少 HTTP 请求开销。

速度只是其中一个度量指标

应用的速度，可用 Pingdom Tools 和 Google 的 PageSpeed Insights 等工具度量。但这些工具的度量结果并不全面。开发者 Dave Rupert 在其博文"框架的代价"（The Cost of Frameworks）提出了如下问题：[注 7]

> 仅能从页面速度上加以度量的，我们对其度量，但我们无法洞见采用框架的原因或它节省了这家机构的多少成本？网站开发团队有多少人组成？一个人？十个人？过去，这家机构的哪些问题促使他们采用了这个框架？从机构内部长期的成本 - 效益分析来看，使用框架是否利大于弊？客户满意度（CSAT）的提升是由于增加了时髦的动画和用几分钟开发出来的自动补全功能吗？代码交付速度快吗？产品是一个人用一个周末完成的吗？框架实现的抽象方法，允许开发

注 7： Dave Rupert, "The Cost of Frameworks", DaveRupert.com, November 17, 2015 (*http://daverupert.com/2015/11/framework-cost*)。

者开发很有意思的功能，提升他们对工作的满意度，减少机构内部矛盾，从而减少用户购买终端产品的成本？我们无从而知。

鉴于存在以上问题，考虑到库或框架的潜在成本，项目启动时不要用它们，但是规划和扩展应用时，可仔细考虑它们的优缺点，这样做也许比较明智。本书前面曾讨论过的网页体积预算，可作为评估框架或库好坏的依据。此外，深入分析度量工具同样有帮助。还有，如本章前面所讲（上文引用的这段话为其提供了证据），合作和交流是评估哪种方法最适合项目的关键。

CMS 优化

Web 内容的开发和管理，相关任务往往很复杂，CMS 为其提供了令人难以置信的便利。但若 CMS 优化不合理，用其开发网站的代价也很大。其可扩展架构为用户带来了很高的灵活性，却常常是以性能和可靠性为代价。我们接下来将以 WordPress 和 Drupal 为例介绍 CMS 优化，在使用 CMS 搭建的前 100 万个大网站之中，它们分别占据了 52% 和 3% 的份额。[注 8]

这些系统提供成千上万的插件（WordPress）或模块（Drupal），处理从安全到搜索引擎优化，从商业到联系表单等一切内容。你能想到的大多数 Web 功能，很可能已封装为只需几次点击就可以完成安装的模块或插件。这些工具极具魅力的部分原因是它们的简单易用。可以说，它们非常有诱惑力。

但是这些插件和模块潜藏着一些陷阱：

- 通常每个插件自带多个 CSS 和 JavaScript 文件。这些文件也许是冗余的，会增加开销，影响性能。
- 更新 CMS 或其他模块、插件，可能破坏整个网站或致使其下线。如图 6-7 所示。

注 8： BuiltWith，“CMS Usage Statistics”(*https://trends.builtwith.com/cms*)。

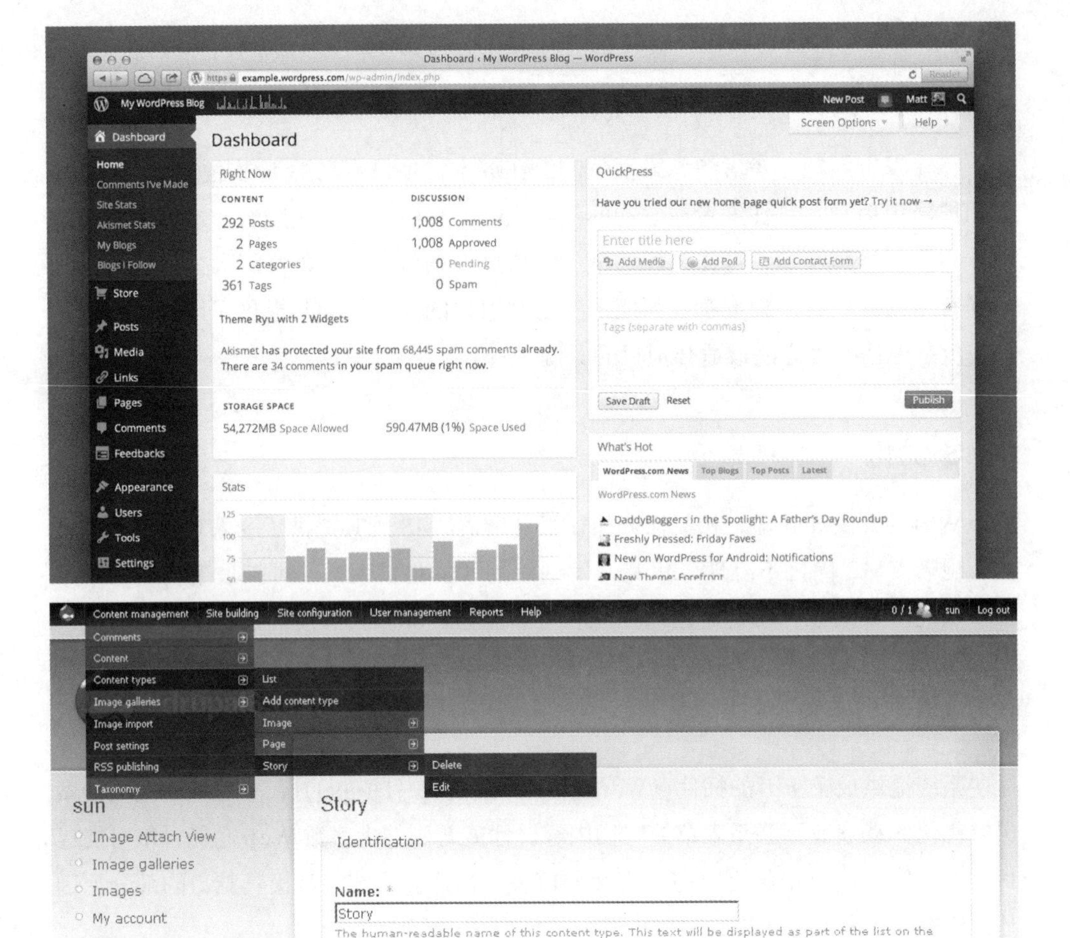

图 6-7
优化 CMS，提升性能，充分利用其功能

虽然普通用户也许注意不到网站前端某个模块之中几处加载外部脚本的现象，但加载的多了就会影响到性能。若安装多种插件，网站的性能缺陷就变得很明显。

前面提到的升级操作，若不留神，危害更大。为软件安全着想，保持软件的更新很重要。因为这些系统的设计初衷是简单易用，所以系统的更新操作理应很简单才对。我们就拿 WordPress 来讲，它只要有可安装的更新，就会在控制面板显示一条提示信息。WordPress 更新简单，这可是出了名的，只需几次单击就行。因为登录之后，提示信息位于控制面板的左上方，所以你登进去之后首先看到的就是这条信息，你单击更新按钮的冲动是很强烈的。不知情的内容生产者，往往意识不到这些升级操作可能快速导致网站下线。模块和插件更新，其速度通常慢于 CMS，因此要确保之前用的工具更新之后仍相互兼容。否则，看似简单的升级过程，可能会将你带到网站下线的快车道上。

如何优化这两个流行的内容管理系统？下面介绍开发者常用的一些方法。值得一提的是，后面几节要讲的标准 Web 性能优化方法对 WordPress 和 Drupal 站点也适用，只不过下面这些方法是专门针对 WordPress 或 Drupal 的。

WordPress

本节，我们只讲 WordPress 两个关键领域如何优化：插件和主题。此外，我们还会稍稍讨论一下评论是如何降低网站性能的。

我们不打算面面俱到；所讲方法只能代表一些最常用的 WordPress 优化技术。毫不夸张地讲，网站的优化技术数以百计。就是名副其实的设计师和开发者也会按照指南，优化面向用户的前端组件，如第 5 章所列出的指南以及本章后面 CMS 不可知论者和通用 Web 性能优化技术这两大方法。

WordPress 插件

先把当前没有用到的插件禁掉。激活的插件，是要加载资源的（发起 HTTP 请求），从而增加了加载网页的开销。若一个插件，系统未使用它，就先把它禁用。

每个插件的实例都会增加开销，请牢记于心。下面这些插件能提升 WordPress 的性能：

性能分析工具

　　若网站很慢，可使用 P3 Plugin Performance Profiler 性能分析工具找出哪些插件加载时间最长，各插件使用了多少数据。还可参考它提供的其他很有帮助的指标。所以，网站慢的话，请从这里着手优化。

安全

上文刚讲过，保证网站安全，远离恶意攻击很重要。Wordfence、Sucuri Security 和 All in One WordPress Security and Firewall 等插件可帮你提高网站的安全系数。

组合脚本

MinQueue 将所有 CSS 和 JavaScript 代码整合为一个文件，提高加载速度。

缓存

像 W3 Total Cache 这样优秀的缓存插件，能跳过用户浏览器缓存的元素，提高网页加载速度。

优化数据库

WP-Optimize、Yoast Optimize DB 或 WP DB Manager 等插件通过优化网站的元素，减少网站数据库的开销。

惰性加载图像

“惰性加载”图像是指用户滚动页面，图像进入浏览器的视口时再加载图像。该技术能加快网页最初的加载速度。Mightybytes 的开发者 Davo Hynds 开发了 WordPress 插件 Lazy Load XT，在网站的可配置性和开销较小之间取得了很好的平衡。[注9] 其他惰性加载插件有 Lazy Load 和 BJ Lazy Load。

压缩图像

你当然可以用自己最喜欢的图像编辑器压缩你的照片。WPSmushit 等插件额外增加了一层压缩机制。该类插件扫描你上传到 WordPress 的所有图像，删除隐藏和体积大的信息，在不损失图像质量的前提下减小文件体积。

修订控制

WordPress 将保留你发表的博文的每一个版本，生成了大量无用的信息，这些信

注 9： *http://www.mightybytes.com/blog/lazy-load-xt-wordpress*。

息被存储到了数据库，遗留在服务器上。Revision Control 插件可帮你设定要保存的版本数。其关键是在不丢失作品（比如最初的版本）和不搅乱数据库之间取得平衡。

可寻找的内容

Yoast SEO 可帮你制作符合 SEO 标准的网页，从而使你的内容可被快速找到。

生成移动端网页

PageFrog 为 Google AMP 和 Facebook Instant Page 功能开发的插件，可自动生成网页的简化版，加载时间比原始网页快 10 倍。

以上仅列举了一些有助于优化 WordPress 网站性能的插件。请记住，更多插件等于更多潜在的开销，因此请理性选用。

你的 WordPress 主题

渐进增强概念（第 5 章讲过）在这里也适用。性能优化过的、更可持续的 WordPress 主题应接受这一概念，也就是向仅支持少数功能的浏览器展示基础内容，然后再在此基础上叠加用户代理所支持的额外功能。优质的主题，比如 Thesis Theme Framework 或 Lucid 功能丰富且支持响应式布局，且不会降低网站的速度。除此之外，当然还有很多其他优质主题。

一个好的主题使用合法的 HTML，在多种设备和浏览器上都能快速加载。不幸的是，一些主题可能包含垃圾或缺陷。你可以用 WordPress Authenticity Checker 或 Exploit Scanner 等插件检查主题的合法性。你还可以用 W3C 的 Markup Validation Service 检查基础代码是否兼容标准。[注 10]

接下来，检查主题所用的资源：

注 10： *https://validator.w3.org*。

查询的数量

你能将静态元素以硬编码的方式插入主题吗？这将减少 HTTP 请求。静态菜单、网站标题等可这样处理。

图像

主题含有不必要的图像吗？所用图像以合理的方式压缩过吗？它们的格式是否合适（JPG、GIF、PNG 等）？

文件数

你能减少展示页面所需的文件数吗？优化和压缩 CSS、JavaScript 等文件，将其整合为一个文件（随着 HTTP/2 协议的广泛采用，该方法可能需要相应调整）。如图 6-8 所示。

图 6-8

WordPress 主题有成千上万个。若非要创建一个自定义的主题，一定要选择功能丰富、轻量级的主题

Pete Markiewicz 还讲道："我认为 WordPress 的 JavaScript API 将大大简化网页设

计，从而改变现有的主题设计方式。如果可能的话，设计师也许会考虑使用支持JavaScript API 的主题，而不是较为陈旧的 PHP 驱动的主题。”

当然，每个网站都有不同的需求，因此适合一个 WordPress 站点的主题，也许不适合其他的。带着对以上问题的思考，开发和编辑你的 WordPress 主题，将有助于减少网页的开销，提高加载速度。

评论、自动引用通知和引用通知

禁用 WordPress 的自动引用通知（pingback）和引用通知（trackback），减少跟踪用户提到你博文的工作量。人们仍可链接到你的网站，但是这些链接不会添加到你的 WordPress 站点的数据库。鉴于博文引用添加到数据库，会产生很多垃圾数据，采用自动引用通知机制有助于提升网站的性能。自动生成的垃圾评论开始吞噬网站的 MySQL 数据库。如 SEOChat 的员工所说的，“若持续忽略这个问题，你在哪一天也许发现你的网站宕掉了或无法发表博文，因为 MySQL 所在的硬盘空间超出定额了。”[注11] 如图 6-9 所示。

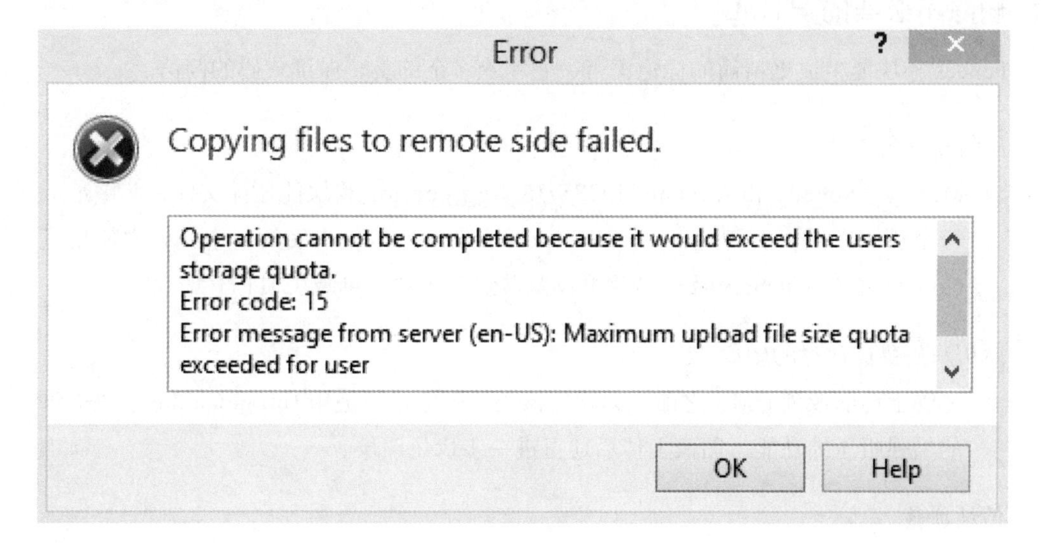

图 6-9
垃圾将数据库当早餐吃掉了

注 11： Seochat, “Prevent Comment Spam from Damaging Your WordPress Website” (*https://www.seochat.com/c/a/search-engine-optimization-help/prevent-comment-spam-fromdamaging-your-wordpress-website*)。

若网站业务不是非常倚重用户评论，可考虑彻底禁用评论功能。监控、控制、与评论（和发垃圾评论的用户）交互过程属于资源密集型。本章稍后会更详细地讨论评论功能。

Drupal

用 Drupal 搭建的网站有一百多万个（写作本书时），也就是说因特网上 3% 的网站是 Drupal 站点。[注12] 后续几节介绍的技术，类似于 WordPress 一节，并非要面面俱到，而是为了切入 Drupal 站点优化。

Drupal 模块

请记住没必要用和没用到的 Drupal 模块，也会增加页面加载时的开销，这一点类似 WordPress 插件。你考虑采用模块级策略时，确保你选的每一个模块都用得上。删除或禁掉未使用的模块。

删除不必要的 HTML

Fences 模块能生成更精简的标记语言，它删除多余的类，保证代码的简洁。

压缩和聚集文件

Minify、Speedy 和 Advanced CSS/JS Aggregation 模块能压缩文件，其中最后一个模块在网页页脚运行 JavaScript（清除网页渲染引发的阻塞），它使用了 Google 共享的 jQuery 库，若用户浏览器缓存了它，可减少 HTTP 请求。

向用户提供优化过的图像

尽管上传图像到 CMS 之前，你就应该压缩图像，但是用 ImageCache 模块提供的增强版压缩功能，图像上传后还可进一步优化图像。

惰性加载

等用户需要时再加载图像，可大大减少初次访问页面时所需下载的数据量。Lazy Loader 模块在图像进入浏览器的窗口时才加载图像。

注 12： Mike Gifford，"Tips for a Sustainable Drupal 7 & 8 Website"，OpenConcept Consulting, October 23, 2015 (*http://openconcept.ca/blog/mike/tips-sustainable-drupal-7-8-website*)。

内容可寻找

SEO Checklist 等模块可帮你生成符合 SEO 标准的网页，帮用户更快地找到内容。

更快的数据库

网站的数据库膨胀，会降低性能。DB Maintenance 模块，可帮你优化数据库文件，提升内容的交付速度。

启用缓存

Drupal 还可用 Memcached 或 Varnish 等模块缓存文件，避免让浏览器重复向服务器请求缓存过的文件。

共享资源

用共享的库或将静态内容放到内容分发网络（CDN），这样网站就可从邻近的服务器获取数据，或使用缓存的文件，从而减少用户获取内容的时间。CDN 和（或）Boost 模块可帮你实现上述功能。

站内搜索

通过 Drupal 的核心搜索功能或 Apache Solr 模块，为网站增加搜索功能，帮用户快速找到所需内容，节约时间和资源。

Drupal 主题

类似，Drupal 主题可从以下两方面优化：

聪明的开始

以 Zen 或 Adaptive Theme 这样基础牢靠的主题为蓝本比较好。这些主题遵循现代 Web 标准：它们是响应式，兼顾可访问性。它们所使用的 HTML5 和 CSS3，增加了新语义特性。

删除注册机制

Drupal 的主题注册机制，保存了被缓存的主题数据，这对于增加主题钩子或新模块会很有帮助，但是进入生产环节的网站，就没必要继续使用它了。禁用生产站点的主题注册机制，有助于提升性能。

性能规则

> Google 和 Yahoo 等很多公司发布了大量无所不包的指南，指导网站优化。Google 的 PageSpeed Insights 工具，根据网站速度为网站评级，它发布了一组评级规则。Yahoo 的 Exceptional Performance 团队也制定了类似的规则。下面介绍一些常用的性能提升技巧。

Yahoo 将以下规则作为“网站加速最佳实践”（Best Practices for Speeding Up Your Web Site）的一部分：[注 13]

- 减少脚本、图像、样式表等浏览器渲染网页所用对象的数量，将 HTTP 请求降到最少。常用技术有 CSS 雪碧、图像地图、内联图像、整合脚本等。
- 利用 CDN 将内容分发到多台服务器，以便用户就近请求内容，提升网页加载速度。创业公司或非营利机构，手头资源有限，购买 CDN 服务对其而言成本过高，但 CDN 分发服务确实能极大改善性能。Yahoo 报告称使用 CDN，终端用户响应时间能缩短 20%。
- 在 HTTP 的头部增加 Expires 或 Cache-Control 头，缓存常用脚本、图像或其他组件，可提高网页的加载速度，因为用户在网站多个页面之间跳转时，常用的页面元素已预先加载好了。
- 用 Gzip 压缩组件压缩文件，文件的体积大约能减少 70%。HTML、样式表和脚本，均可从这种服务器端的压缩技术受益。文件体积缩小，加载速度会更快，从而提升用户体验。
- 将样式表放到网页文档的头部，逐步渲染网页，可给用户以加载更快的感觉。
- 将脚本放到网页文档的尾部，因为脚本会阻塞其他页面元素的并行下载，将其放到尾部，以便其他页面元素先行加载，从而加快网页加载速度。
- 避免使用 CSS 表达式，网页渲染、调整尺寸、滚动或用户移动鼠标时，浏览器要对它求值，显著影响网页性能。

注 13：*https://developer.yahoo.com/performance/rules.html*。

- JavaScript 和 CSS 以外部文件的形式引用，以便用户的浏览器缓存它们。该方法在网页初次加载时会增加 HTTP 请求，但浏览器缓存这些外部文件之后，就无需再次下载它们，从而减少加载后续页面的 HTTP 请求。反之，内联 JavaScript 和 CSS，每次加载页面都要重新下载，不仅增加了 HTTP 请求，而且 HTML 文档的体积也会随之增加。

- 减少网页中不同的主机名数量，可减少 DNS 查询次数。主机名可能出现在 URL、图像、脚本文件、样式表、嵌入式对象等位置。不论什么位置，每处 DNS 查询，页面加载时间会增加 20 至 120 毫秒。

- 压缩 JavaScript 和 CSS，减少代码中不必要的字符、评论和空格，可减少加载时间。JSMin 和 YUI Compressor 等工具可助你一臂之力。

- 尽可能避免重定向，因为它会增加用户等待时间。不复存在的页面，若必须要将其重定向到新页面，请使用 301 永久重定向，以规避任何潜在的 SEO 惩罚。网址末尾不加斜杠（/），会强迫服务器自动重定向，除非将其配置成不要重定向。

- 删除所有页面中的重复脚本。为什么相同脚本要加载两次乃至更多？这不仅没必要，还会增加网页的 HTTP 请求。

- 配置实体标签（Entity Tag，ETag），验证缓存脚本的有效性，将缓存的脚本与服务器所请求的脚本相匹配。多个网站部署在同一台服务器上，用 Etag 没问题，但一个网站若部署在多台服务器上，各服务器专有的嵌入式数据无法相互转换，从而削弱了 ETag 的作用。

- Web 应用若需长时间等待异步 JavaScript 和 XML 响应，用前面讲过的 Expires 或 Cache Control 方法缓存 Ajax 返回的数据，可提升应用的速度。

- 用 PHP 的 flush () 函数刷新缓冲区，HTML 文档部分加载完毕，就可开始获取数据，而不用等到后端服务器拼接出整个页面再去请求数据。

- 若要用 XMLHttpRequest，请用 GET 而不要用 POST 发起 Ajax 请求，因为 POST 在浏览器中完成需要两步，而 GET 只需一步（除非你有大量 cookie，超出浏览器或服务器对 GET 请求中 URL 的长度限制）。

- 初次渲染页面，不是绝对需要的组件，要延后加载。比如需滚动才能查看的内容、JavaScript 动画或拖放行为、隐藏的内容，等等。
- 利用浏览器空闲的好时机，预先加载稍后要用到的组件（图像、样式和脚本等），提升后续页面的加载速度。
- 减少网页中文档对象模型（Document Object Model，DOM）的数量，提升 JavaScript 之类的脚本语言访问 DOM 的速度。更复杂的网页，会降低 DOM 的访问速度。
- 将组件分到多个域名下面，最大化并行下载的机会。域名控制在二到四个，数量再多，虽并行下载的机会多了，但 DNS 查询时间也随之增加，得不偿失。
- 网页文档中尽可能少用 iframe，以减少下载开销。iframe 适合展示图标和广告这类第三方内容，但即使空白 iframe 也会增加网页的体积。
- 避免 404 错误。它增加 HTTP 请求，却未给用户带来任何有价值的信息。
- 减少 cookie 的长度，去除不必要的 cookie，将其对用户响应时间的影响降至最小。
- 请求图像这类静态组件不需要发送 cookie，可使用零 cookie（cookie-free）的域名。例如，静态组件可由零 cookie 的域名提供，将不必要的网络流量降至最低。
- 将 JavaScript 访问 DOM 的次数降至最低，因为它们会降低网页的响应速度。缓存对被访问元素的索引，“离线”更新节点后，再将其插入到 DOM 树。不要用 JavaScript 解决布局问题。
- 开发能够委托事件的聪明的事件处理器，管理处理器执行的频率和时机。执行过于频繁的处理器，会降低网页的响应速度。
- 优化图像，保证图像质量最优，而体积尽可能小（详见第 5 章）。
- 优化 CSS 雪碧，减少文件体积，保证图像质量（详见第 5 章）。
- 切勿在 HTML 中用代码放大图像，而是需要多大的图，就应该事先准备好。
- favicon.ico 体积要小，且可缓存，因为不管你愿不愿意，浏览器总是要请求它（并返回一个 cookie）。最好将其控制在 1KB 以内，将 Expires 头设置得长一些，以长期缓存该图标。

- 组件体积控制在 25KB 以内，因为 iPhone 不会缓存更大的文件。请注意，这里说的是压缩前的体积。
- 将组件打包成一个由多部分（multipart）组成的文档，减少 HTTP 请求。
- 避免在 HTML 和 JavaScript 中使用空 <image src> 标签，因其虽则为空，但仍要向服务器发起请求。

除了上述建议，Google 的 PageSpeed Insights 也给出了一些建议：[注14]

速度：

- 提升服务器响应时间，将其控制在 200 毫秒以内，避免性能瓶颈。服务器响应慢的起因五花八门，其中包括应用的逻辑慢、数据库查询慢、CPU 资源或内存饥饿，等等。可用多种自动化 Web 应用监控方案跟踪性能，排查问题。
- 如 CSS 代码较少，可使用内联样式。这样做，浏览器可单独渲染内联样式，而不用等到整个样式表加载完。不过要注意别重复添加样式。
- 调整 HTML 和 CSS 的结构，优先加载所有可见内容的第一屏内容（above the fold，ATF），并减少其体积。

可用性：

- 避免使用可能会引起浏览器崩溃、卡顿或安全问题的插件。虽然这些插件帮浏览器处理特定类型的内容，但大多数插件移动设备并不支持。
- 配置一个视口，控制网页在不同设备上的渲染方式，为用户提供最佳的浏览效果。
- 配置完成后，根据视口调整内容的大小。

注 14：*https://developers.google.com/speed/docs/insights/rules?hl=en*。

- 合理调整热点区域的大小，使其适合网站所支持的各种设备。如果按钮或表单域紧挨在一起，触屏设备用户难以精确点击。
- 字号应清晰易辨，且适合在视口中定义的设备。

上述列表给出了一些提升网站速度的常用建议，它并非要面面俱到，后续几节还会介绍其他几个 Web 团队使用的多种 Web 项目优化方法，而且速度也不是性能的唯一指标。

速度、可靠性和版本控制

性能提升常常遇到的一大难题是，既要向用户提供最佳体验，又要支持尽可能多的设备和平台。用可持续性术语来讲，这又回到了满足当前需求，且不牺牲未来需求这个概念上，只不过顺序颠倒过来。在优化问题上，我们既要支持过去的设备，还要向那些使用最新浏览器的用户提供最佳体验，提供更快、更高效的体验。我们用渐进增强之类的技术来提升体验。

渐进增强方法，为用户提供跨设备和平台的更可靠的体验，但可能会牺牲速度。Mightybytes 的 Eric Mikkelsen 和开发团队的其他同仁用以下方法解决这一难题。

Autoprefixer 插件

使用该插件，为新浏览器编写的 CSS，也能支持老版本的浏览器。Vendor 前缀使得浏览器可支持更偏实验性质的 CSS 声明。你可以用这类声明创建更高效，对用户更好的 CSS 布局。这对使用最新和最强大的浏览器的用户是个大利好。但对老版本浏览器用户或所用浏览器对你写的 CSS 声明有不同解释的用户，就没那么值得高兴的了。如图 6-10 所示。

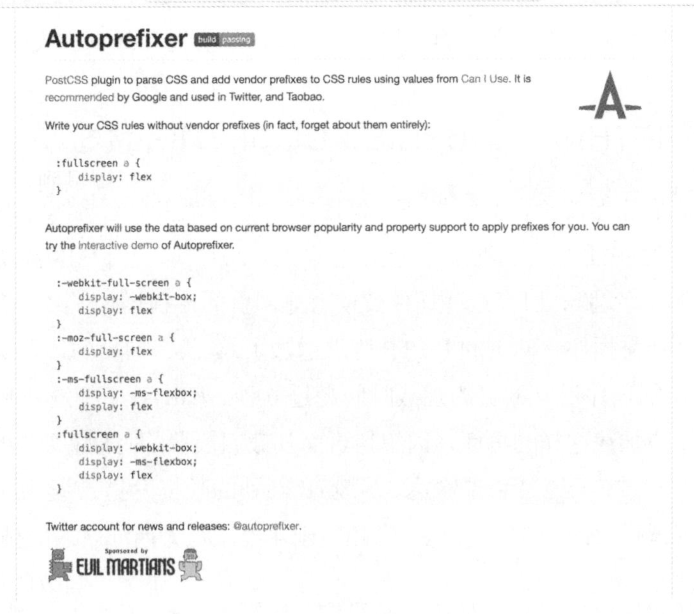

图 6-10

Autoprefixer 插件既支持较新 CSS 样式，又兼容老版本浏览器

开发者用Autoprefixer可设定向后支持多少个版本。Autoprefixer利用“Can I use”(我能用吗)数据库存储的信息,根据用户浏览器的配置文件,控制CSS声明的执行与否。它能轻松删除为支持老版本浏览器而编写的代码，并为不同的浏览器和设备提供良好的用户体验。

类似，网页中若添加了背景渐变或圆角这类功能，你可以借助 Autoprefixer，在新浏览器支持这些功能，而在老版本浏览器则不支持这些花哨的功能。例如，一个装有文本的盒子，即使不用圆角，也不影响阅读。但当你实现了更复杂的功能，比如 Flexbox 或网格布局，你需要比 Autoprefixer 更复杂的回退机制（fallback）。前端开发者在 CSS 中使用变量和 mixin 模式，随着浏览器对这些样式支持得越来越好，开发者可删除这些回退机制，从而不用大动干戈，就能提升网页加载速度。

放弃 SHARETHIS、ADDTHIS、DUMPTHIS 按钮

社交媒体分享插件无处不在，每打开一篇博文，它们就哀求你将博文内容分享到你的社交媒体。这些插件明显增加了网页的体积。2013 年，用户体验设计师 James Christie 做了一次实验，研究这些插件致使普通网页的体积增加了多少。[注 15] 他发现网页添加四个社交插件，网页的 HTTP 请求增加了 64 次，网页的体积从 80KB 暴增至 480KB。添加插件后，网页的加载时间超过 6 秒。Christie 经进一步计算发现，如果一百万用户加载这样的页面，因等待页面加载而浪费的时间总计为 1727 小时或 71 天。此外，这 71 天还带来了高达 379.8GB 额外的数据发送，据他的计算，因之产生的温室气体排放约为 7.41 美吨，约相当于 4 架次跨大西洋航班的排放量。

营销部门仍想让用户分享网站内容，他们不信任人们复制、粘贴网址到 Facebook 或 Twitter 等社交媒体的能力。那你该怎么办？一些网站干脆将其感兴趣的社交网络地址以超文本链接形式添加到内容页。与其在加载网页时发起不必要、额外的 HTTP 请求，还不如自动从每个社交网络请求控件代码和图像，将是否分享的选择权交给用户。该方法的好处是，网页体积变小，只有用户选择分享到社交网络时，才加载待分享的数据。

或者，你也可以选择相信用户是知道如何复制和粘贴网址的。如图 6-11 所示。

注 15： JC UX，“Social Sharing Buttons: Page Weight Experiment”（*http://jcux.co.uk/oldsite/posts/buttons.html*）。

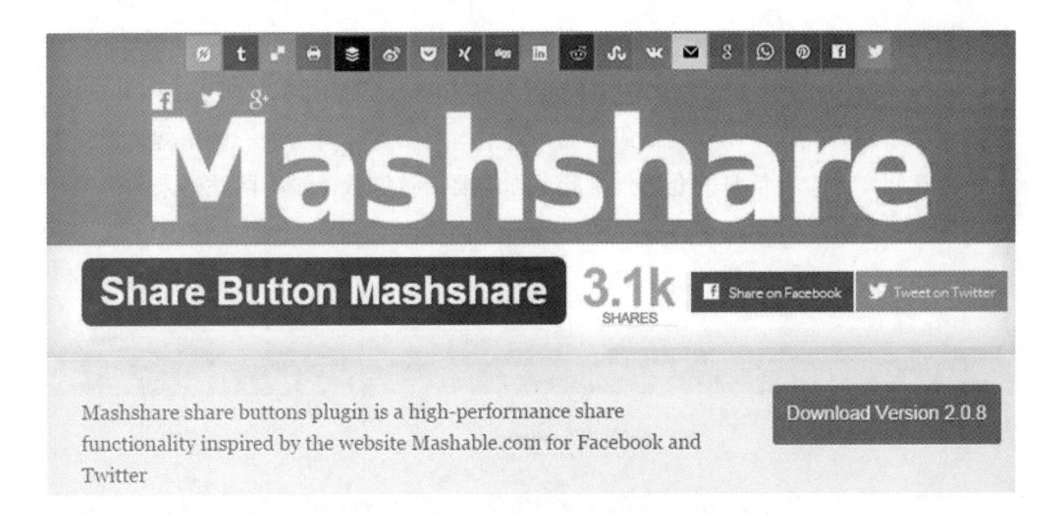

图 6-11
社交媒体分享插件显著增加页面体积（更不必说它还会增加大量额外 HTTP 请求）

评论和页面爆炸

博客评论功能也会引发性能问题。Disqus 或 Livefyre 这类第三方评论系统，问题尤其大。我们就 Mightybytes 博客所做的测试表明，每个使用评论系统的网页增加了 14 个 HTTP 请求、34 个 MySQL 查询；网页体积增大了 0.4MB。网页加载时间增加了大约半秒钟。倘若一百万用户从我们网站下载带评论功能的网页，总共约浪费 69.5 个小时，多产生 400GB 不必要的数据。排放的温室气体，比前面 James Christie 的计算结果（4 架次跨大西洋航班的排放量），还要多一点。

虽说如此，但评论自有其用途。我在这里不是鼓吹为了挽救地球，每个博客都应把评论功能拿掉。评论给予用户的是，一种以内容为中心开展对话，分享思想（和链接）和建立联系的方式。对一些网站或产品，这绝对有必要；对另外一些博客，评论板块不经意间变为垃圾信息的仓库。因此，你需要掂量掂量评论为网站带来的价值和开销孰轻孰重。如图 6-12 所示。

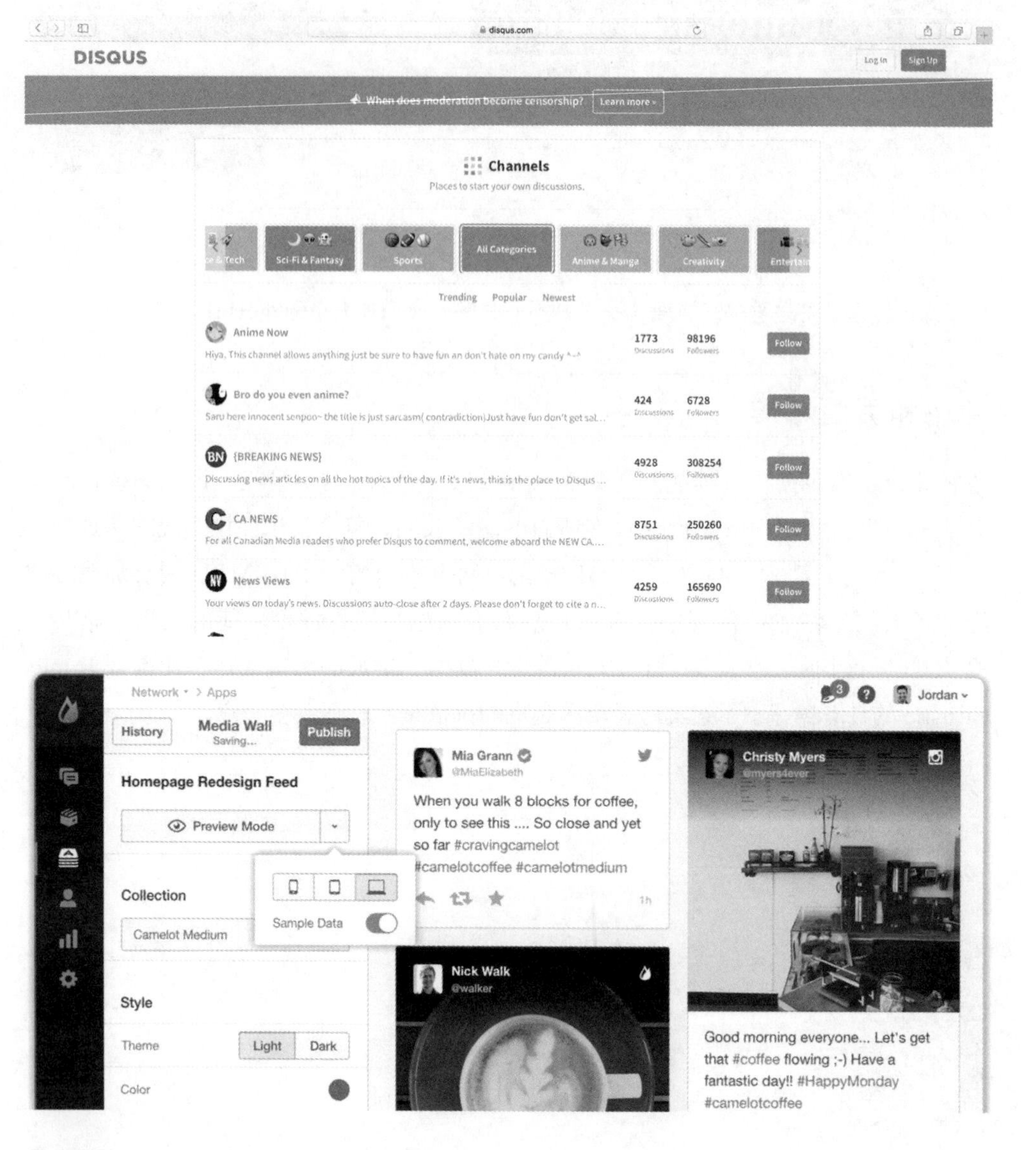

图 6-12
第三方评论系统真的影响加载速度

HTTP/2 及性能改善

最后，另一个可显著提升性能的方向是 HTTP/2，它支持同时下载，加快了内容的获取速度。因特网发展早期，网页相对比较简单，加载网页不需要发起很多数据请求。可如今的网页包含的资源更多，比如共享库、更多的图像、嵌入式视频、JavaScript 和 CSS 等。

Web 团队使用 CSS 雪碧、共享库和缓存机制等方法，减少网页向服务器的请求次数，已有多年历史，但这些方法只是 HTTP/1 固有问题的解决方法，这一代 HTTP 协议每次 TCP 连接，只允许一个待完成的请求。HTTP/2 尝试修改了该规则，对关注性能的程序员来讲，这意味着很多标准做法要放弃了。

HTTP/2 支持先压缩头部和 cookie，然后再将其发送给用户。其他的改进，比如使用单个 TCP 连接和服务器推送（server push）的多路复用（multiplexing）技术，可能影响开发者优化代码的过程。随着 HTTP/2 被广泛采用，Web 团队无疑将会发现新的优化方法，其中很多方法可能会影响到开发者的工作流。

HTTP/2 要求服务器端和浏览器端均支持，才能正常发挥功能。写作本书时，据 caniuse.com 报道，全球 70.18% 的浏览器完全支持（63%）或至少部分支持（7.18%）HTTP/2。[注16] 其中包括 Chrome、Edge、Firefox 和 Opera，2016 年，Safari 9 发布之后，Safari 也会支持。服务器端支持 HTTP/2，进展也非常迅速。GitHub 上的 HTTP/2 Wiki 维护了一份最新的支持 HTTP/2 的服务器端实现列表。[注17]

因为 HTTP/2 向后兼容 HTTP/1.1，显然你忽略它，一切也将照常运行。但从性能角度来讲，有一些事情你应该知道。

更新自己的网站之前，先把这两件要事做了：

- 服务器软件需要更新为支持该协议的版本。

注 16：Can I use，“Can I use... Support tables for HTML5, CSS3, etc”（*http://caniuse.com/#search=http2*）。

注 17：*https://github.com/http2/http2-spec/wiki/Implementations*。

- 你还需要一个安全套接字层（SSL）证书，将网站改用安全连接。无论如何，你都要这么做，因为自 2014 年 8 月，Google 将 HTTPS 纳入网站的排名指标，安全站点的排名更高。如图 6-13 所示。

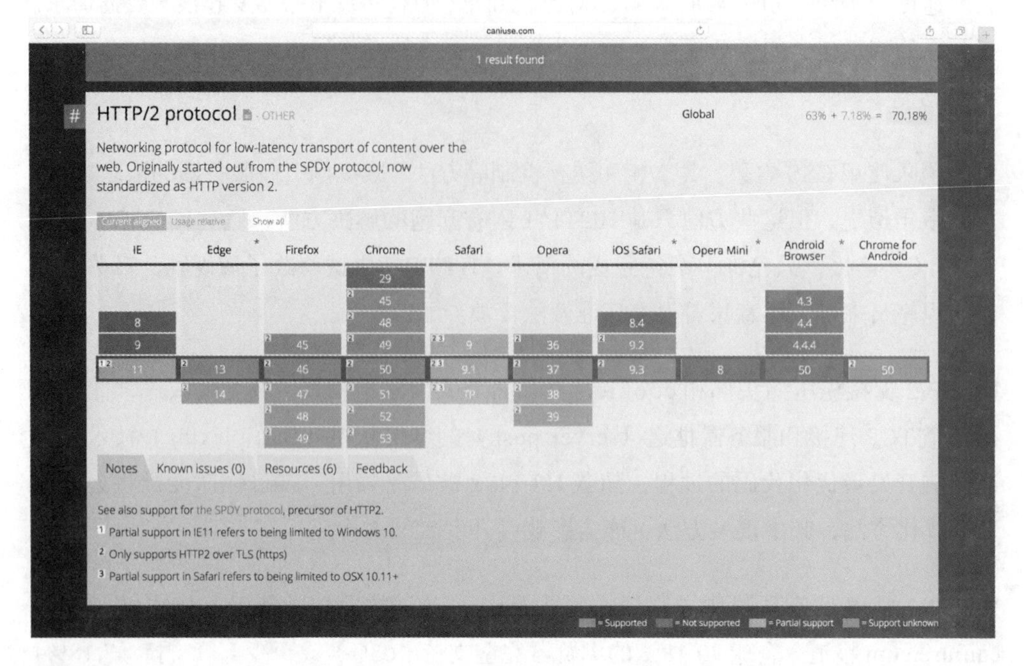

图 6-13

HTTP/2 使得一些更可持续的解决方法（像 CSS 雪碧和脚本集成）不再是必要的

在某些情况下，本书其他章节讨论的一些解决方法，是为了弥补 HTTP/1.1 的不足，对使用 HTTP/2 协议的网站不再那么有效。

拼接 CSS 和 JavaScript 文件

HTTP/2 的服务器推送功能，将所有单独的 CSS 文件直接交付给用户，用户无需单独请求每个文件。它不仅能查明用户需要哪些文件，而且交付速度比压缩和拼接成单个脚本文件后用 HTTP/1.1 传输还要快。

嵌入图像数据

图像用 Base64 编码后，用 CSS 嵌入，可减少 HTTP 请求，第 5 章曾讲过该方法，但它会增加 CSS 文件的体积。若用 HTTP/2，则无需担心多个 HTTP 请求的问题，因为不论访客访问的网页是否需要这些数据，都需要下载全部数据。因此，即使该方法可以提升使用 HTTP/1.1 的网站的性能，但它也会降低其他使用 HTTP/2 的网站的性能。

域名分片

HTTP/1.1 限定了网站和服务器之间打开的连接数，以往常用的解决方法是，用域名分片（domain sharding）技术，从多个域名检索资源。HTTP/2 协议，需要多少资源就可以请求多少，也就没必要使用分片技术。

CSS 雪碧

HTTP/2 支持多路复用技术，资源不用加入队列等待发送，也就不会因此而产生加载延迟了。第 5 章讨论的用 CSS 雪碧技术解决加载延迟问题，适用于 HTTP/1.1，但 HTTP/2 就没必要用该技术了。

如果你无法控制托管环境，你需要等到服务器升级到支持用 HTTP/2 协议提供网页访问服务。类似，若大部分用户的浏览器支持该协议，你就应该考虑切换到该协议，在这之前也许先不要用。分析数据可告诉你何时该切换。SSL 证书可以从多种渠道获得。这是你今天就能立即办理的，而且也是应该做的。

最后，鉴于前面提到的原因，HTTP/2 将改变常规的设计和开发工作流，因此你应评估自己的需求以及团队和终端用户的需求，确定一个合适的时间表，以便让各方都参与到更换协议的工作中。

工作流技巧

本章至此，我们就技巧作了大量讨论，但是以性能驱动的 Web 团队对开发者的工作流有何影响，我们还未讨论。

精益和敏捷工作流

本书前面讲过精益和敏捷工作流，但有必要再次专门强调，这些工作流可解决以下性能问题：

- 每次敏捷冲刺过程，迭代测试经常会暴露出产品或服务在性能方面的小问题，以便尽早发现这些问题，而不是推迟到发布 beta 版之后，情况更糟的话，甚至到上线后才发现这些问题。
- 敏捷团队可将专门针对性能的冲刺加入到工作流。
- 通常要将用户测试加入到敏捷工作流，以便让团队尽早识别性能问题，并在冲刺过程中修复它们。
- 在冲刺规划会议上，设定页面的“预算”，制定接下来所有团队必须遵守的指南。

按 Web 标准开发

所用 Web 开发技术，若是基于 W3C 提出的、已被接受的标准，总是能得到更可持续的结果。标准被认可后，按这些标准实现的功能所涉及的技术，在当前的浏览器中已得到了很好的支持。按标准开发，可确保更广的用户群体能够使用你的应用。按这些标准测试，可确保用户可跨设备、跨平台访问你的信息。

然而，采用标准可能是一个漫长的过程。标准的推进比起新设备的发布更加缓慢，这可能会带来很多设计和开发上的挑战。

等到官方认可将 HTML5 和 CSS3 吸收为 Web 标准时（该过程持续了好多年），几乎所有的现代浏览器早已支持它们好长时间了。如图 6-14 所示。

图 6-14
各大浏览器早在官方将 HTML5 和 CSS3 纳入标准之前，就已支持它们了

你要牢牢记住，你若不为业务和用户提供实实在在的价值，或你的内容很糟糕，这些努力是毫无价值的：

> 要想在设备的复杂程度不断增加的背景下取得成功，我们要把重点放在什么是对客户和业务最重要的内容上。我们不要去开发最小公分母这类解决方案，而是要开发有意义的内容和服务。人们对过多的噪声也越来越反感，他们想方设法简化日常事务。所以要赶在客户之前，关注自己的服务，增加多样性，这些会对你有帮助的。[注 18]

因此，不仅要将自己的工作根植于以性能驱动的标准，还要确保有一个稳固的业务基础，其蕴含的真正的价值主张也应充分为用户着想。

验证你的工作

不确定自己的产品或服务是否得到了充分优化？你可以用以下工具验证。

使用 Pingdom Tools 或 Google 的 PageSpeed Insights 工具。它们提供的服务，能引导你完成优化过程，并提供一些很有帮助的技巧和建议，以帮你取得最佳性能。

类似，在 W3C 的 Validation Markup Service 的帮助下，你可以开发满足 W3C 严格标准的数字产品和服务。

注 18：*http://futurefriendlyweb.com/thinking.html*。

FormStack 公司员工开发的 508 Checker，能帮你更好地把控自己的网站，使其满足可访问性标准，便于残疾人士使用。

最后，Ecograder 或 CO_2Stats（详见第 7 章）这类工具可帮你更好地理解：若你的应用性能较差的话，将浪费能源，并产生更大的环境足迹。如图 6-15 所示。

可访问性和可持续性

不论是能源、水、卫生设施还是其他资源，能为人们普遍使用，是所有可持续性框架的一个关键部分。可访问的网站赋予残疾人体验数字产品或服务的能力，并使他们从中受益。他们也许要借助屏幕阅读器这类使能设备。如果我们透过可持续性透镜来审视可访问性，我们就必须要采取一个适用范围更广的方法，以提高可持续性。French Open Web Group（法国开放 Web 组织）宣称可访问性有益于地球：[注 19]

> 从事 Web 可访问性工作，就会频繁发现，一些做法会减少页面体积，或减少传输给用户的数据量。而且，可访问 Web 站点通常更简洁，因而浏览起来更快，不仅残疾人士，就是普通人也能享受到这一点。
>
> 每一点收益，不用费多少功夫就能得到，虽微不足道，但累加在一起就多了，它们默默为全球范围改善环境的努力添砖加瓦。这就好比是易拉罐，你将其扔到正确的垃圾桶里：这样做不会从根本上改变环境，但只有我们都至少尽了自己的一份力，环境才有改变的可能。

Open Concept Consulting 公司的 Mike Gifford 认为：

> 在快节奏的世界，结构合理、语言通俗易懂的内容，有助于人们从中找到所需内容，并据此行动。虽然没有确切的数字，但相当一部分人口存在某方面的缺陷，影响了他们正常使用 Web。Web 内容可访问性指南（Web Content Accessibility Guidelines，WCAG）推动网站为实现可感知、可操作、可理解和具备健壮性这一目标而努力。

注 19：OpenWeb，“Accessibility Is Good for the Planet”（*http://openweb.eu.org/articles/accessibility-is-good-for-the-planet*）。

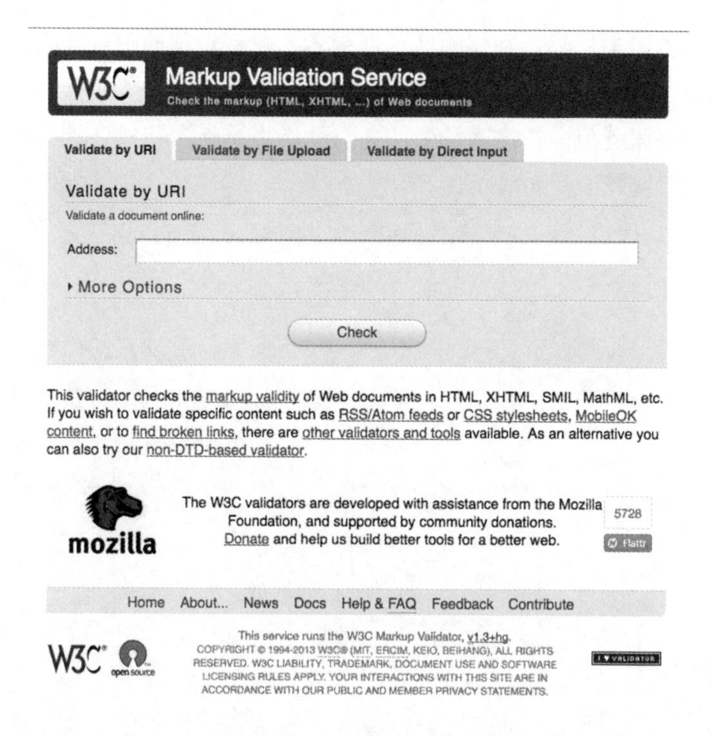

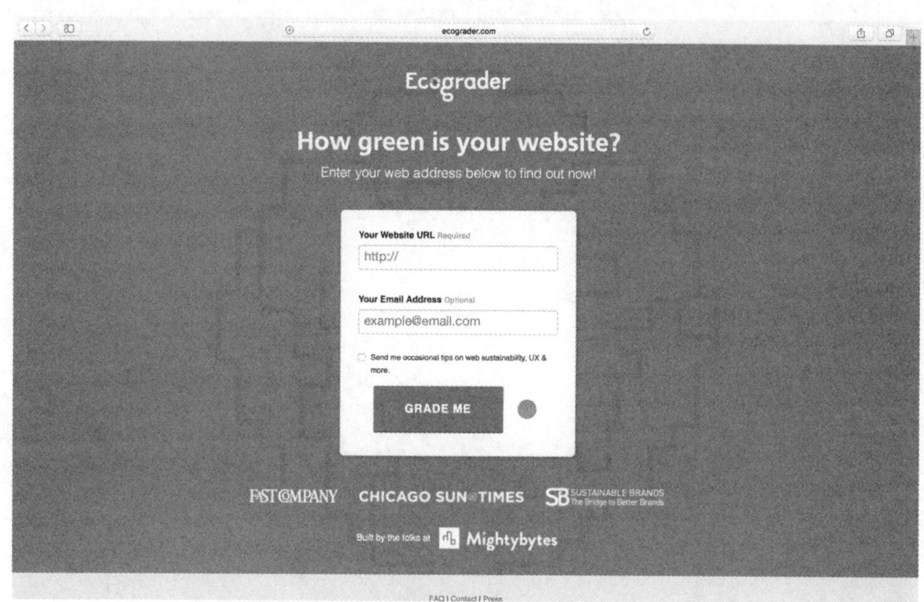

图 6-15

用 Web 工具检验网站的性能很简单

若所有可能的障碍类型都算残疾的话（低视力、色盲、移动困难、隐性障碍等），在任意人群中，残疾人士的比例可能高达 20%。要么将这些人排除在外，要么干脆以另一种方式来服务他们，这两种做法各有什么影响呢？其实，设计网站时只要遵照可访问性指南就好了。如图 6-16 所示。

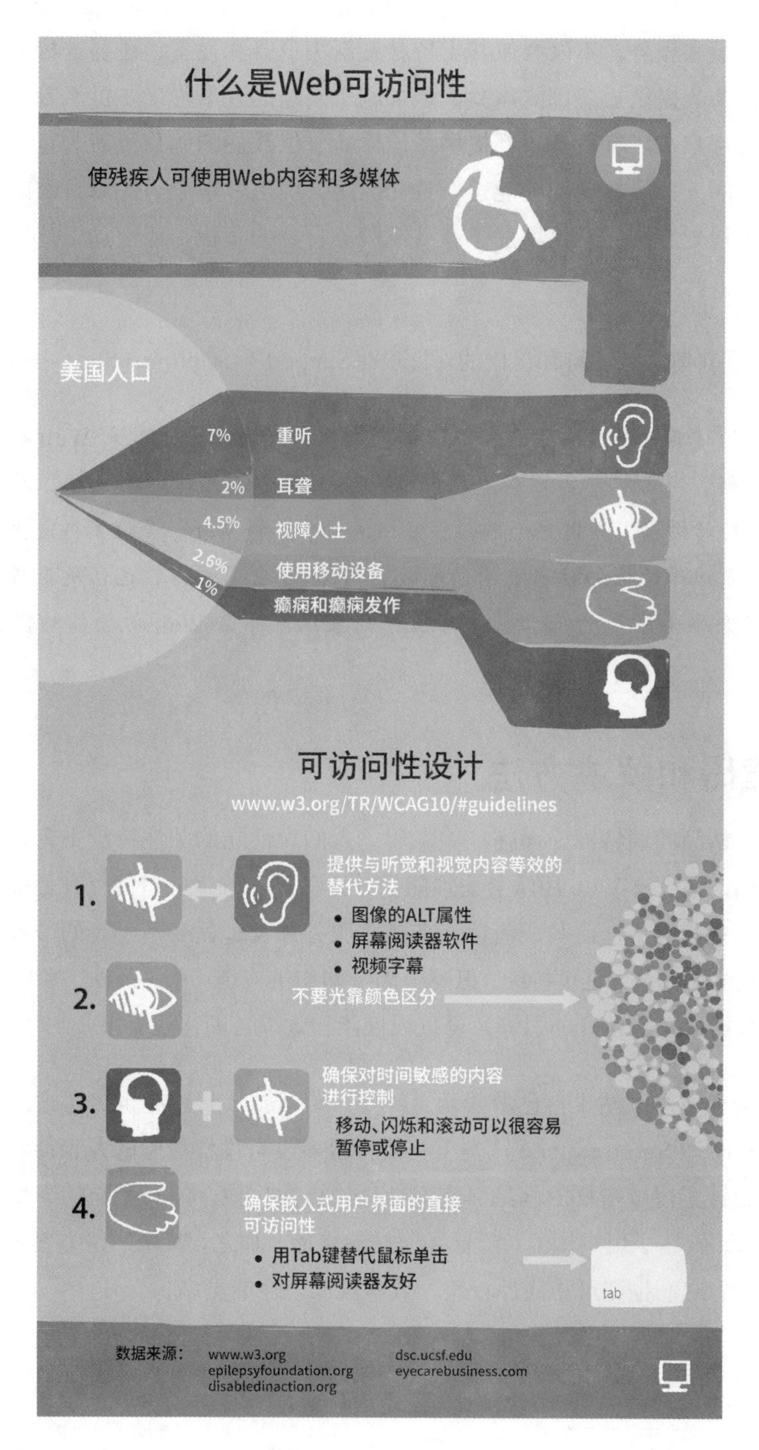

图 6-16

可访问性是所有可持续性框架的关键要素

优化数字产品和服务，不仅要使其支持各种新浏览器和设备，还要支持老版本或小众浏览器，为其提供更基础的体验，这加剧了问题的复杂程度。虽然我们并不总是能够为所有用户在所有设备上都提供最佳体验，但我们的确肩负着为每一个与产品或服务交互的人开发有用的功能这一责任。这会引出一堆令人头晕目眩的事，我们必须要提前规划好，这不仅增加了产品或服务自身的负担，还增加了开发过程的负担。

Brad Frost 在其博文“支持和优化的对比”（Support vs. Optimization）中讲道：[注 20]

> 我们开始对其他平台、设备和浏览器竖起中指的时刻，也就是 Web 概念受到侵蚀的时刻。因为它不再以信息、知识和交互的普遍可访问为目标，而是为了迎合最成功的技术，置用户于不顾。突然，“原生和 Web”争论不再是无稽之谈，它更像是同等地位的技术之间的比较。若 Web 应用的体验也只是在提供成千上万个优秀原生应用的平台上才有出色的表现，那么 Web 跨设备的优势就不复存在。

潜在障碍和解决方法

建设精益、精简的因特网，面临一些障碍。人们对性能的关注持续上升，但仍不够普遍。例如，很少有 Web 团队会为性能提升做预算。确定一些能提升性能的实践方法，并认真贯彻实施，使其成为数字产品或服务开发过程必不可少的一部分，使产品或服务更易于访问、更可持续。但整个因特网的供应链（产品经理、客户、设计师、开发者、数据中心和设计公司等）要重视性能和效率，而这还有很长的路要走。

还有，就是有一些网站主自己做着玩（DIY）的网站，其性能也欠考虑。不管你喜不喜欢，Wix 和 Squarespace 这类工具使得很多没有设计经验的人也能轻松建站，于是他们设计了很多糟糕的网站。杰文斯悖论再次生效。没有经验的开发者作出了糟糕的决策，破坏了用户体验，降低了网站的性能。加之，其中一些方案是闭源的，这也就意味着它们也许可访问性较差，效率较低，耗能更多。

注 20：Brad Frost，“Support vs. Optimization”（*http://bradfrost.com/blog/mobile/support-vsoptimization*）。

标准 API、共享库、框架，为开发者使用更多的功能开通了便捷的渠道，使得开发更健壮的应用成为可能。但是它们也会显著增加网页和服务器之间的数据传输量。拿框架来讲，它们增加了应用的体积，而其中有些代码是多余的。某些情况下，共享数据的优势，也许超过了它降低应用速度这一劣势。但若某乡下的一个小伙子，尝试用你开发的旅行应用寻找方向，你要是告诉他因为你使用了某些共享数据，所以速度可能会受影响，他肯定不乐意。

当然，我们讲的可是因特网，其标准一直在发展变化之中，通常来讲这是好事，但变动的标准意味着不遵守标准的人，很有可能开发的是低水平的产品和服务，其性能也相对较差。

小结

本章介绍了以下内容：

- 为什么说性能优化是实现 Web 可持续性的重要一环。
- 性能更好的数字产品和服务的开发技术。
- 性能评估工作流小窍门。

希望本章所讲的流程，能帮你开发速度快、可靠、性能良好的解决方案，以供尽可能多的用户使用。

行动指南

学完本章，不妨尝试这三件事：

- 用本章提到的速度、可访问性和标准验证工具，测试你的网站、产品或服务。有改进的余地吗？
- 制定一份任务清单，将你的网站或应用改造得更易于访问，记得要遵守标准，并优化其性能。
- 开始照单工作！

第 7 章

数字碳足迹

你将从本章学到什么

开发更可持续的网站当然很棒，但你能准确计算其排放量吗？本章就来介绍为什么排放量难以准确计算，并探明加剧其计算难度的各种变量。

估计碳足迹

网站或移动应用的碳足迹是什么？几年来，我一直试图寻求该问题的答案。我所苦苦寻找的是一个非常简单的公式，可用其估计数字产品或服务的环境足迹。结果发现，有人实际上拥有碳足迹计算公式的专利。

关于这碳足迹，我们再多说一点。如图 7-1 所示。

我们不妨先退后一步来看。我们所做的一切都会产生一定的废物：吃饭、开车、工作，甚或呼吸。大部分废物生成或含有温室气体（还记得第 1 章所讲的 CO_2e 吗？）。为了解释我们的活动对环境的影响程度，度量或至少准确估计它们产生了多少温室气体，就变得很重要。

图 7-1
日常活动所产生的 CO_2e 形成了你的碳足迹

Laurence A. Wright、Simon Kemp 和 Ian Williams 在其合著的《碳管理》（*Carbon Management*）一书中是这么定义碳足迹的：[注1]

> “碳足迹”是对给定群体、系统或活动所排放的二氧化碳（CO_2）和甲烷（CH4）总量的度量，它是由该群体、系统或活动在空间和时间范围内所有相关源头、碳汇和碳源组成。各温室气体根据相关气体 100 年全球变暖潜能值（GWP100），换算为二氧化碳当量（CO_2e）。

《设计是问题所在》（*Design Is the Problem*）的作者 Nathan Shedroff 认为：

> 碳足迹是一种估计我们的活动所产生的二氧化碳总量的方式，理解了这一点之后，我们可想办法降低排放。[注2] 它代表我们的活动（提高室温，开车，吃饭喝水，

注 1： Laurence A. Wright, Simon Kemp, and Ian Williams, “‘Carbon Footprinting’: Towards a Universally Accepted Defnition”, Carbon Management 2:1 (2011): 61–72(*http://www.tandfonline.com/doi/abs/10.4155/cmt.10.39*)。

注 2： Nathan Shedroff, Design Is the Problem (Brooklyn, NY: Rosenfeld Media, 2011) (*http://rosenfeldmedia.com/books/design-is-the-problem*)。

工作和生活)，所产生的二氧化碳的总量。因变量很多，故碳足迹难以计算。然而，大多数碳足迹计算器采用平均法，能准确估计个人或公司的碳排放量。

Thomas Wiedmann 和 Jan Minx 在其《生态经济学研究趋势》（*Ecological Economics Research Trends*）一书为碳足迹下的定义，在我看来最简洁：注 3

碳足迹度量的是一个活动直接或间接产生的，或一个产品在生命周期累积的二氧化碳排放总量，其中剔除了重复计算的排放量。

我们还可拆解他们下的定义，为其加上个人、全部人口、政府、公司、机构、流程和工业部门等，并且不仅考虑直接排放（比如内部材料或流程产生的排放），还要考虑间接排放（外部排放，或生命周期上下游的排放）。

计算标准

第 1 章我们讨论了 Pete Markiewicz 提出的虚拟生命周期，你还记得吗？我们可以此为出发点，去判定数字产品和服务在生命周期的哪些环节使用或影响可持续性原则。见表 7-1。

表 7-1：生命周期评估原则可用于虚拟资产吗

生命周期评估	虚拟生命周期评估
原材料	软件和虚拟资产
生产	设计和开发
包装	上传到因特网
配销	通过网络下载
使用	交互、用户体验、完成任务
处置	从客户端删除数据

重点要记住，等产品或服务开发完成，再回头去度量其影响，难度更大，因此规划、设计和开发产品或服务的过程，脑袋里要时刻装着虚拟生命周期（virtual life cycle assessment，VLCA）的各个环节，比等一切完成之后再来清算，更易于估计各个环

注 3： Thomas Wiedmann and Jan Minx, "A Defnition of 'Carbon Footprint" in *Ecological Economics Research Trends* (New York: Nova Science Publishers, 2007), 5。

节的影响。最好由产品经理，而不是设计师、开发者或项目经理来评估数字产品和服务的影响。如图 7-2 所示。

图 7-2
如何将每天的数字生活纳入碳足迹

刚开始评估时，要问的几个问题是：

- 产品或服务的生命周期里，需要多少台工作站和设备？它们的用电需求是？
- 设计和开发过程，计算机运行多长时间（如你已在跟踪其使用时间，可据此估计这一项的碳排放了）？
- 源文件多大？它们是放在内部服务器，还是放在云端？
- 类似，你上传到服务器的文件有多大？数据总量是多少？
- 每天有多少用户使用你的产品或服务（日活）？他们下载多少数据？他们停留多长时间？他们从哪里来的？

- 他们使用什么设备？这些设备对供电有何要求？
- 服务器上有多少没用的文件还在占用空间？删除它们需要多少时间 / 功夫 / 电力？

当然，前文刚提到的这些项之中有些项的碳足迹难以估计。例如，Adobe Photoshop 写作本书时已有 26 年历史，生命周期比较长。它变成如今这个样子，投入了多少时间和资源？很难算清楚。

Pete Markiewicz 就如何用 VLCA 评估数字产品或服务的足迹，提供了一些思路：

> 计算核心部分的碳足迹，需考虑网站这边的能源使用情况，以及网站正常运行所需要的外部功能的能源使用情况或“外部效应”。拿氢能汽车打个比方，汽车自身能效高，且几乎没有污染。但目前，制取氢气所用的汽蒸法会释放大量 CO_2。如果你把燃料罐的氢气损耗以及建设制取氢气的基础设施的成本算上的话，就会发现它比我们目前用的化石燃料系统污染更严重。
>
> 若要深入分析，还须考虑网站和 LCA 或生命周期评估所引发的外部效应。换言之，你计算网站、外部资源（如一个内容生产团队）的能源足迹，并将它们在网站生命周期的足迹全都加起来。与实体项目相比，虚拟产品或服务的生命周期是没有结束时间的，但大多数网站在大规模设计、改版之间一般会先运行几年，我们也许可以将改版作为一个生命周期的结束标识。
>
> 实际工作中，用 VLCA 评估数字产品或服务时，我们应根据二八原则模仿 LCA 评估，为以下工作分配合理的能源预算：
>
> - 开发网站（包括设计工作室的照明）所用的隐含能源（embodied energy）。
> - 开发的网站（包括内容和 IT）后期维护所需要的能源，也称为维护能源（maintenance energy）。
> - 网站交付所消耗的能源（传统 WPO 和 Web 足迹）。

- 网站的包容性（目标用户有多少实际使用了网站）。
- 如果你开发的是国际站点，你可以用 Web Index（*http://webindex.org*），按照因特网对某国目标用户的价值调整其分值。

VLCA 看似是最全的方法，但是给定上述条件，VLCA 的清单分析也有可能是最复杂的，难以准确估计。

提出一个框架

本节，我采访了本书其他章节重点介绍的受访人，请其给一个他们自己也许会使用的、准确的数字产品或服务碳足迹评估框架或方法。他们给出了如下回答。

2013 年，James Christie 在 A List Apart 网站发表了一篇题为“Sustainable Web Design”（可持续 Web 设计）的文章，提出了一个网站碳足迹评估框架：[注4]

- 美国劳伦斯伯克力国家实验室（Lawrence Berkeley National Laboratory）于 2008 年发表的一篇论文显示传输 1GB 数据需要 13 千瓦时电力。[注5]
- 据美国国家环境保护局 EPA 的统计，美国普通发电厂每千瓦时电力排放 1.2 磅二氧化碳当量（CO_2e）（其他国家发电厂平均排放情况或高或低，取决于其能源政策）。[注6]
- 用 13 千瓦时乘以 1.2 磅，得到 15.6 磅 CO_2e，这只是传输 1GB 数据的排放量。
- 如果一百万用户每人都下载一个普通网页，按现在网页的平均体积 1.4MB 来算，总共可就是 1367GB 数据。

注 4：James Christie, “Sustainable Web Design”, A List Apart, September 24, 2013 (*http://alistapart.com/article/sustainable-web-design*)。

注 5：Cody Taylor and Jonathan Koomey, “Estimating Energy Use and Greenhouse Gas Emissions of Internet Advertising”, February 14, 2008(*http://evanmills.lbl.gov/commentary/docs/carbonemissions.pdf*)。

注 6：US Environmental Protection Agency, “Energy and the Environment” (*http://www.epa.gov/cleanenergy/energy-resources/calculator.html*)。

- 按每 GB 数据产生 15.6 磅的排放量计，传输 1367GB 数据，共排放 10 吨以上的 CO_2e。
- 依靠 3G/4G 网络传输的移动数据，其污染能力是上面所讲的五倍，每 GB 数据的传输，排放 77 磅 CO_2。[注 7]
- 如果一百万 3G 移动用户每人下载一个体积为 1.4MB 的网页，也就是 1367GB 乘以 77 磅，共计 52 吨 CO_2。

后续采访，James 认为一定还有更好的计算方法。他说，在完美的情况下，计算方法可归结为像下面这样一个简单的公式：

每发送 1MB 数据所需的千瓦时乘以电力主要来源的碳排放强度。

该公式虽很容易理解，但它既未考虑终端用户所消耗的电力，又未考虑服务器上传和存储数据所需的能源。数字产品和服务的很多方面都在不断发展变化之中，James 在文章中所列举的数字也随之不断变化。例如，他博文引用的网页平均体积 1.4MB，写作本书时，据 HTTP Archive 统计，已增至 2.4MB。[注 8]

James 认为，如何定义线上产品或服务的环境影响，这一目标的发展变化，取决于以下三点：

存储和传输

服务器和数据中心，管理传输的通信基础设施，以及分发机制（例如，3G 比硬连接的因特网消耗更多能源），它们需要多少能源？

注 7： Rainer Schoenen, Gurhan Bulu, Amir Mirtaheri, and Halim Yanikomeroglu, "Green Communications by Demand Shaping and User-in-the-Loop TariffBased Control", Proceedings of the 2011 IEEE Online Green Communications Conference (IEEE GreenCom'11) (*http://ieeexplore.ieee.org/xpl/login.jsp?tp=&arnumber=6082509&url=http%3A%2F%2Fieeexplore.ieee.org%2Fxpls%2Fabs_all.jsp%3Farnumber%3D6082509*)。

注 8： HTTP Archive, "Interesting Stats" (*http://httparchive.org/interesting.php*)。

电力传输

电力传输过程，损耗了多少能源？将数据从源头传输到终端用户，移动基站和变电站使用多少能源？

终端用量

最终将数据传输到千家万户或各种设备，需要多少能源？其中设备使用了多少电力？用电量的增减取决于产品或服务的内容（比如 Flash 内容要求机器作大量运算，因此更耗电）。如图 7-3 所示。

图 7-3

将游戏下载到你的多台设备产生多少排放，并不太容易计算

可持续性顾问 JD Capuano 提出了一个类似的网站可持续性框架，以评估一家机构的数字足迹：

> 如 James 自己所言，即使在最理想的情况下，评估一家网站的碳足迹也非常难且不准确。我尝试拿到更多最近的数据，并利用其他数据源，调整收集的数据，把这些数据加到一起，以满足更加实际的用途，这个过程可能导致数据有偏差。
>
> 首先，我们只是讨论美国吗？尽管如此，美国政府发布的数据总是过时的，因为采集和更新数据是要花时间的。如要使计算过程更准确，我就会试着跟踪最近的数据。我们所处的这个时代，燃煤火电厂正在被关停，天然气发电厂马上取代基载电力。再加上每月还有新上的可再生能源发电项目，虽然仍仅占总发电量的很少一部分。我想寻找可量化的相关趋势，评估可作哪些调整，如无法调整，至少讲清楚已知的偏差差在哪里。我还会考察天然气开采和输送过程中产生的逸散排放，这也许会影响美国的排放总量。若我们不只是讨论美国，情况更为复杂。
>
> 其次，我将重新评估移动这块的数据。移动方案削减了我们发送的数据，并且我们也不想减缓数据加载、传输速度。我认识的手机用户，只要有机会就使用 WiFi，因此我不仅要考察 3G/4G 的网络使用情况，我还得根据用户使用 WiFi 而不是移动数据的时长作相应的调整。这还是不够完美，但比起以偏概全的方法好了很多。
>
> 最后，我还会问我们想度量浏览一个普通网页的碳足迹，还是普通的网页浏览的碳足迹。这两者有所不同。如要考察后者的碳足迹，我就会将网站分成浏览量最高的（社交媒体网站、Google 的数字生态系统、Amazon 等）和用可再生电力供电（或免费降温）的数据中心。用上文 James 的公式计算数据中心数据传输的排放量时，就可以调整每传输 1GB 数据所产生的排放量了。我很好奇，想弄清楚这样做所减少的排放量是否有意义，是足够显著呢，还是只减少了几个百分点。我想你也许对机构的网站而不是所有网页（邮件、社交媒体等）更感兴趣，但是我仍觉得这种思路很吸引人。度量这两者，有助于我们弄清楚大家集体努力的效果如何。

接着上一点，如存在像我上面讲的这样一些行业标准，它们引入了虚拟化和缓存等要素，那么，网站碳足迹的度量方法就会按照我期望的这种方式发展。我们还有很长的路要走，并且需要云托管商等各方的合作，但是我认为这是我们需要前进的方向。

Green House Data 公司的 Shawn Mills 表示，粗略估计法可能是我们所能找到的最佳方法：

> 像这类计算的任意一种，它不会完全准确，这就像是大多数情况下你所依据的统计数据不准确一样，比如个人计算机的平均能耗或应用使用期间数据中心的总能耗。若公司及其设备，乃至用户设备的一切情况，尽在你的掌握之中，那么统计结果将更准确。
>
> 你得考虑开发时间（开发应用的过程，计算机的使用情况，消耗的网络流量，数据中心资源和本地备份，所有这一切都消耗能源）。然后，还要考虑应用自身的能耗，包括数据中心的负荷和用户自己的设备，以及两者之间网络通信消耗的能源。关于 1GB 网络流量的平均能耗的研究，我见过一些，它们的结果悬殊很大。因此，这一指标难以度量，你需要作出一定的假设。即使只研究网络流量，也还有 WiFi、无线广播和各种有线连接的区别……问题很快就变得复杂起来。
>
> 最简单的方式是找到一个大致的范围，覆盖大多数类型的碳足迹计算，方法是：记录应用或网站的使用时长，并根据连接类型得到每 GB 网络流量的平均能耗，再加上所用设备类型（台式机、笔记本、智能手机等）的平均能耗，还要加上属于预备资源的数据中心所用的全部能源之中消耗在应用上的部分。然后，根据这些组件所用电力来自哪种能源，调整应用的总足迹。如图 7-4 所示。

图 7-4
计算数字产品和服务的环境影响并非易事，一旦计算出来，功不唐捐

纽约可持续公司 Third Partners 的 John Haugen 提出以下方法：

> 就像是任意一种碳足迹评估，第一步是要将流程拆解为资源和行动。以网站为例，资源是指开发网页所需的所有数字资源和实体设备。行动是指将数据从服务器传输到用户设备需采取的所有步骤。每一种行动都离不开电，资源的数量决定用电量的多少。一个功能的全部碳足迹包括：
>
> - 资源的调用次数。
> - 用哪种燃料发电。

所有碳足迹评估研究都有自己的范围，主要是将非物质方面和难以度量的资源或行动排除在外。很多情况下（尤其是数字业务很复杂的情况下）就有必要利用代理、估算和先前的研究，这是因为技术和经济上的限制要求我们不得不这样做。

任何网站的碳足迹都应考虑页面浏览量、页面体积、终端用户的设备类型和网页使用的托管在第三方服务器上（比如 YouTube、Soundcloud 或 Dropbox）的内容。

移动应用碳足迹的计算方法与之类似，只不过它的行动分为两大类：

- 最初的应用下载及后续所有新版本的下载。
- 应用的使用。

由于设备在本地存储了应用的一部分内容，调用应用在本地的数据，其碳足迹受设备使用的限制。当然，外部数据仍由因特网传输到设备。移动设备和平板电脑每分钟的耗电量只相当于个人计算机耗电量的一小部分，不加载额外数据、仅靠本地数据时应用所能发挥作用的程度，直接影响到它的使用所产生的碳足迹。

Product Science 是伦敦的一家公司，其合作伙伴的一部分业务是解决社会或环境问题。下面是该公司的创始人 Chris Adams 对评估数字产品或服务碳足迹的看法：

我会将其分成几个主要阶段：

- 项目之初的差旅和上下班通勤，往返于家里和办公室，在空调房里办公，消耗能源较多。
- 网站上线后，我会度量投入了多少能源来保持它在线，其中包括外部监控或分析服务的能耗。

- 我还会考虑传输成本，移动端和 PC 端的流量各有多大，据此推测，有多少用户使用 3G/4G 网络，又有多少用户使用家庭和办公室的有线网络。

对于移动应用，我会考虑相同的因素，唯一的区别是根据蜂窝网络使用增多这一情况进行调整。

你若真想研究透彻，还要考虑设备的整个生命周期，你可分摊运行网站的服务器、所用设备硬件升级的成本。这很难操作，我尚未听说过有这方面的公开案例。

最后，本章开头我曾讲过有人持有数字碳足迹计算器的美国专利。Alex Wissner-Gross 和 Timothy Michael Sullivan 在 2007 年提出申请，并于 2014 年拿下了美国专利号为 8862721 B2 的计算机网络环境足迹监测器的专利。该专利介绍的方法论包括以下几步：

1. 为网站嵌入一个唯一标记，用用户终端设备浏览该网站。
2. 识别网站的标记。
3. 在用户的终端设备设置一个 cookie。
4. 用时间数据更新用户终端设备上的 cookie。
5. 更新环境足迹监测数据库。
6. 计算网站的环境足迹。

这显然就是本章后面要讨论的网站足迹计算工具 CO2stats.com 的产品负责人所用的方法论。以将上面所讲的唯一标记放置到网站的时间为基准开始计算环境足迹，也就是虽然你将收到使用网站所产生的足迹，但你仍然需要考虑从摇篮到摇篮整个过程的足迹，如要全面估计全虚拟生命周期的影响的话。加之，申请专利的应用，最初是在 2007 年提交的，因此我们必须弄清楚该方法论是如何将后来才普及的移动设备的能源足迹纳入其统计范围的。

说了这么多，本章最初的写作意图是找到一个稳妥的公式，准确估计数字产品或服务的碳足迹。经过我的一番研究之后，鉴于这项任务极其复杂，以及对于如何做大家众说纷纭，因此就如何评估网站的碳足迹这一问题，我所能给出的最佳答案，很不幸正是顾问和律师常常给出的答案（人人讨厌这一答案）……视情况而定。

案例研究——Ecograder 工具

前言讲过，我的公司 Mightybytes，大约自 2011 年通过共益企业认证后，开始关注因特网的可持续性。那时，我们多方探索，力求将自己的技能和才能化为做善事的力量。鉴于我们向客户提供的服务的性质，关注因特网的环境影响最在理。2012 年我第一次读到了绿色和平的 *Clicking Clean* 年度报告和 Pete Markiewicz 的文章“Save the Planet Through Sustainable Web Design”（以可持续 Web 设计保护星球），它们也切切实实影响到我们对这些问题的看法。

因此，我们开始思考如何将我们从申请共益企业认证过程学到的知识用到公司全部业务流程，而不只是减少办公用品供应、照明等环节的影响。我们开始提供更好的医疗福利、带工资的志愿服务时间，并认真做好共益企业认证过程公司要做的其他很多事情。

我们还踏上了寻找可靠的绿色 Web 托管商之路，没想到后来演变为一段漫长的冒险之旅。那时，因特网的环境影响成为我们优先考虑的问题。

2012 年，共益企业年度盛会 B Corp Champions Retreat（共益企业支持者静养大会）在加利福尼亚半月湾举行，大会为参会者提供修养时间，以便企业之间加强联系和沟通，并就如何将商业作为一种行善事的力量展开头脑风暴。有一次，我跟一位合作方到海边散步，他也是一家共益企业的负责人。散步时，我萌生了开发 Ecograder 工具的想法。如图 7-5 所示。

图 7-5
共益企业支持者静养大会是孵化用商业行善事新理念的好地方

愿景和目标

我们希望开发一款像 HubSpot 的 Website Grader 那样好用的网站评分工具（输入 URL 即可评分），帮网站主、设计师和开发者更好地理解，不管网站规模多么小，都会对环境有影响。

我们还希望 Ecograder 出具的报告，能提供易于理解、可执行的路线图，以便客户提升网站性能和用户体验，使其内容易于寻找，因为这些特性是更可持续网站自然而然的扩展。当然，并非人人都理解 CSS 雪碧和内容分发网络，但是网站主可轻松利用网站评分下面的一个简单链接，直接将报告分享给 Web 团队。

另一个长期目标是连接用户和绿色 Web 托管商或资源，以实现碳补偿。至少，我们希望用户能更好地理解用可再生能源驱动网站的重要性。

最终，尽管Ecograder的最小可行性产品（MVP）是基于“有意识的开发”理念，其长期商业模式也应是可持续的。如图7-6所示。

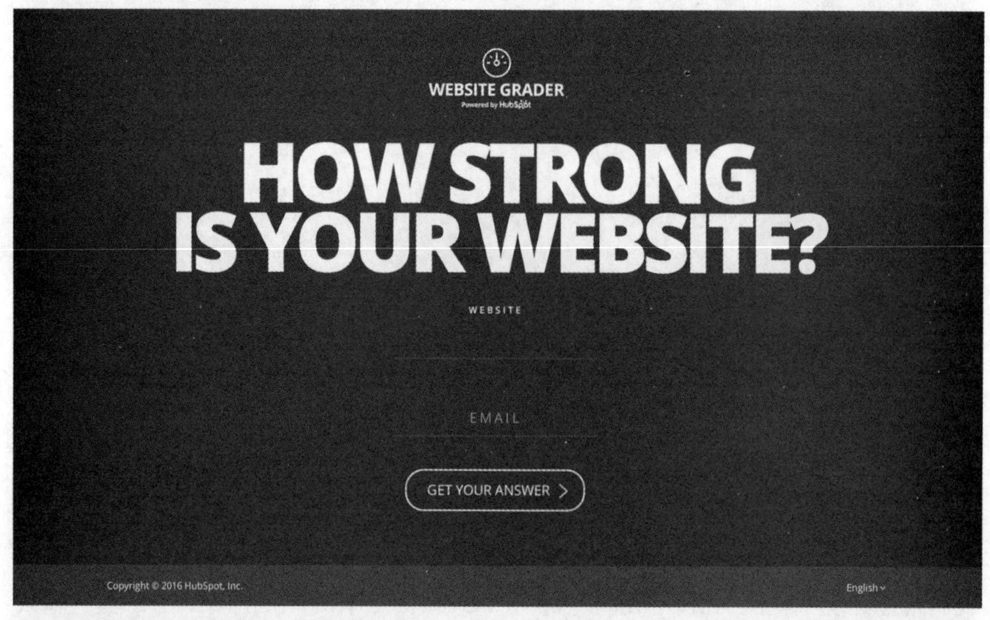

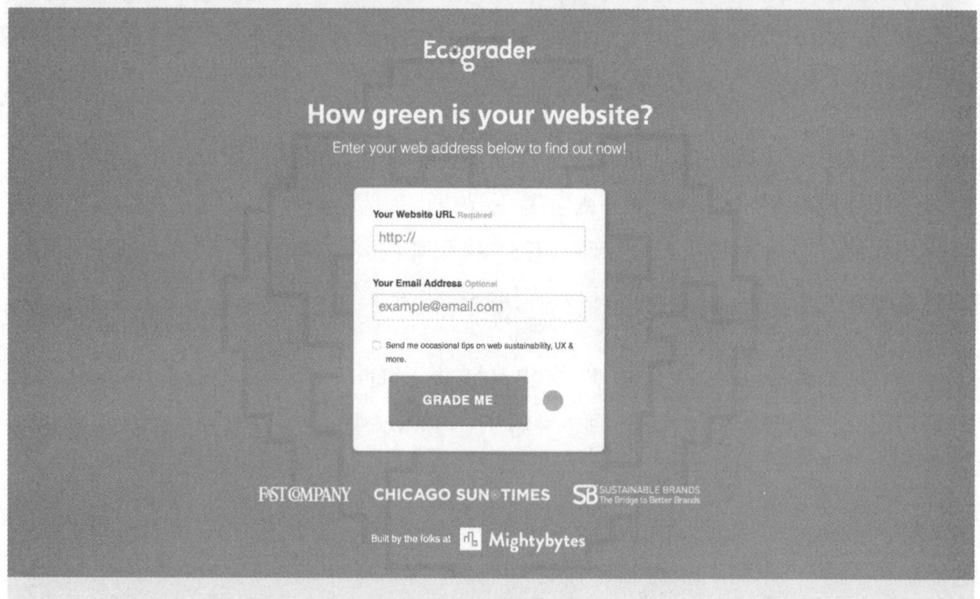

图7-6

受HubSpot的Marketing Grader工具的启发，我们希望Ecograder的使用过程很简单：输入URL，单击按钮，即可生成一份很有帮助的报告

商业模式

因为 Ecograder 是设计公司开发的一款应用，其商业模式与标准创业公司有点不同。即使我们最终希望 Ecograder 使用免费增值模式（基础服务免费，增值服务收费），还是有其他很多重要事项要考虑的：

意识

Ecograder 的首要任务是，让客户意识到因特网对环境的影响。

盈利

它应该有盈利路线：

- 成为 Mightybytes 公司的首款盈利产品。
- 有潜力发展成为一款软件及服务（Software as a Service，SaaS）产品。

教育

开发过程应使我们团队在敏捷和精益创业方法方面受到教育。

宣传

我们决定在地球日那天发布产品，需鼓励公司对其线上资源作更多可持续性方面的思考。

迄今为止，我们之前的想法，都得到了很好的实践，只是这款 SaaS 产品的收入来源尚未找到。跟多位可持续性顾问讨论之后，我们得到的共识是出于各种各样的原因，加之客户缺少可持续性意识，他们不会为 Ecograder 的价值主张买单。

方法论

截至目前，我们最大的挑战是如何制定一种产品方法论，既能增加客户的环境意识，又能提供可据此行动的报告，且时间、预算和资源不会超过限制。换言之，Ecograder 如何快速爬取一个网站，且能提供帮他们打造更可持续网站、易于理解的数据，而不至于失去用户？

我们明白以自己有限的资源和时间，产品无法爬取整站并估算其总碳足迹。鉴于本章前面所讲的各种原因，我们最终决定，将估算整站的实际碳足迹排除在最小可行性产品的项目范围之外。虽则这样做破坏了我们想要的简洁——“输入你的 URL 并运行”，但我们实在是没有资源将其纳入项目范围。如图 7-7 所示。

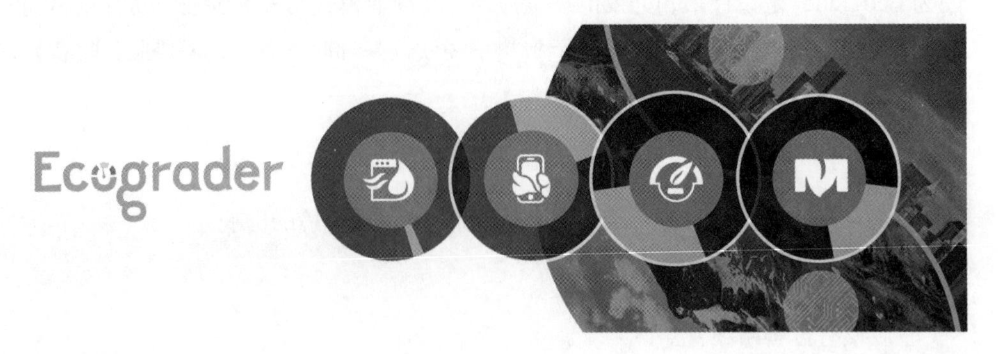

图 7-7
我们遵循更可持续网站开发流程，开发 Ecograder 算法

我们还了解到我们希望Ecograder能度量的一些指标，其实可用现有工具的API生成，Ecograder 直接使用它们的生成结果就好。以下是我们提出的方法论：

Ecograder 分析网页的内容（HTML、CSS、JavaScript、图像和主机信息），运行几轮测试，并计算得分。我们设计了几种测试，以便给出一个能全面反映网站的总分。这些测试旨在回答以下问题：

- 网站的托管商是否用可再生能源为服务器供电？
- 网页发起多少个 HTTP 请求？
- 网页是否用行业标准方法优化过？
- 找到网站的难度有多大？
- 网站适配移动设备了吗？
- 网站避免使用 Flash 吗？

Ecograder 为以上每个测试生成一个分数，然后取加权和，输出最终分数。

绿色托管

Ecograder 的算法为绿色托管打分较高，因为你网站对环境最大的积极影响是将其交由 100% 用可再生能源供电的托管商托管。毕竟，托管网站的服务器每天 24 小时不断电。我们的难点是如何查明网站是否使用绿色托管，并赋予相应的分数。如图 7-8 所示。

图 7-8
爬了三年网站，我们发现仅有不到 3% 的网站用可再生能源供电

绿色托管方法论

我们最初制作了一份粗糙的托管商名单，其数据中心 100% 使用可再生能源。但很快发现这样做有问题（问题还不小）。我们接着接入 Green Web Foundation（绿色 Web 基金会）的 API，使用其更全面的绿色托管商数据库。Ecograder 利用该 API 提供的数据，为使用可再生能源信用（REC）的托管商打 15 分，为就地使用可再生能源的托管商打该项的满分 25 分。

性能优化

该项的难点在于如何根据网站的加载速度和它是否遵守性能优化标准实践为其打分。我们决定让 Ecograder 用以下三种方式度量性能：Google PageSpeed Insights 为网站打的分数，统计所爬网页的 HTTP 请求数，评估网站使用的共享资源。如图 7-9 所示。

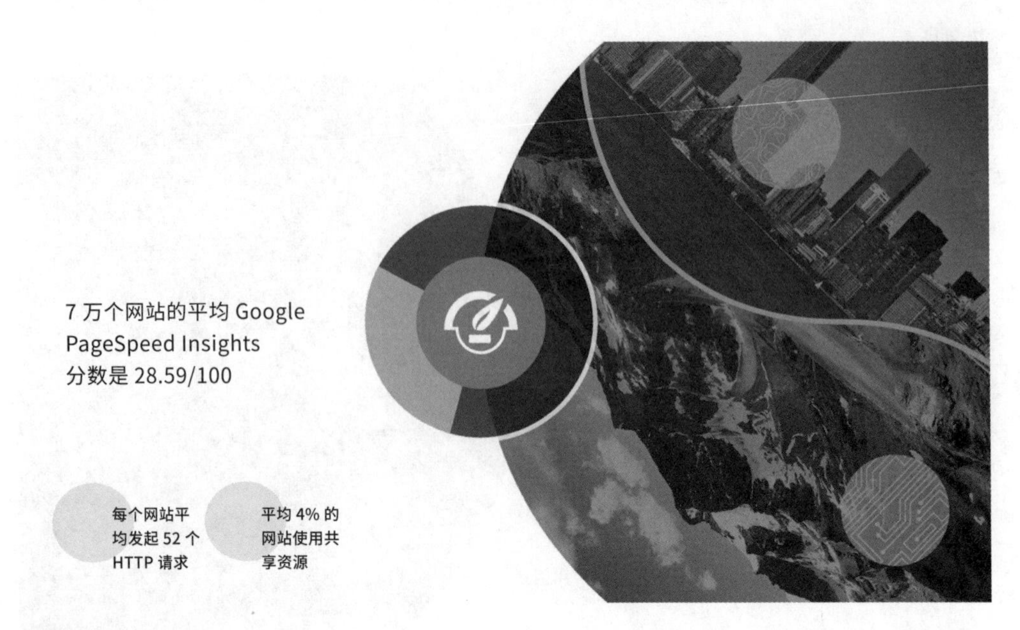

7 万个网站的平均 Google
PageSpeed Insights
分数是 28.59/100
每个网站平
均发起 52 个
HTTP 请求
平均 4% 的
网站使用共
享资源

图 7-9

评估网站性能是否优化过所需的大部分必要信息，可用 Google PageSpeed Insights 收集。图中是该工具为近 7 万个网站打的平均分

Google PageSpeed Insights 工具

Google 提供的这款工具，简单易用，它能提供提升网页性能的建议。它还根据爬取网页采用的最佳实践的数量，为网站打一个总分。我们决定将这个总分作为一个度量指标，用到 Ecograder 的算法之中。

HTTP 请求

浏览器渲染网页，HTML 页面通过 HTTP 协议发送请求到托管服务器，请求样式表、图像、JavaScript 等页面组件。每个 HTTP 请求需要一定的能源才能完成，请求来的组件加载也需要时间，因此更多的请求意味着等待内容加载的时间更长，浪费能源更多。减少 HTTP 请求，可提升网站性能和能效。Ecograder 统计 HTTP 请求，并根据它与我们统计得到的常见网站平均 HTTP 请求次数之间的差距为其打分。

共享资源

你上网冲浪时浏览的很多网站，是从公用框架拉取资源。让浏览器访问缓存的资源（而不是再次下载），节省时间、能源和带宽。Ecograder 评估网站使用的共享资源，并根据网页中共享资源的占比打分。

可寻找性

我们的难点是如何让 Ecograder 判定在因特网上寻找网站内容的难易度。做过搜索优化的网站，可帮用户更快找到所需内容，因为这些网站的搜索排名更靠前。当用户输入查询词后，他们不必浏览几十个网页就能找到所需内容。做过搜索优化的网站，用户寻找所需内容的过程使用的能源更少。我们决定用 MozRank 评估网站的可寻找性。如图 7-10 所示。

图 7-10

网站的 MozRank 分数为 Ecograder 提供网站的搜索排名数据。自 2013 年起，Ecograder 爬取的大多数网站的 MozRank 分数都相当低

MozRank 分数

MozRank 工具由西雅图的一家集客式营销软件公司 Moz 开发的。MozRank 是一种"通用的、总分为 10 分（对数值）的度量方法。它度量的是链接在因特网上的权威性（受欢迎程度）。MozRank 这类指标度量链接在整个因特网的权威性，且评分很稳定，因此这类评分适用于多种查询词，而不只是网页专门为之优化过的特定关键词。"MozRank 类似于 Google 的 PageRank，利用了 Web 的民主这一内在属性。链接的排名反映了网页在因特网上的重要性。Ecograder 的网站排名打分算法，利用网页的 MozRank 值为网站打分。

设计和用户体验

网站设计具有主观性，故很难用软件评估网站的易用性，因此制定 Ecograder 的网站易用性评分标准是一个不小的挑战。我们探讨了多种方案，最终落实到以下两点上：移动端优化、是否使用 Flash。现在比起 2013 年开发 Ecograder 时，Flash 用得少了，对用户体验的影响不再那么明显，但大量的视频网站和广告很多的网站仍用 Flash 嵌入内容，即使自 2014 年起 Google 开始惩罚这类网站的排名。

移动端优化

为了便于打分，我们从以下两个方面定义移动端优化：一是网站专门为移动设备开发了单独的体验；二是网站开发采用了响应式设计。用这两种方法开发的网站更节能，因为它们都要求简洁的内容和设计资源快速加载。Ecograder 分析网站的内容，若网站满足以下任意一条标准，即认为它针对移动端优化过：

- 样式表声明包含 `min-width`（最小宽度）或 `max-width`（最大宽度）术语。
- 样式表内容包含 `@media` 查询。
- 若 user agent（用户代理）字符串设置成一种移动设备，网站将返回不同的 *style.css* 文件。如图 7-11 所示。

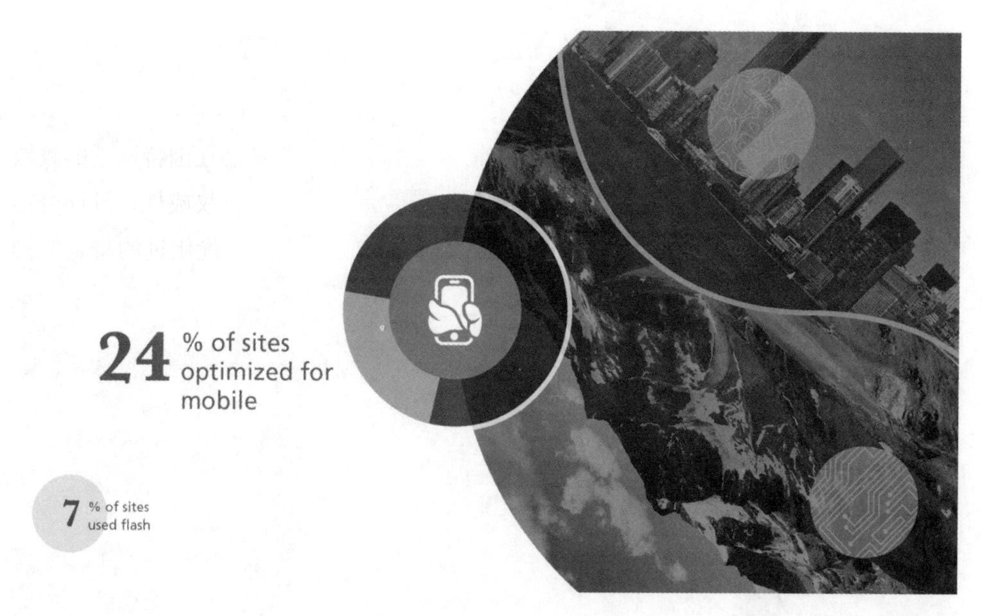

图 7-11
移动端优化和 Flash 检测是识别网站是否为不同设备提供良好用户体验的两个关键点

使用 Flash

本章前面和第 5 章讲过，Flash 比标准实现方法耗能多，且大多数移动设备不支持 Flash，其中所有的 Apple 和 Android 操作系统均不支持。从能效和性能来讲，网站不应使用 Flash，因此我们让 Ecograder 爬取页面后寻找有无嵌入的 .swf 文件，若能找到，就惩罚网站的总分。

开发过程

Ecograder 从概念到最小可行性产品共用了 11 周。尽管最初的产品远不够完美，出于多种原因我们仍然认为它是成功的。虽然时用时不用，但从项目开始到结束的整个过程，这是我们第一次使用精益和敏捷方法。我们开展一个个敏捷冲刺过程，尝试验证每一个假设，同时还严格按照安排紧凑的时间表开发。我们收集了很多邮箱。我们甚至还收获了一些潜在客户。如图 7-12 所示。

图 7-12

从概念到最小可行性产品只用了 11 周

下面是我们在这个过程中所学到的：

- 为期 11 周的时间表很激进，它带来一定的压力，但也促使我们团队团结一致，快速开发最小可行性产品上市，而不纠结于每一个小细节。
- 将用户体验交付成果加塞到由功能驱动的产品冲刺之中，当时对我们设计团队是一个不小的挑战。
- 开发时间表本已安排得像记者的那般紧凑了，我们还要赶在地球日发布，导致我们加了几天班。

值得一提的是，当时我们的客户工作也开始艰难推进。Ecograder 的大多数工作，专门按照客户的截止时间来安排开发。

在约定的时间表内，我们要完成研究、竞品分析、产品冲刺、设计和用户体验。下面几节我们更详细地介绍各项工作。

研究

一开始，我们采访了几十家公司、践行可持续理念的机构和共益社区成员，探讨我们的想法是否可行，是否能找到产品和市场的契合点。收集到的反馈很鼓舞人心，虽然很多人也表示我们的价值主张薄弱，不太能促使他们购买产品，这一点令人担忧。

大多数人并未意识到他们应关注因特网的可持续性，他们纷纷表示采访过程令他们大开眼界。出于让用户意识到可持续性这一小目标，目标用户的表现鼓励我们继续前进。

竞品分析

竞品分析过程，我们发现了其他几种尝试解决相同问题的工具：

Greenalytics[注9]

Greenalytics 是由坐落在瑞典斯德哥尔摩的瑞典皇家理工学院（KTH Royal Institute of Technology）开发的。它综合利用 Google Analytics 和环境研究数据，评估包括服务器、基础设施和终端用户影响在内的网站的碳足迹。它的数据放在了 GitHub 上，是开源的，其 GitHub 仓库的最近一次更新是在 2013 年。

CO_2 Stats

CO_2 Stats 是一项按月付费的服务，它计算你网站的环境足迹，寻找提高网站能效的方法，以自动抵消它计算得到的碳足迹，并在网站展示一个绿色认证的“标识”。[注10] CO_2 Stats 的网站主是前面提到的网站碳足迹计算公式专利的持有者。

Web Energy Archive Ranker[注11]

该工具由法国的 Green Code Lab（绿色代码实验室）开发。它从 HTTP Archive、Webpagetest 和 Power API 拉取数据，跟踪因特网能源使用趋势，增强人们对能源消费和环境足迹的认识。这里介绍的三个工具，只有这一个似乎仍在开发中，它提供的信息最为全面。

这些工具帮我们将注意力放到简洁、易用上。如图 7-13 所示。

注 9： *http://greenalytics.org*。

注 10： *http://www.co2stats.com*。

注 11： *http://webenergyarchive.com/en*。

```
README

GREENALYTICS
Greenalytics is a web service to calculate the carbon footprint of websites using Google Analytics
API.

Created by:
Jorge L. Zapico
jorge@zapi.co
http://jorgezapico.com

Created as a research project financed by the Center for Sustainable Communications
More info at http://cesc.kth.se
The Royal Institute of Technology (Stockholm, Sweden) http://kth.se

First version released: February 2010
Last update: November 2010

This application is released as open source following the MIT License.

Programmed in Ruby on Rails http://rubyonrails.org/
Using the following gems and libraries:
hpricot http://github.com/hpricot
gdata http://code.google.com/apis/gdata

Thanks to Google for providing APIs for their services.
```


Name	Number of page viewed (million by month)	Rank electric consumption	Electric consumption (MWh by year)	Rank Transfer size	Data tranfert size (TB by year)	Eco-design grade
http://france.lachainemeteo.com/	97.18	15	49.56	9	-0.00	D
http://www.challenges.fr/	17.79	9	25.73	8	-0.00	F
http://www.closermag.fr/						G
http://www.d8.tv/	6.95	1	4.47	22	-0.00	D
http://www.doctissimo.fr	135.12	16	133.95	6	-0.01	E
http://www.france5.fr/	11.06	2	6.82	20	-0.00	D
http://www.franceinter.fr/	18.12	4	21.81	15	-0.00	F
http://www.huffingtonpost.fr/	30.97	12	34.54	11	-0.00	E
http://www.laprovence.com/	17.25	3	18.37	19	-0.00	E
http://www.latribune.fr/	20.90	8	23.46	18	-0.00	E

1 2 3

图 7-13
其他几种因特网可持续性工具

冲刺

冲刺由特定的集成驱动，发生在一到两周的时间段内，时间长短取决于我们现有客户的工作量要求和集成的复杂度。按照刚刚介绍的方法论制定了最初的路线图之后，我们快速地从刚确定要用的几个 API 拉取数据。

设计和用户体验

前面讲过，设计团队当时纠结于如何将线框图和视觉设计稿这类交付成果整合到开发 Ecograder 所采用的敏捷过程。他们最初为了制作更可持续的设计方案也颇费脑筋。如 Pete Markiewicz 所讲，“设计师不能只追溯他们的缪斯女神，他们必须平衡用户（用户体验）和环境（设计的碳足迹）之间的关系。”

我们从那时开始懂得了，将设计工作集成到产品冲刺，对刚开始实践敏捷方法的团队来说有困难是普遍现象，我们用第 5 章所讲的多种技术将其整合进来。当然，总体来讲，我们也变得更擅长将更可持续的方案整合到设计过程。

生产 Ecograder 的内容

为了使 Ecograder 输出的报告更有用，我们想附上附加资源的链接，这些资源有助于网站主和客户将其网站改造得更高效，对环境更友好。但从因特网上很难找到这方面的博文。当然，介绍如何使用 CSS 雪碧、共享库等技术的博文到处都是，但就是没有专门解释为什么它们是更可持续的策略的文章。于是，我们的内容团队撰写了一系列的博文，填补了 Ecograder 所度量的指标和效率驱动的 Web 设计技术之间的鸿沟。

推销 Ecograder

前面提过，产品宣传是我们为 Ecograder 制定的产品策略的一部分。我们不仅想将这些技术用到自己的几个网站，而且希望其他用户也能用上……或者，至少清楚这些技术的存在。为了实现这一目标，内容团队跟一个公关团队用 Ecograder 测试了财富 500 强公司的网站并记录其分数。我们将数据分享给媒体行业的几位朋友，

Fast Company 的 Co.Exist 博客为此撰写了一篇题为“Measuring the Efficiency of Fortune 500 Websites”（度量财富 500 强公司网站的效率）博文。其他几家博客和媒体也予以报道，其中包括芝加哥《太阳时报》和 Sustainable Brands（可持续品牌）社区。如图 7-14 所示。

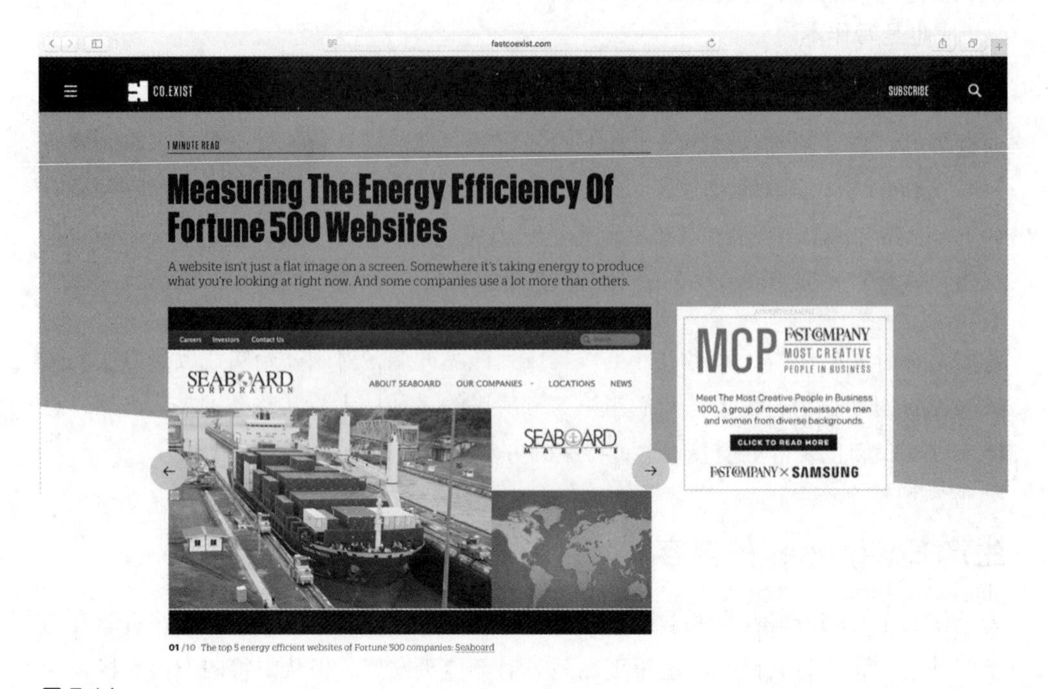

图 7-14

用 Ecograder 测试财富 500 强公司网站的效率

结果

虽然我们还没有敲破如何用 Ecograder 赚钱的坚果，但是它已为 Mightybytes 带来积极的业务成果。除了前面提到的媒体报道，它还带来了其他好处：

- 对于关心可持续性的客户，我们已开始用 Ecograder 测试其网站性能。
- Ecograder 爬取了数以千计的网址，提供多种参考数据。世界各地数以千计的开发者，以它的数据为基准，开发更可持续的网站。Ecograder 将我们和这些用户紧紧连接在一起。

- 社交网络上经常有人提及 Ecograder。
- 产品发布一年之后，Ecograder 的产品介绍页是我们网站排名最靠前的几个网页之一。
- Ecograder 为我们带来了在美国各地的一些演讲机会，还带来了一次 TedX 演讲，它也是写作本书的一个重要原因。

2016 年地球日，距 Ecograder 首次发布已有三年之遥，三年以来，我们用 Ecograder 爬取了近七万家网站，收集了大量数据，并做成了信息图。结果表明所爬取的网站中，只有 2% 多一点托管在用可再生能源供电的服务器上，只有 24% 的网站为移动设备做过优化。如图 7-15 所示。

基于上述这些原因，我们认为 Ecograder 是一个巨大的成功。它几乎满足了我们商业模式的所有目标。它使 Mightybytes 得以从成千上万家同类型公司中脱颖而出，它还增加了人们对因特网可持续性的认识。

我们牢记整个产品的生命周期，这促使我们扪心自问，开发 Ecograder 的过程是否像产品本身那样可持续？短期来看，我可以肯定的是，产品开发过程有很多工作的效率其实还可以提高。我们的用户研究本应该更精益。我们曾将 Ecograder 托管到多家不同的绿色 Web 主机上，他们的供电方案五花八门，对环境的影响不一。Ecograder 的产品设计也经历了一个不断改善的过程。然而，开发和维护 Ecograder 的漫长过程之中，团队更加熟悉敏捷方法，大家对哪些设计和开发技术更可持续也达成了共识。总而言之，Ecograder 开发过程的学习机会远比我们在这一过程使用的其他资源更重要。

用 Ecograder 工具评测网站性能

下面介绍我们如何用 Ecograder 帮客户改进网站。Climate Ride 是美国的一家非营利组织。它经常举办一些带慈善性质、考验参与者耐力的活动，为环境、积极运动和可持续性募集资金。参与者通过注册，就能参加这些具有改变意义、持续多天的活动，他们采用个人对个人的方法为一个或多个非营利受益人筹集资金。跟很多小规模的

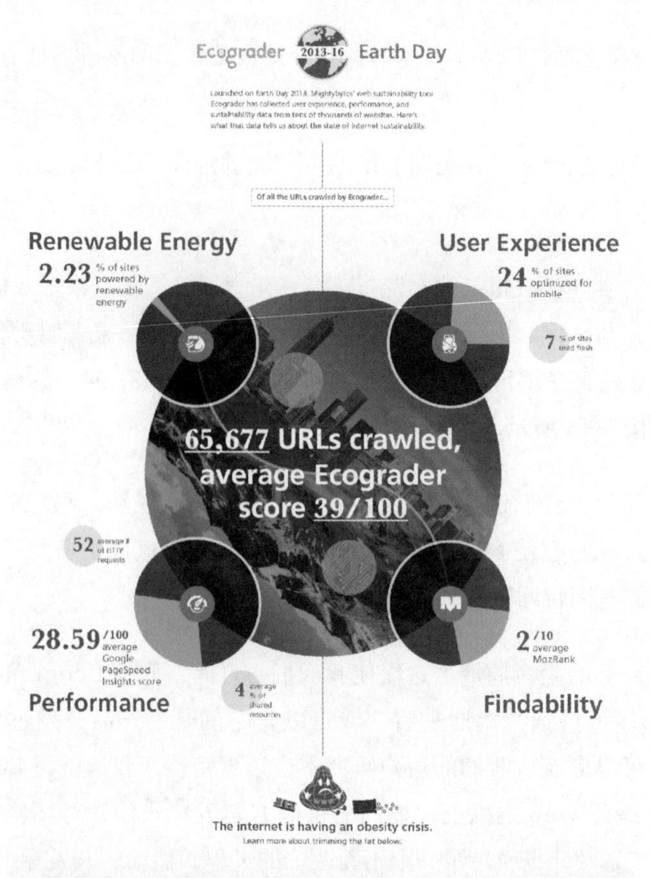

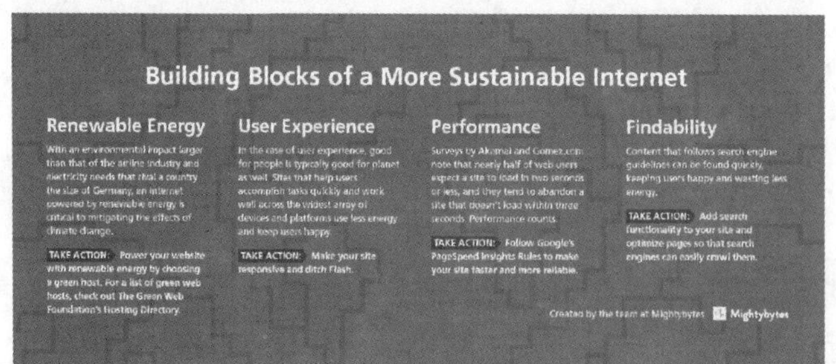

图 7-15

用三年来爬取网站得到的可持续性数据制作的信息图

非营利组织一样，该组织也采用了一种精益和迭代的成长方法，同时还关注成长过程对人和地球的影响。该机构的网站也不例外。

2011 年，Mightybytes 公司为 Climate Ride 重新设计了原网站。那时，作为重新设计方案的一部分，我们将其网站迁到了 100% 用可再生能源供电的托管商那里。两年之后，我们又用 Ecograder 的第一个版本测试了他们的网站。即使 Ecograder 无法提供 Climate Ride 网站效率提升所需的每一个指标，但它的打分机制足以帮 Climate Ride 团队更好地理解我们提出的改进方法能够提高其网站的效率，使其对环境更友好，同时还能改善其用户体验。如图 7-16 所示。

2013 年的第一次评测，Ecograder 为 Climate Ride 的网站打了 71 分。Ecograder 的绿色托管这一项总分为 100 分，但只为 Climate Ride 打了 25 分，我们可以肯定 2011 年之前，Ecograder 只会为 Climate Ride 打 46 分。这么低的一个分数反映的并不是该组织对环境的整体影响，而是度量网站可持续性的一个很好的起点。如图 7-17 所示。

2014 年，我们再次更新他们的网站，实践了本章所介绍的可持续 Web 设计概念，不断持续提升网站的效率。下面几节挑几个方面介绍我们是如何改进网站的。

可寻找性和 SEO

Mightybytes 精简了 Climate Ride 网站的内容结构，使受用户欢迎的内容类型更易寻找，减少用户搜索时间。我们持续改善网站的搜索排名，优化网页，帮他们建立高质量的入链等。此外，Climate Ride 活动常在风景优美的地方举行，照片成为他们在线营销策略的一大特色，因此 Climate Ride 在社交媒体上表现很好，社交媒体以至于成为仅次于直接流量的第二大引流渠道。用户从社交网络（跟所有用户一样）来到他们网站之后，我们所作的优化可帮其尽快找到所需内容。

图 7-16
数以千计的骑手通过 Climate Ride 为其钟爱的环保非营利组织募集了数百万美元

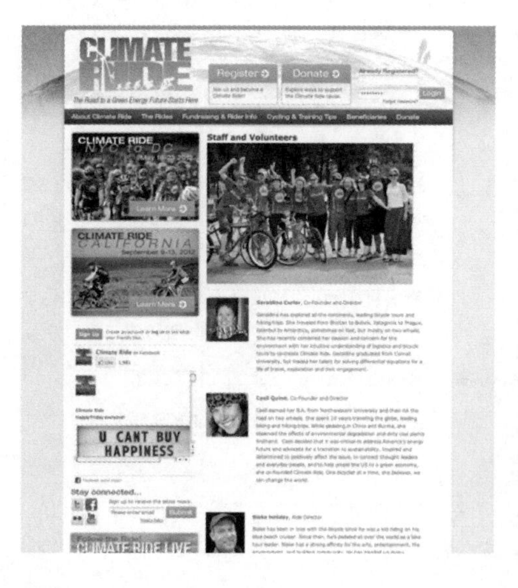

图 7-17
多年来，Mightybytes 在 Climate Ride 网站的背后作了很多调整，提高了它的速度和效率

设计和用户体验

类似，我们将常用的用户交互，比如寻找骑手、注册参加活动或捐款，放在网站界面的显眼位置，同样是为了帮用户快速找到所需内容。我们还改用响应式设计，使网站对移动端更友好。

性能优化

每张都要发起一次服务器请求，且体积在 60KB 到 300KB 的大背景图，我们果断将其删除。

原来首页的幻灯片效果，有时包含多达 10 张图，我们用一张体积较小的焦点图替换了它，加载时间和服务器请求次数大幅下降。Mightybytes 团队还向 Climate Ride 介绍了 Smush.it、PicMonkey 和 ImageOptim 工具，以便进一步压缩网站的图像。

这次优化，Mightybytes 还更新了 Ecograder 的打分算法，增加了多个检查指标。网站大修完成后，Climate Ride 网站的分数升至 91 分，较 2011 年上升了 45 分之多。如图 7-18 所示。

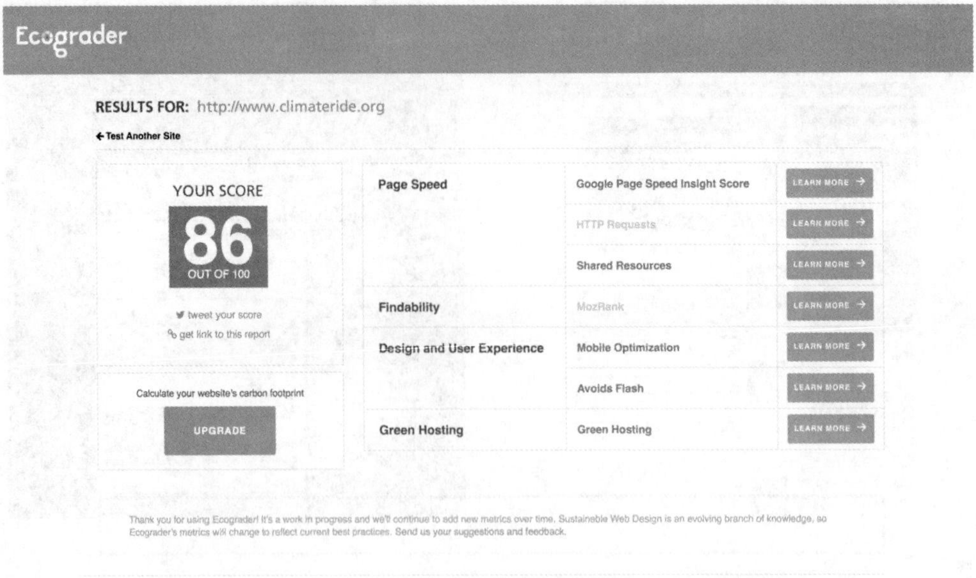

图 7-18
网站测试：几年下来，Climate Ride 网站的 Ecograder 分数提高了 45 分

Climate Ride 作为一家小型、虚拟的非营利组织，主要利用在线工具开展工作，一直很重视在运营的各方面践行可持续性理念。它致力于提供最佳、高效的在线交流机会，以满足社区的需求，并尽可能 100% 使用可再生能源电力。

小结

本章，我们介绍了评估网站碳足迹有多复杂。这是建设可持续因特网面临的一大挑战。温室气体协议为我们提供了评估温室气体排放的标准流程。我们可将该流程应用于一家公司或数据中心，并生成对该机构排放量的一个相对准确的估计。由于它使用的话术相对容易理解，我们能更好地理解该机构对环境的影响。

但是如果你讨论端到端的评估，将数字产品或服务对环境具有潜在影响的所有可能的变量都加进来（从生产过程、托管、分发、提供服务的基础设施一直到终端用户的设备），将变得过于复杂而难以执行。除非有人敲碎这颗坚果，否则，我们将难以讨论因特网的可持续性，因为大家很难就此达成共识，并且相关内容也不容易消化。

现在，如有人想投钱资助一项研究基金，这将是一个回报优厚的项目。

行动指南

请尝试以下事项：

- 用 Ecograder 为你的网站打分。
- 找出网站有待提升的方面。
- 改进网站，跟踪分数是否提高。

- 你打算如何评估自己网站的碳足迹?

第 8 章

对未来友好的因特网

你将从本章学到什么

如果所有数字产品和服务效率高、环境影响小，如果所有主机都使用可再生能源电力，那么未来可长期服务用户的更可持续的 Web 会是什么样子呢？这简短的一章带大家看看它可能的模样。我们带着对未来的美好憧憬结束本书。如图 8-1 所示。

对未来友好的 Web

本书不惜笔墨，详细讨论如何让数字产品和服务更精益、对未来友好、更可访问和可持续。如要建成用可再生能源电力供电、高效的因特网，并在以公平和公正的劳动开发出来的设备上使用它，需具备一定的前提条件。下面几节根据本书前面介绍的内容，讨论我们如何实现对未来友好的 Web。

有良知的公司

在线商务作为我们星球上最强大的、由人创造的力量，在商业中扮演的角色越来越重要。因此，因特网的未来以错综复杂的方式编织进商业的未来。好在一些发展迅速且仍持续进行的运动，有潜力改变商业本来的面貌。

图 8-1
数字未来是绿色的吗

自觉资本主义和共益企业运动等组织正在创造奇迹，它们为商业注入了一种超乎利润之外的目的意识。Etsy、Kickstarter 和 Hootsuite 等鼓舞人心的共益企业，主要收入来自线上，它们利用因特网营利，顺便解决社会和环境问题。共益影响评估等工具，为有意向成为共益企业的公司认证其业务，这类工具在帮企业接受可描述性、透明度、社会责任和环境保护责任等方面取得了长足进步。接受这些价值观的公司，更可能拥有对环境友好的公司文化，并且其薪酬也不会因性别而有所差异，公司会公开财务，为员工提供更好的福利，员工参加志愿服务有报酬，等等。事实上，与其他可持续性公司相比，共益企业具有以下特点：[注 1]

- 68% 的更可能至少将收入的 10% 捐给慈善事业。

注 1： B Lab，“B Corp Community”(*http://www.bcorporation.net/b-corp-community*)。

- 47% 的更可能就地使用可再生能源。
- 18% 的更可能使用来自低收入社区的供应商。
- 55% 的更可能至少为员工缴纳一部分健康保险。
- 45% 的更可能为非管理层员工分红。
- 28% 的更可能吸纳女性和少数民族加入管理层。
- 带薪职业发展机会是普通公司的 4 倍。
- 每年至少给予员工 20 小时的带薪社区志愿服务的可能性，是普通公司的 2.5 倍。

成为一家共益企业或在共益企业工作，是努力实现更可持续的因特网和地球的工作方式之一，而这归根结底是为了人类自身。除了共益企业，只想抵消自己碳排放的公司，可与 ClimateCare 这类企业合作。ClimateCare 也是一家共益企业，它帮公共和私营部门的合作伙伴改善他们对环境的影响。你可向其购买碳补偿或可再生能源信用（REC），以抵消自己的排放。他们开展了一系列旨在解决贫困问题、改善健康状况和保护环境的项目。如图 8-2 所示。

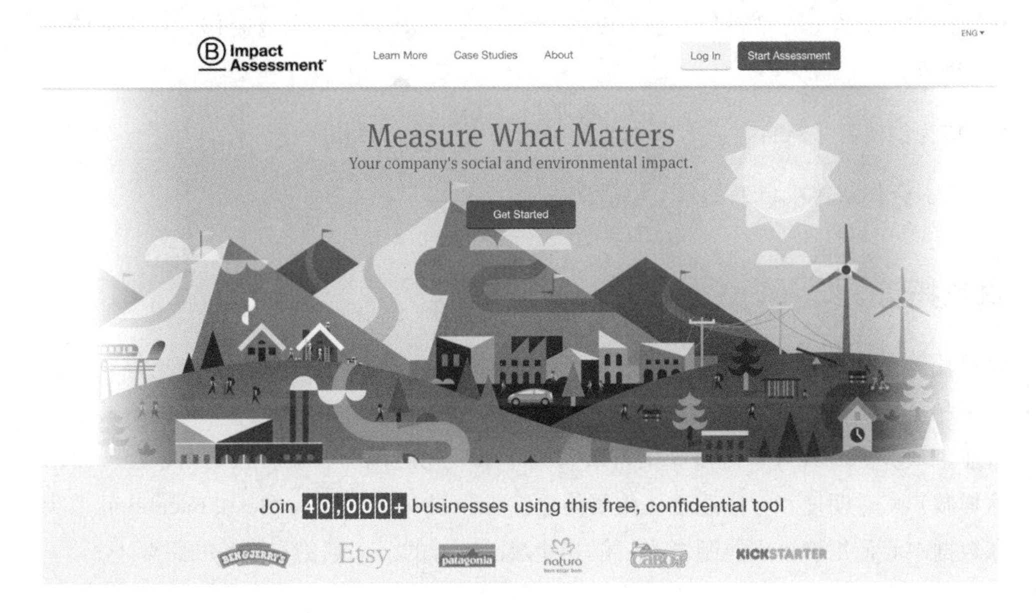

图 8-2
度量线上产品和服务及公司内部，找出什么对环境有影响

全球这类公司不断涌现，现在虽只有一部分公司将数字业务纳入公司的环境影响评估之中，但这些公司与环境意识之间有硬连接，他们思考现有业务活动的同时，也会顾及其影响和创新。有了正确的标准和解决方案，共益企业和其他有良知的公司考虑将数字业务作为他们对环境影响的关键部分，就只是时间问题了。

还应注意的是，商业并不是解决这些问题的唯一部门。The Green Grid（绿色网格）、Green Web Foundation（绿色 Web 基金会）、World Wide Web Foundation（万维网基金会）、UNESCO（联合国教科文组织）和 BSR 等很多机构，正努力工作，力争将可访问性、公平、高效和可再生能源带入因特网。

要建设更可持续的未来，我们需要这些部门一道努力，发挥集体的力量。相信在大家的共同努力下，对人类和地球更友好的因特网，将不只是停留在人们的空想里。

下面是一些你立刻就能做到的小事，你可借此加入到以商业作为行善事的力量这一不断发展壮大的运动之中：

- 参加共益影响评估（*http://bimpactassessment.net*）。
- 跟 ClimateCare、TripZero、ThirdPartners 和 3Degrees 等公司合作，抵消你的碳排放。
- 作为消费者，从自觉或有良知的公司购买更多的产品和服务。
- 吸引合作伙伴或员工加入上述活动。

绿色托管

绿色托管是一个可以迅速取得重大进步的领域。信息和通信技术（ICT）行业，在效率和可再生能源使用方面已领先其他很多行业。然而，它也是一个非常不透明的行业，缺少标准或规章制度。上市公司为了最大化股东的收益（在美国，法律要求这样做），透明度和可描述性往往要为之让步。而 Apple、Google 和 Facebook 带头在数据中心使用可再生能源电力，但其他数以百计的公司则仍有很长的路要走。

至今，仍没有标准或全面的系统能帮潜在顾客更容易地理解某家数据中心是真正的绿色还是洗绿的。一些公司，比如Green House Data和Canvas Host不遗余力度量各种指标，以帮消费者理解他们为提高效率和用可再生能源电力为服务器供电所作的努力。然而，对很多因特网服务提供商（ISP）而言，要么这不是他们优先考虑的，要么他们没有足够的资源去度量或改善他们在能源利用上的表现，或者他们干脆选择不公开能源利用情况。

Web托管行业要为建设更绿色的因特网尽自己的一份力量，它应考虑为数据中心可再生能源电力的使用情况，制定类似于电力使用效率（PUE）或数据中心基础设施效率（DCIE）的标准。仅购买REC是不够的。Web托管商（和所有相关公司）应利用自身影响力，推动当地的立法，引入更多可再生能源电力到当地，以便直接用其为服务器供电。再次强调，效率和可再生能源一定是更可持续策略的核心组成部分。

Canvas Host公司的David Anderson说道："由于没有明确的既定标准，很难提议让人们遵守一组标准而放弃另一组。幸亏Bonneville Environmental Foundation这类新型组织的数量在不断增加，我建议服务提供商去找找看他们附近有无这类组织，这样做至少可帮其识别哪些项目是合适的或是值得提倡的，帮其找出哪些方式能让自己走上可持续性道路。"

David告诉我，业务发展过程设定的指标，因为关系到托管数据的统计，所以他才觉得这些指标很重要，但它们无法解决运营过程的其他难题，比如循环利用和电子垃圾回收：

- 对于硬件或塑料，我们回收什么？回收多少？
- 哪些我们升级再造？
- 我们通过公共交通抵消了运营的影响吗？
- 当地的植树活动如何（Canvas Host通过Friends of Trees参与到植树活动）？如图8-3所示。

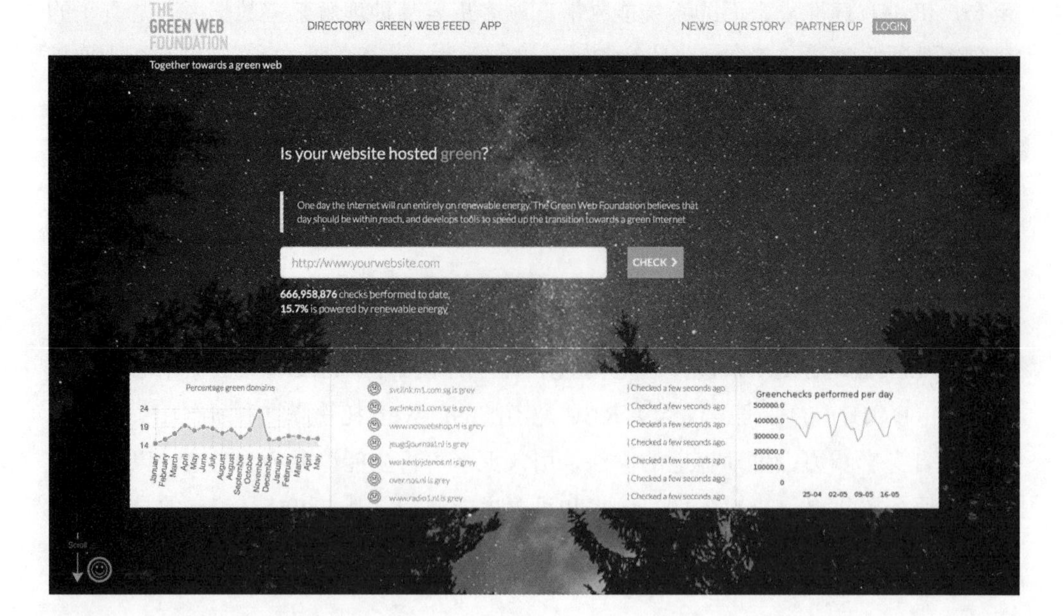

图 8-3
瑞典的绿色 Web 基金会力求提升人们对绿色 Web 托管的意识

瑞典的绿色 Web 基金会虽有待于变为绿色托管的因特网标准，但其努力的确为现有绿色托管商带来了更多的曝光机会。“因特网上的曝光机会是唯一有价值的硬通货，我们尝试让绿色托管商更可见，”合伙人 René Post 说道。他告诉我，他们收到了很多公司的请求，这些公司想加入其绿色 Web 托管商数据库，但这些公司的唯一成就是使用了低 PUE 的数据中心。“这虽然重要，”他说，“但其余的电力，也许用的是煤电或核电，仍足以为一个小镇供电。因此我们赞赏他们的努力，但同时要求他们切换到可再生能源电力，因为只有这样才是真正的绿色。”

René 还讲道，他们在帮绿色托管商更清楚地传递其环境影响时，也面临着重大挑战，“坦率讲，永远不会有那么一天，我们可以百分百确定我们已覆盖了‘整个因特网’。因特网巨大无比，枝枝叉叉延伸到多个国家和语言不同的多个地区，并且它的发展速度之快仍令人难以置信。因此这是一个很大的挑战，我们不想宣称自己网罗了全球的所有绿色托管商。”

举个例子，写作本书时，该机构一直未能在某国找到一家绿色托管商。现在，这意味着某国还没有一家积极的绿色托管商用英语来描述他们使用可再生能源的情况。“语言很重要，”他说道，“我们过去只研究阿拉伯语、俄语、英语、德语、荷兰语、法语、意大利语、西班牙语和斯堪的纳维亚语，但我们对缅甸语或乌尔都语（仅举几个例子）的学习严重不足。因此我们这时也许会错过一些发展机会。”

Product Science 的 Chris Adams 认为大型云服务提供商在发展绿色 Web 托管业务上，比起小型 Web 托管商，它们的优势已显现出来。“你要是出于好心，选择了‘只’会给你一个服务器让你运行的小型绿色托管商，我认为你放弃了很多竞争优势。你需要极其擅长运营支持工作，以弥补在响应式布局或敏捷性方面的缺失。”

Chris 谈道，随着公司提供更多价格更低的服务，透明度和复杂程度不断增加的供应链将为更清洁、绿色的因特网的发展带来巨大挑战。“即使我尝试只用 Google 的服务器，它们比大多数服务器更为清洁，但我们一个普通项目还是使用了 5 到 10 个外部服务。我们很难查明这些外部服务是不是绿色的。”

尽管寻找一家好的绿色 Web 托管商很难，还是有一些你可以立即行动的事情：

- 查看 ServingGreen（http://serving.green）和绿色 Web 基金会（*http://www.thegreenwebfoundation.org*）网站，寻找绿色 Web 托管商的最新信息。
- 利用美国能源部的 Buying Green Power（购买绿色电力）地图，查明托管商所在地是否能买到可再生能源电力。[注 2] 如能买到，与其沟通，要求改用可再生能源电力。

硬件

因为这是一本讲设计和开发的书，所以我们就软件讨论了很多，但搞清楚硬件在建设更可持续的因特网中所起的作用也很重要。设备和服务器的运行离不开电力，前

注 2： US Department of Energy，“Can I Buy Green Power in My State?”（*http://apps3.eere.energy.gov/greenpower/buying/buying_power.shtml*）。

面讲过它们的用电，只有很少一部分是可再生能源电力。加之，我们访问前台用的设备及数据中心的设备，其供应链往往受到环境灾难的破坏。

例如，某地附近的一个湖，充满了提炼稀土金属产生的有毒副产品。该湖距离农田和一个拥有 250 万人口的城市仅有几英里之遥。污染该湖的稀土矿出产了世界上大约 70% 的稀土金属，它可用来生产消费级电子产品。

全球有很多类似的遭受污染的地区，这仅是其中的一个例子。绿色美国的内容策略师 Bernard Yu 在谈及你也许正用它阅读本段文字的计算机或其他设备时，说道："你计算机中的金或锌若产自某地区的话，它可能是非法工人开采的。如果它产自某某地区，那么它可能使用了非法工人并资助了战争。"

因特网供应链的部分企业需要硬件，而硬件生产可能会破坏环境，所以绿色和平正努力做这部分企业（数据中心、无线基础设施和设备自身的足迹，并向上追溯到生产商）的工作。"很多设备生产商所在地区主要使用煤电，"绿色和平的 David Pomerantz 说道。"IT 公司发挥开拓精神，施展能力，控制其能源供应，很多其他行业纷纷效仿。大型 IT 公司向世人证明这是很好的业务。现在我们需要考察服务器、手机、笔记本和平板等产品整个生产过程的供应链。"

Fairphone 公司位于阿姆斯特丹，该公司在更可持续的硬件采购方面，起到了引领作用。Fairphone 源自 Waag Society 资金会内部发起的一场反对手机使用争端矿物的活动。作为一家社会企业，Fairphone 发起了一场更公平电子产品的运动。Fairphone 现已通过了共益企业认证，它关注可持续性，并视其为企业存在的原因，因此可持续理念贯穿整个生命周期，从采矿、设计、生产到产品生命的结束，让产品更可持续理念驱动了这一切。该公司 100% 使用自有资金（未接受捐款或风投），使其能保护自己的社会价值。如图 8-4 所示。

举个 Fairphone 力求改变智能手机行业的例子。它从加纳采购电子垃圾并运到比利时，在此生产设备的部件。该公司定下一个目标，每生产一块手机，它就要从不具备电子垃圾循环利用的地区采购三台报废手机。虽然将旧手机从加纳运到比利时，这种

图 8-4
Fairphone 以可持续的方式采购生产材料，并致力于开源、模块化设计和解决社会问题，Fairphone 意在改变智能手机行业

方式可持续性不高，但是帮加纳建设在本国循环利用电子垃圾的基础设施，可解决该环节的不可持续问题。

该公司还致力于开源，正准备发布产品的一个开源版本（基于 Android 系统）。该公司认为开源对其成长策略很重要，开源可帮他们提高设备的可持续性。

通过讲述这些故事，公司还可帮助消费者看到产品的价值，他们购买这种手机能够利用商业改变世界。

教育和孵化

推动更清洁、更绿色的因特网不断向前发展，意识发挥了重要作用。缺少具备影响力的关键人物、公众演讲家、教育者、商业孵化器和专业机构等各方的支持，这不可能发生。如要让因特网的未来更可持续，学生和新企业主明天就得站在实现这一目标的起跑线上。

教育

教育学生，让他们清楚可持续性在设计中的地位很关键，因为这些学生将加入设计师队伍，开发产品和服务。最可持续的设计项目关注架构。可持续性课程应该被纳入所有学校项目的教学大纲，而不只是在特定的院系才开设这些课程。职业发展机构，比如 AIGA 和 GDC 已开始宣传可访问性和可持续性的益处。为何不进一步采取措施，将可持续设计技术跟数字产品和服务整合起来？

Pete Markiewicz 发现学生往往具备开发数字产品和服务所需的技能或技术知识，但是其设计决策缺乏大局意识。“从事 Web 设计或开发工作的学生，也许追随一种个人‘绿色’的生活方式，”他说道，“但为因特网开发出臃肿、低效的产品。原因在于 Web 给人的感觉是‘没有分量’。它轻盈、飘在空中，不像是汽车‘弄脏’环境那样明显。”如图 8-5 所示。

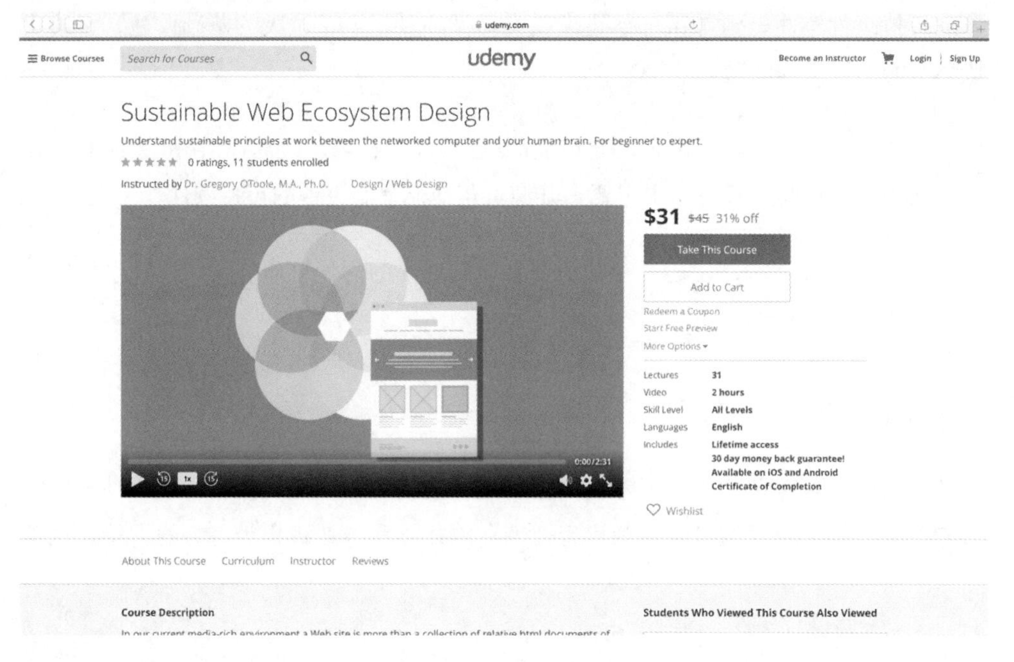

图 8-5

普及因特网对环境的影响，是确保其未来更可持续的关键

他还讲道该领域的教育者所扮演的角色，是给予学生在以下两个关键领域的洞察力：

将更可持续的思想带入设计

> “将可持续性思想带入产品和服务，设计是主要方式，并且在设计这一层级加入可持续性也正合适。设计决策对结果的影响是实实在在的。设计师不能只追随他们的缪斯女神，他们必须平衡用户需求（用户体验）和环境（设计的碳足迹）两者的关系。”

个人责任

> “在直接参与产品和服务生产的个体这一层级，设计变得不可持续。你若从事设计工作，你个人要对践行可持续的设计实践负责，而不是你的公司、行业或政府。”如图 8-6 所示。

孵化

更多的创业公司寻求在线上取得成功和获得长期发展，企业家更需要以可持续方式扩展公司业务，这类决策非常关键。商业孵化器和创业加速器有时关注产品，但却忽略了商业决策对所有干系人的长期可行性或影响。疯狂寻求创业融资的过程，这些原则被抛弃了。

商业孵化器 Month16 专注于帮企业家开发成功机会更大的“最小可行性业务”，其合伙人 Noel Burkman 认为创业公司不关注商业和产品的可行性，是在赌自己的未来。Noel 认为将可持续性纳入创业公司的工作流程很重要：

> 可持续性影响业务的方方面面。品牌以可持续性为基础。可持续性驱动消费者的选择。业务长期增长要靠它。我曾招过很多设计师和开发者，我总是选择从骨子里理解效率的人。当然你可以在一月之内学会编写代码或是因自己搭建了个人网站而宣称自己成为 Web 设计师了。但你若不理解算法的基础或基本的用户界面和用户体验原则，我保证你开发的数字体验将非常昂贵。你的产品将吞噬 CPU 周期，抬高产品扩展的成本；产品遭到攻击时，保证其安全运行的成本会很高；若带宽不够、加载时间过长，最终将赶走客户。新公司一心谋求快速成长，往往忽略制定可持续性政策的重要性，而这是建设持久和可扩展的业务的基础。任何为处于发展初期的企业家提供领导力培训和指导的组织，若将如何快速开发产品排在形成一套更可持续的实践方法前面，实则是在建设一间纸牌屋。

图 8-6
数字业务蓬勃发展。从长期来看，帮创业公司更好地理解这些问题，有助于开发更可持续的数字产品和服务

分析和物联网

物联网（IoT）为更好地监控能源使用，并作出由数据驱动的更明智的决策，提供了大量机会。快速成长的创业公司，比如芝加哥的 Uptake，其平台使用设备和机器的传感器收集的数据，帮世界各地的公司解决难题，这些创业公司具有重新定义整个行业和大幅减少排放的潜力。

物联网对更可持续社会的一个突出贡献，也许是它对循环经济的贡献。据建筑师和设计师 William McDonough，“循环经济是这样的一个经济系统，其创新引擎将表示再生的词根‘re’放回到资源‘resources’这个单词之中。通过重用设备、材料、能源和水等，持续造福一代代人[注3]。”换言之，物联网设备可为决策提供信息，告诉我们重用产品材料的最好方式是什么，或是产品报废后，如何将其改造为新的且可用的设备。智能设备采集的所有数据可被用来最大化设备的用途。

2016 年世界经济论坛（World Economic Forum）和艾伦•麦克阿瑟基金会（Ellen MacArthur Foundation）的一篇题为“智力资产：解锁循环经济的潜力”（Intelligent Assets: Unlocking the Circular Economy Potential）报告，探索了以数字技术增强的、繁荣的循环经济的潜在形式。[注4] 它提供了“肥沃的土壤给创新，使得价值创造与有限的资源消耗相脱离，以创造更广阔的社会效益。”

它启发我们，这些智力资产可通过以下行动，改变我们生产、使用和重用产品的方式：

- 利用从产品传输给生产商的数据，监控性能。
- 通过性能合同、预见性维护和自动更新，重新定义维护。
- 帮设计师和开发者以数据驱动产品改进，作出更明智的决策。
- 通过部件回收、重用和循环利用等手段，扩展“使用周期”。

注 3： Sustainable Brands, “6 Technology Trends That Are Reshaping The World We Live In” (*http://events.sustainablebrands.com/sb16sd/updates/6-technology-trends-that-arereshaping-our-world*)。

注 4： Sustainable Brands, “Intelligent Assets: Unlocking the Circular Economy Potential”, February 8, 2016 (*http://www.sustainablebrands.com/digital_learning/research_report/next_economy/intelligent_assets_unlocking_circular_economy_potentia*)。

该报告还讨论了如何通过以下行动，用这些资产创建一套本地、更智能的能源基础设施：

- 从本地可再生能源工厂传输能源数据到自行生产能源的社区。
- 监控能源性能。
- 建设私有和社区能源储存站，为商业、社会和公共空间服务。
- 鼓励发展"按次计费"的可再生能源。

该报告还探索了其他可能的收益，包括：

- 建筑物、桥梁和道路的数据智能增长之后，以下工作成为可能：预见性维护、高效利用资源、提高能源效率、合理利用拆除后产生的废物，以及实时传递建筑物、基础设施、能源和其他资产的健康数据。
- 通过优化配送线路，提升船队效率，避免产生废物，为再循环材料分类，从而达到提升运输和物流效率的目的。
- 开发健康、能恢复的渔业资源，发展可再生农业。
- 建设具备资产跟踪、材料跟踪、可持续家庭用水、本地的智能能源网络、节能路灯等设施和技术的智能城市。

当然，物联网世界无处不在的智能传感器需传输大量数据，使用大量电力。然而，物联网减少环境影响和造福社会的潜力是巨大的。希望我们能够用可再生能源为其供电，并尽可能提升其效率。

虚拟现实

类似，随着虚拟现实（virtual reality，VR）越来越受欢迎，它也将对社会的数据和电力需求产生重大影响（不必说与此同时越来越受欢迎的在线流媒体带来的同样大的挑战）。

虚拟现实让用户沉浸在真实的环境和可持续性场景之中，将有助于增加用户对可持续性的理解。例如，很少有人见过珊瑚礁因大洋的酸化而退化这一现象，但虚拟现实可以让人们近距离、亲身准确了解其行为是如何影响环境的。

Atticus Digital 公司为欧洲最大的能源公司开发了一个虚拟现实培训包，帮其员工理解为什么可持续性对商业、社会和地球很重要。[注5] 员工戴上 Oculus Rift 头显，可了解过多的垃圾、不负责的供应链、去森林化和过度消费这些问题的影响。

最后，虚拟现实用户体验无疑也会改变我们跟数字产品和服务的交互方式。例如，虚拟的购物体验将取代线下逛超市。跨地区培训，学员乘坐交通工具到培训地点会产生排放，而虚拟培训就不会。

线上遗产

带着对以上问题的认识，我们该如何对待因特网前 25 年所产生的几十亿网页呢？第 4 章讨论过，公司对于让其网页退休这事犹豫不决。如果当前的普通网页是一辆数字悍马，我们真的需要大量悍马吗？网页文件不仅占用服务器空间，渲染成网页后，每个像素还消耗电力。有没有方法，让因特网内容大坟墓更可持续一点？

借鉴前面所讲的循环经济，我鼓励所有机构定期审计其内容，削减作废的内容，利用分析工具指导决策，哪些应保留，哪些应删除。若所有公司每年至少这么做一次，因特网的未来将更精益和清洁。

采访：行业领袖的预测

本书写作过程，前前后后采访了不少朋友。当我问起从可持续性角度来看，因特网的未来会是什么样子，他们给出了以下看法。

注 5：Matthew Yeomans, "Oculus Rift Isn't Just a Game; It Could Have Powerful Effect on Sustainability", *The Guaridan*, March 26, 2014(*http://www.theguardian.com/sustainablebusiness/oculus-rift-facebook-acquisition-sustainability-effect*)。

Hemmings House 媒体制作公司的 Greg Hemmings

我看到的是更多流媒体内容，更多基于云的应用，可尽情使用的各种富于创造力的工具。电网的压力将非常沉重。我们作为共益企业和遵守三重底线的公司，如果持续施压要求公司做得更好，我看到的是绿色的云服务和绿色的电网，服务于我们富有创意的故事生产和分享需求。

Limered Studio 设计公司的 Emily Lonigro Boylan

我很乐观。我认为它将更简洁、更轻盈。我认为它要变得简洁和轻盈，要求全球大量真正的聪明人一起出解决方案。好在我们了解彼此，对吧？并且，我们不能等每个人去决定该怎么做，我们得找到一种理念，牢牢抓住它，并执行它。这就是敏捷。

Fairphone 公司的 Miquel Ballester Salva

技术公司有机会引领大家朝更可持续的数字未来发展。设备的数量不断增长；我们生产的数据量亦是如此。开发吸引媒体眼球的设备更难。可持续性是 Fairphone 存在的原因，它不只是推手。我们将可持续性摆在第一位。若更多技术公司采用该方法，我们能大幅减少我们行业和因特网对环境的影响。

Green House Data 公司的 Shawn Mills

我认为未来的因特网（和其他 IT 服务）完全用绿色能源供电，运行在耗电量尽可能少的设备上。这一切都是围绕如何利用可行的技术，并最大化其作用，使我们不再浪费能源，另外不再浪费时间，比如无需等待网页加载。如图 8-7 所示。

图 8-7
未来更可持续的因特网将由分析驱动，不断迭代，就像其他行业一样

绿色和平的 David Pomerantz

未来的因特网 100% 用可再生能源电力。如何实现这一目标呢？绿色和平已在利用客户的压力，但要达到最终目标，我们还需理顺价值链的每一层：消费者、品牌、与主机通信且利用因特网实现的服务、数据中心、无线基础设施和设备自身的碳足迹，甚至还可回溯到设备的生产商。我们如何帮其开发产品，环境影响尽

可能地小。我们需将这些努力的重要性传递给政策制定者。没有环境友好的立法，我们能做的很有限。

The Art Institutes 的 Pete Markiewicz

可持续的因特网很大程度上是由分析驱动的。所有设计（我指的是视觉设计，甚至是一张图像的单个元素）都要分析，以估计其交付成本和为终端用户带去的价值孰大孰小。人人都将使用分析工具驱动其设计。即使在概念设计初期，设计师和开发者就要考虑可行性。最后，后期开发效率问题反馈到设计，引发对一切的迭代，甚至是艺术方向的迭代。

这种改变将预示着设计领域“后现代”理论的终结和“用户时代”作为主流艺术理论的开始（请见 Ellen Lupton 的 *Thinking with Type* 一书）。

未来的 Web 更欣赏普通文本和字体的力量，而不是复杂的动态图、电影类型的体验或虚拟现实。

另一个问题与物联网有关。很多人提议要求为每个灯泡植入计算机，能源使用会因之增加，即使设备自身功率很小。我们需要投入更多能源的地方是巨大的服务器集群，它们提供云计算能力，处理物联网的所有数据。

虚拟现实和增强现实带来一个巨大挑战。这些工具往往是基于 Web 的（更多例子请见 *https://mozvr.com*），但它们是潜在的资源使用大户。创建沉浸式 3D 世界所需的资源量，一定会高于 2D 的 Web。未来的 3D 工具使得每个人都能创造，而不像现在这样只有少数人学 Maya 或 3DSMax。未来 3D 类型的网站会爆发性增长，其碳足迹凶如猛兽。

Madpow 设计公司的 James Christie

可持续的因特网负责消除的碳要多余排放的碳。换言之，开发网站和因特网硬件不可避免会产生碳排放，但是只要它们启用新范式，取代原来污染环境的方法，整体而言它们将成为改善环境的力量。据Smarter2020报告，启用新范式，到2020年，我们就会减少9吉吨（GT）的排放。但据预测2020年因特网的足迹为1.4吉吨。因此，减少的排放与实际排放比为6.4:1。显然，该比率如能降到10:1更好。

我们需要制定标准，编写代码，以确保基础设施是用可持续技术建设的；主机和通信使用可再生能源电力；相关建筑物满足LEED绿色建筑物认证标准；终端设备（比如手机）的开发尽可能绿色（比如Fairphone手机等）。如图8-8所示。

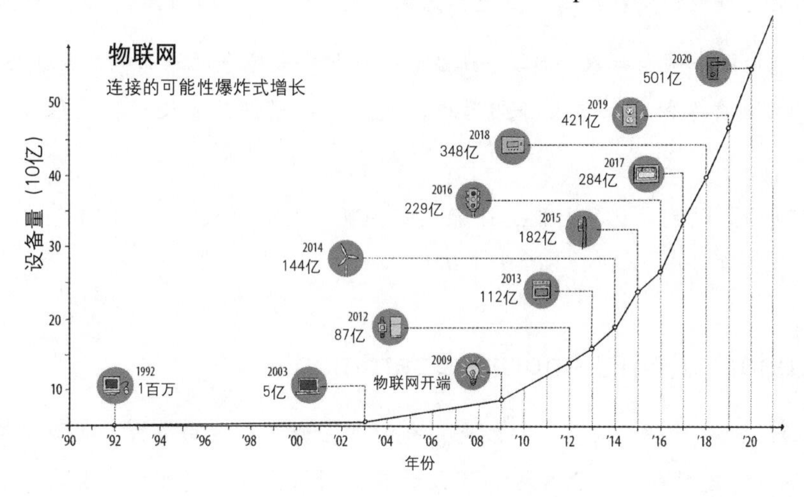

图8-8
用烤箱发推文：据估计到2020年将有500亿台设备联网，它们消耗的能源有多少是不必要的呢

随着物联网的发展，上百亿新设备接入因特网，传输数据所需的能源不断增加，并且可能还得保持设备“永远在线”，以便它们利用物联网，而这也要消耗大量能源。从设备角度来讲，物联网品牌正促使消费者更换他们现在用得好好的烤箱，以便做早饭时能利用烤箱发出最新的推文（这可是真事！）。这会催生更多不理性和不必要的消费。好在同时也存在一股反作用力，正如Internet of Shit这个Twitter账号所表现出来的立场。

实现更可持续和对未来更友好的因特网的最佳方式是完善环境友好的立法，并改变消费者的标准。人们渴望将一切变得更绿，将推动消费模式的转变。大概人们的消费模式需要向极简、更少转变。即便如此，我还是留给你几个问题：

- 我们还可以怎么利用因特网促成国际间的合作？我们刚在第 21 届联合国气候变化大会上签署了《巴黎气候变化协定》，这意味着 196 个国家之中每个国家有着自己应对气候变化的方式。我们能做更多的工作来传播最佳实践吗？
- 我们能建设或影响在线社区，使其更绿色吗（除了在绿色网站添加奖章）？
- 我们能达成一项新标准，让每个商业站点标记出最绿色的产品吗？或让公司、网站的负责人仅提供负责任的选择，我们不再提供虽方便但足迹很大的垃圾？
- 我们用自己的用户体验技能，还能做哪些事，以帮助人们理解这个问题或使其改变信仰？

Manoverboard 公司的 Andrew Boardman

“未来的因特网是一种颜色——绿色。我们都在朝这个方向努力，我们要千方百计实现一种建立在可再生资源和高效的能源利用基础上的文化。努力没有终点。然而，我们的目标是非常宏大的。我们要不惜一切代价，避免私有企业和政府剥夺我们在建成可持续因特网方面的自由。尽管虚拟现实非常酷，但我们对它也要非常小心。”

Product Science 公司的 Chris Adams

“很多商品我们购买后，都要经历某种闭环，或者说是产品服务系统，在这些系统里若用户持续使用商品或选择将其再次送回生产环节，都应给予他们相应的奖励，这样做比将产品做成可处置的节省下来的费用更重要。我们可能需分析产品的使用情况，或更深入地与用户展开双向对话，以了解当前的服务是否能满足其需要。

你可以查询任意网站可能使用的混合型能源结构，并询问网站负责人他们为何仍使用化石燃料。

对于用户每次访问网站对环境影响的度量标准，或每排放一千克 CO_2，我们能做多少有用的工作，我们已达成一致看法，这些数字展示在数据中心和性能管理的控制面板上。”

Canvas Host 公司的 David Anderson

“绿色和平根据因特网的用电量估计，如果将其看作一个国家的话，它将成为第六大用电量大国。各种度量指标显示了为什么说减少其影响很重要。透明度是关键。公司数据透明，可公开他们正在做什么，并能为自己的所作所为负责。

光计算将显著改变现有的游戏规则，耗电量会大幅下降。现在，每使用一安电流，就要用等量电流降温。光计算就不需要这么多。光计算带来的重大转变是，空间将取代电力成为稀缺资源。

此外，不论用何手段，实现“绿色供电”已成为标准。任何非绿色供电的公司，根基将不再牢靠。

我认为所有当前和未来的数据中心将朝可持续设计发展，它们至少将改用可再生能源电力，而这将带来重大影响。”

结束语

从最初的概念到完成，本书大约用了三年半时间。教育自己，使自己了解因特网的环境影响，改变了我的工作方式，改变了我对商业塑造我们未来这一观点的看法。我希望你会发现这些结论很有用。

本书探讨了气候变化如何严重威胁到人类及其赖以生存的地球。本书还探讨了，站在建设数字未来前线的我们，应如何切实、有效地力挽狂澜。

感谢阅读本书。

附录 A

插图的版权和链接

本书讨论了大量公司、机构、产品和服务，以此阐明可持续性设计的重要概念和方法。下面附上所有相关链接，以便你了解更多信息。

插图编号	公司 / 版权方	网址
0-2	美国国家航空航天局（NASA）	*http://climate.nasa.gov/scientifc-consensus*
0-4	James Christie	*https://docs.google.com/spreadsheets/d/1EV2zavkX487b-3kuHO6C3eQW2WGjjRFSK_WdxJkMfCs/edit#gid=0*
0-5	绿色和平组织（Greenpeace）	*http://www.greenpeace.org/usa/wp-content/uploads/legacy/Global/usa/planet3/PDFs/clickingclean.pdf*
0-6	Tweetfarts 网站	*http://www.tweetfarts.com*
0-7	Digitalist 杂志	*http://www.digitalistmag.com/resource-optimization/2015/12/17/tech-cut-emissions-save-natural-resources-03860595*
0-9	美国能源信息管理部门	*http://www.eia.gov/energy_in_brief/article/renewable_electricity.cfm*
1-1	HTTP Archive	*http://httparchive.org/interesting.php?a=All&l=Apr%201%202016*
1-3	Kelvy Bird	*http://www.kelvybird.com/systems-thinking-in-action-2010*
1-4	全球报告倡议组织（Global Reporting Initiative，GRI）	*https://www.globalreporting.org/resourcelibrary/Informing-decisions,-driving-change-The-role-of-data-in-a-sustainable-future.pdf*

插图编号	公司 / 版权方	网址
1-5	新西兰农作物和食物研究所（The New Zealand Institute for Crop and Food Research）	*https://en.wikipedia.org/wiki/file:Helix_of_sustainability.png*
1-6	作者 zhiying.lim (个人作品) [CCBY-SA3.0 许可协议 （http://creativecommons.org/licenses/by-sa/3.0）]，来自维基共享资源（Wikimedia Commons）	*https://commons.wikimedia.org/wiki/file:The_Change_in_Sustainability_framework.jpg*
1-7	AMANAC（新材料和纳米技术项目集群）	*http://amanac.eu/amanac-lca-workshop*
1-8	新西兰政府就业保障部门（Careers New Zealand Government）	*http://www.careers.govt.nz/practitioners/planning/career-education-benchmarks/revisedcareer-education-benchmarks-secondary/revised-frequently-asked-questions-aboutcareer-education-benchmarks-secondary*
1-9	OnePlanet Sustainability 机构	*https://oneplanet-sustainability.org/2013/11/21/corporate-sustainability-proft-motive-andintention-in-greenwash*
1-10	Ecovative Design 设计公司	*http://www.ecovativedesign.com*
1-11	Nascent 公司	*http://www.nascentobjects.com/#a-shop*
1-12	Ecograder 评测工具	*http://www.ecograder.com*
1-13	Nest 公司	*https://nest.com*
1-14	Nest 公司	*https://nest.com*
1-15	绿色和平组织（Greenpeace）	*http://www.greenpeace.org/usa/global-warming/click-clean*
1-16	作者 SebastianStabinger（个人作品）[CCBY3.0 许可协议（http://creativecommons.org/licenses/by/3.0）]，来自维基共享资源（Wikimedia Commons）	*https://commons.wikimedia.org/wiki/file:Oculus_rift_-_Developer_Version_-_front.jpg*
1-17	Google 公司	*https://www.google.com/permissions/geoguidelines.html#streetview*
2-1	绿色和平组织（Greenpeace）	*http://www.greenpeace.org/international/en/campaigns/climate-change/negotiations/COP21-Paris*
2-2	Pingdom 工具	*https://tools.pingdom.com*

插图编号	公司 / 版权方	网址
3-2	共益实验室	*http://www.bcorporation.net*
3-5	Green Boilerplate 模板	*http://greenboilerplate.com*
3-7	Squarespace 建站公司	*https://www.squarespace.com*
4-4	Mightybytes 公司	*http://www.mightybytes.com*
4-5	Google Analytics 工具	*https://analytics.google.com*
4-6	UX Matters 网站（分享用户体验知识）	*http://www.uxmatters.com/mt/archives/2012/05/7-basic-best-practices-for buttons.php*
4-7	用户研究平台 Optimal Workshop	*https://www.optimalworkshop.com/treejack*
4-8	StoryStudio 公司	*https://www.storystudiochicago.com*
4-9	环保袋包装品牌 Freitag	*http://www.freitag.ch*
4-10	Orbit Media Studios 公司	*https://www.orbitmedia.com/andy-crestodina*
4-11 和 4-12	Hemmings House 公司	*http://hemmingshouse.com*
4-13	绿色和平组织（Greenpeace）	*http://www.greenpeace.org/usa/global-warming/click-clean*
4-15	Mightybytes 公司	*http://www.mightybytes.com*
4-17	Ecograder 评测工具	*http://www.ecograder.com*
4-18	Moz 的 Keyword Explorer（关键词探索器）	*https://moz.com/products/pro/keyword-explorer*
4-19	Zdeněk Lanc	*http://www.slideshare.net/zdenekLanc/ia-basics*
4-20	Tweetfarts 网站	*http://www.tweetfarts.com*
5-1	Google 公司	*https://www.google.com/permissions/geoguidelines.html#streetview*
5-3	Mightybytes 公司	*http://www.mightybytes.com*
5-4	Mightybytes 公司	*http://www.mightybytes.com*
5-5	Mightybytes 公司	*http://www.mightybytes.com*
5-6	Mightybytes 公司	*http://www.mightybytes.com*
5-7	Mightybytes 公司	*http://www.mightybytes.com*
5-8	Mightybytes 公司	*http://www.mightybytes.com*
5-9	Apple 公司	iOS 抓屏
5-10	Mightybytes 公司	*http://www.mightybytes.com*
5-11	Mightybytes 公司	*http://www.mightybytes.com*
5-13	Pingdom 工具	*https://tools.pingdom.com*
5-15	Adobe 公司	Adobe Photoshop 抓屏
5-16	Mightybytes 公司	*http://www.mightybytes.com*
5-17	Base64	*https://www.base64-image.de*

插图编号	公司 / 版权方	网址
5-18	Printfriendly（网页打印）工具	*https://www.printfriendly.com*
5-19	Optimizely 工具	*https://www.optimizely.com*
6-1	drugstore.com	*http://www.drugstore.com*
	英国汽车租赁网站 lingscars.com	*http://www.lingscars.com*
6-2	Pingdom 工具	*https://tools.pingdom.com*
6-7	WordPress	*https://wordpress.com*
	Drupal	*https://www.drupal.org*
6-8	WordPress	*https://wordpress.com*
6-10	Autoprefixer 工具	*https://autoprefxer.github.io*
6-11	Mashshare	*https://www.mashshare.net*
6-12	Disqus	*https://disqus.com*
	Adobe 开发的网络内容生成器 Livefyre	*http://web.livefyre.com*
6-13	caniuse	*http://caniuse.com*
6-14	Green Certified Site	*http://www.co2stats.com*
6-15	Ecograder 评测工具	*http://www.ecograder.com*
6-16	Webdev-il	*https://webdev-il.blogspot.com/2011/04/whatis-web-accessibility-how-to-make.html*
7-6	HubSpot 的 Marketing Grader 工具	*https://website.grader.com*
	Ecograder 评测工具	*http://www.ecograder.com*
7-13	Greenalytics 可持续性分析工具	*http://greenalytics.org*
	Green Certified Site 工具	*http://www.co2stats.com*
	Web Energy Archive Ranker（Web 能源消耗评级工具）	*http://webenergyarchive.com*
7-14	快公司商业媒体（Fast Company）	*http://www.fastcompany.com*
7-15	Mightybytes 公司	*http://www.mightybytes.com*
7-17	气候骑行（Climate Ride）组织	*http://www.climateride.org*
7-18	Ecograder 评测工具	*http://www.ecograder.com*
8-2	共益影响评估（B Impact Assessment）	*http://bimpactassessment.net*
8-3	绿色 Web 基金会（Green Web foundation）	*http://www.thegreenwebfoundation.org*
8-4	Fairphone 公司	*https://www.fairphone.com*
8-5	Udemy 在线教育平台	*https://www.udemy.com*

致谢

写作本书的过程，我采访了 24 位以上的企业家，他们很慷慨地为我留出采访时间，他们的洞见帮我更好地讲述可持续性设计这个故事。

本书提及的共益企业家简介

12 位以上的受访者，要么是共益企业负责人，要么就是这类企业的员工，这正是本书大量提到共益企业的原因。他们正以商业为行善事的力量，引领了一场改革。支持这类企业，就是支持人人都能分享到的、持久的繁荣。除了个人履历，他们还分享了为什么成为一家共益企业对自己企业很重要。

Andrew Boardman

MANOVERBOARD

Manoverboard 的创始人和负责人

Manoverboard 是一家共益企业，它帮助对社会负责的公司、教育机构和大型非营利机构，去培养和激励自己的受众。公司将设计作为战略性交流工具带（tool belt）的主要工具，用设计帮机构传递信息，创造对话机会，连接受众。Manoverboard 已为 Generation Investment Management（美国前副总统 Al Gore 创办的投资公司）、美国兰德公司（RAND Corporation）、麻省理工学院、美国聪明人基金（Acumen Fund）、联合国大学、加拿大残疾人理事会（Council of Canadians with Disabilities）、Maestral International、曼尼托巴大学（University of Manitoba）、SJF 风投和 Encourage Capital 资本设计优秀的数字解决方案和品牌标识。公司采用发问的方法，从客户感到棘手的问题入手，直抵客户的目标和义务的核心。我们接着归纳想法和要旨，构建引人注目的标识、网站和营销工具。我们所提供的服务，关键是要为客户策划具有持久性的设计方案，帮他们走得更远，连接全球用户。

为什么成为共益企业很重要

经营一家公司，并尝试以积极的方式影响世界，有时好比是油和水不相容一样。成为共益企业，帮作为企业负责人的我实现了两个重要目标：一是通过共益企业实验室的影响评估，将我的个人价值和信仰具化到可靠、可度量和理性的结构之中；二是 Manoverboard 作为一家共益企业，它跟成千上万家其他公司一道呼吁资本主义必须向前发展，捡起我们所面对的艰苦工作，包括解决资本主义助长的很多社会和经济问题。共益企业在商业的语言、文化和实践方面作出自觉的选择。

Mike Gifford

OpenConcept

OpenConcept Consulting Inc. 的负责人

Mike Gifford 是 OpenConcept Consulting Inc. 的负责人。这是一家专注于 Drupal 软件的 Web 开发公司，也是一家共益企业。该公司在为非营利机构、公共和私有部门设计安全、可扩展、包容性强和可持续的解决方案方面拥有 16 年经验，并且很早就参与到用开源软件建设更美好因特网的活动中来。

Mike受开发更好、更包容的软件这一欲望的推动，自20世纪90年代起就参与到可访问性相关工作之中。自2008年起，他带头提升Drupal的可访问性，并于2012年成为Drupal官方的核心可访问性维护者。Mike内心对自己的定位是高科技专家，他一有机会就沉浸在代码之中。他熟悉从可访问性问题到系统管理的一切内容，这赋予了他理解技术全貌的能力。

为什么成为共益企业很重要

我发现共益企业越来越重要。共益企业认证的评审过程极具挑战性，它促使我反思我的公司怎样能做得更好。我们真的可以做好多事，把公司经营得更好，而留给反思的时间却很少。成千上万种方式，可减少我们对地球的影响。联系与我们公司有着相似目标的企业家，促使我不断研究下一步该怎么做。大家并肩作战，还有机会节约时间和成本。

更重要的是，跟其他共益企业并肩作战，我们有可能改变更大的气候变化问题，这让我倍受鼓舞。Naomi Klein在《这改变了一切》（*This Changes Everything*）一书中讲道，如果我们快速减少CO_2e排放，社会就会从根本上发生变化。单打独斗是无望的，但作为一个正在向全球扩张的网络的一部分，在所有共益企业的努力下，这一目标似乎更有可能实现。资本主义需要转变，不能光盯着利润，还要满足各种社会目标。我们都需要一个健康的环境，一个朝气蓬勃的社区和一个积极的工作场所。公司需帮助我们实现这一切。共益企业是带我们朝那个方向发展的一种社会企业。

Robert Stevens

climatecare

ClimateCare 公司的合作关系负责人

ClimateCare 是一家共益企业，其目标是到 2020 年改善两千万人的生活，削减两千万吨 CO_2e。Robert Stevens 于 2007 年加入 ClimateCare，负责合作关系项目，与企业、政府和企业家合作，满足其业务、环境和社会发展目标。Rob 确保 ClimateCare 的项目适合所有合作伙伴，关注结果，并为公司、人类和环境带来可度量的结果。Rob 跟他的妻子和两个孩子生活在英格兰牛津。他拥有一个企业管理学位，当前正在伦敦大学东方和非洲研究学院攻读可持续发展方向的研究生。Rob 还是国际碳减排和碳补偿联盟（International Carbon Reduction and Offset Alliance，ICROA）的主席。

为什么成为共益企业很重要

我们从一开始就是一家遵从三重底线的公司，我们自诩为有目的地营利。参与到与我们志同道合的公司发起的一场运动之中，成为一分子，给予了我们一种清晰、简洁的方式来描述我们想实现的目标。2015 年 8 月，我们以 141 分的高分成为英国第一家共益企业。评审给予了我们识别强项和有待改进领域的清晰的方法，调动了团队的积极性，吸引大家为一组共同目标而努力。我们还发现共益企业社区是连接各公司的一个很好的网络，为多种协作和伙伴关系提供了机会。

Jen Boynton

TriplePundit 的主编

Jen 是在线社区 TriplePundit 的主编。该社区致力于推进三重底线商业相关的对话。她从 Presidio Graduate School 取得了可持续管理方向的 MBA 学位，并参加了 Defy Ventures 提供的志愿者项目，该机构为有犯罪前科的人员提供企业家精神、就业和人格训练项目。在 TriplePundit，她跟 PwC、SAP、CVS Health、Kimberly-Clark、H&M、Adobe、Levi Strauss & Co. 和 Yum! 等品牌有过愉快的合作经历。她跟丈夫和刚学走路的孩子生活在圣地亚哥。她的 Twitter 账号是 @jenboynton，她很乐意与人们讨论挑食的人、监狱里的工业园区或可持续性申报方法。

为什么成为共益企业很重要

> 对于如何改进并成为更好的公司以发挥自己的影响，它总是能给予我们很多新想法。

Miquel Ballester Salvà

FAIRPHONE

Fairphone 的产品经理和创新带头人

Miquel Ballester Salvà 是 Fairphone 的合伙人，负责产品管理和创新。Fairphone 是一家社会企业，它揭开了复杂生产系统的面纱，以改变手机及其零部件的生产方式。Fairphone 放开了手机的供应链，它与供应商、消费者和其他有影响力的人一起从事项目开发，以发展更公平的经济，改善生命周期。他拥有工业设计工程学位，专业是可持续开发技术。毕业之后，他就加入 Fairphone 的产品和系统设计工作。他参与了推动该机构从一家非营利机构向社会企业转变这一非常令人兴奋的过程。

为什么成为共益企业很重要

> 我们很早就知道共益企业。大体上讲，我们一直对“绿色标签”非常审慎，但成为共益企业帮我们形成了社会和环境意识更强的工作方法。它还提供了一个绝佳的机会，使我们每年都反思，重新评估我们是否仍符合我们想成为的共益企业的标准。此外，共益企业网络也很给力。

Shawn Mill

Green House Data 的董事长兼首席执行官

Shawn Mills 是 Green House Data 的董事长和首席执行官，他也是该公司的创始人之一。在他的领导下，Green House Data 自 2007 年起快速扩张，建立了覆盖美国的云平台和主机托管数据中心。Shawn 曾被邀请在行业活动和重要场所发表演讲，比如 Data Center World（世界数据中心）、National Center for Super Computing Applications（美国国家超级计算应用中心）和 Cloud Computing Expo（云计算博览会），他的文章见于 EdTech Magazine（教育科技杂志）、Data Center Knowledge（数据中心知识）、Manufacturing Digital（数字化制造）等出版物。

为什么成为共益企业很重要

共益企业社区很给力，为我们的办公室和日常工作指出一条条更可持续的道路。我们以社区的标准为基准，并通过社区向外部展示我们已达到了特定的标准，而不是空口白牙地宣传自己作出了这些努力。自从通过共益企业认证后，我们加倍努力提升效率，大力使用可再生能源，并将其作为商业的核心成分。这在过去也一直是我们的商业模式，但增加共益企业印章，意味着我们进一步将其融入到品牌标识之中。它就像是一位永垂不朽的导师，不停地提醒我们朝目标努力工作。由于再次审核的日子即将到来，我们还得继续寻找改进的方式，尤其是随着公司的持续发展，这一点变得尤为重要。

共益企业运动还鼓励我们超越环境视角，践行企业的可持续性。对企业财务、社区参与和职工福利的承诺，使得我们拥有更快乐的员工、投资人和客户。我以尽可能透明的方式经营 Green House Data，定期召开会议，让全公司清楚公司财务状况以及我所设想的未来公司发展的路线图。公司管理采取开门策略，即使实习生也可以随时到办公室找我。成为共益企业巩固了这些工作方法，增加了我们的责任感。

Emily Lonigro Boylan

Lime Red

LimeRed 的董事长

2004 年，Emily 成立了用户体验（UX）公司 LimeRed Studio，重点发展高质量设计、用户体验，发挥有意义的社会影响力。LimeRed 如今是美国唯一一家经 WBE 认证的共益企业用户体验公司。过去 12 年，在她的带领下，公司为全美范围的客户服务，并且他们只做确实有意义的工作。

她为跨国公司、非营利机构、大学、时装公司和知名消费者品牌的线上和线下项目作过设计、商务拓展、用户体验、文案、营销和战略咨询工作。如今，LimeRed 主要为非营利机构、自觉公司和教育机构设计令人惊艳的作品，帮这些机构去改善人们的生活。

她是非营利机构 MOM+BABY 的副董事长，该机构是 Social Enterprise Alliance（社会企业联盟）、Ms.Tech 组织 Executive Circle（管理圈）成员，并活跃在 NTEN（非营利机构技术网络）。她曾经营过非营利机构加速器，并且担任其他商界女性的导师。她出版过商务拓展、信息架构、用户体验设计、品牌建设和内容策略方面的书籍，并担任相关工作坊的导师。Emily 还经常在美国国家和地区级会议上演讲。

她是一位母亲、活动家、小公司负责人、设计师和推动者。

为什么成为共益企业很重要

成为一家共益企业已从超出我解释能力的多个方面改变了我的公司。我们在 L.A.B. 为自己和客户所作的每一个决策，都是从共益企业角度出发。我们在极其艰难的一年的年末通过了共益企业认证。走了一遍评审过程，它赐予我一种独特的视角和希望，使我看到了公司可能的发展前景。我们过去一直沿着行善事的道路往前走，通过认证，我们感到很高兴。共益社区很鼓舞人心：我遇到过一些很棒的公司负责人，我完全信任他们。在日常琐碎工作看似势不可挡的情况下，社区帮我把握重点。它帮我学会了授权。它帮我重新思考雇佣和奖励员工的方式。它提醒我，大家的工作动机和原因各不相同。公司在发展了 10 年之后，经过大量艰难的决定，我们终于通过认证的那一刻，使我再次爱上自己的公司。

Greg Hemmings

Hemmings House 的 CEO 和执行制片人

电影制片人 Greg Hemmings 追随内心，力争每次以一个故事将世界变得更好。他的作品连接个体和世界，以独特的视角歌颂普罗大众，探索在这些有趣、加速发展的时代，我们人类的集体叙事该如何展开。

Greg 的追求促使他周游世界，讲述全球各地的故事，激励当地的改变，分享当地的传说，在国际上赢得共鸣。60 多家广播公司播放了其作品，其中包括以社会正义、合作解决问题和可持续发展为主题的电视剧和纪录片。他的作品敏感、诚实且鼓舞人心，有点像 Greg 本人。

你看，Greg 并不只是拍摄他人是如何积极改变社会的；他在生活中也以此为信仰。他的公司 Hemmings House Pictures 和 FYA.tv（为你的行动）是共益企业。这类企业积极谋求进步，遵守三重底线模式，把商业当作是行善事的力量，像重视利润那样重视人类和地球。Greg 带领的一队变革者认同其愿景，即不仅制作的电影要能带来改变，还要投身志愿服务，回报社会。

Greg 自己发起了一场谋求改革的运动，赋予他人力量，使其以各自的方式成长为所在社区的领导者。他培训过无数新涌现的企业家和艺术家。他每周的播客 The Boiling Point（沸点）讴歌商业和世界的积极变化。他还是一位很受欢迎的演讲家，人们喜欢听他讲述纪录片制作、企业家精神、三重底线商业和社会运动之间的联系。越来越多的人要求 Greg 分享他对公司如何激发积极的改变，如何通过具有社会影响的影片增加品牌的信赖感等问题的看法。

为什么成为共益企业很重要

> 成为一家共益企业将我们的理解能力带入了一片新天地。在共益企业支持者静养大会上遇到 Tim Frick 之前，我们从未想过绿色托管。共益企业网络的同伴们，带给我们积极的压力，真正帮到和鼓舞了我们，促使我们公司作出积极的改变。Hemmings House 一直坚持走可持续发展之路，但成为共益企业，能帮我们走得更远。共益企业的度量方法和我们努力提升分数的过程，促使我们创造性地思考下次评审如何能做得更好。我们现在有了更高的标准。

Zach Berke 和 Phillip Clark

Exygy 的首席执行官、首席创意官

Zach 是 Exygy 的创始人和首席执行官。Exygy 位于旧金山，是一家软件策略、设计和开发公司。Exygy 跟全球顶级改革和创新者合作，以技术作为改革的放大器。作为首席执行官，Zach 负责管理由 15 人组成的公司，带领大家为客户制定软件策略以塑造其愿景，并保证 Exygy 员工具备世界一流的执行力。Zach 自 2010 年起领导一家共益企业，并在旧金山湾区共益企业社区担任领导。Exygy 在 Zach 的指导下为 Google.org、联合国、Yahoo!、纽约市、旧金山、联合国儿童基金会（UNICEF）、联合国世界粮食计划署（The UN World Food Program）、斯科尔基金会（Skoll Foundation）、Zendesk、Intuit、EMC 等多家客户服务。Zach 为自己有三个儿子而自豪，他们年龄都很小。他也为自己拥有三辆个头很大的自行车而骄傲。Zach 和他的妻子 Gabriella Bartos 博士生活在旧金山的 Outer Lands。

Phil 以优等毕业生身份从瓦萨学院（Vassar College）毕业，获得媒体研究的文学学士学位，后从佩斯大学（Pace University）获得教育科学硕士学位。作为 Exygy 的首席创意官，Phil 配合 Zach 制定公司总的愿景、流程和战略方向。Phil 爱好铁人三项，他生活在美国奥克兰（Oakland），在那里他可以在阳光明媚的天气里游泳、骑自行车。他有时希望自己生活在意大利的五渔村（Cinque Terre），那是他最喜欢去旅行的地方。

为什么成为共益企业很重要

> 成为一家共益企业，有力地支持了我们为世界领先的改革者设计卓越软件的使命。它以改善社区和环境为使命，将我们团队、客户和合作伙伴团结在一起。

David Anderson

Canvas Host 的负责人

David 是 Canvas Host 的负责人，该公司位于美国俄勒冈州波特兰市，是一家域名注册商。此外，该公司还提供 WordPress 开发和云主机服务。自己经手的系统，交付时其状况要好于接手时，这是 David 很早就受到的教育和培训。他的公司永不满足地致力于承担社会责任和企业领导地位，公司通过共益企业认证，并不断推进可持续性项目，广泛参与到可再生能源项目、社区管理工作及为非营利机构筹集资金，这些活动体现了这一点。他个人及公司目标的基础是以科技造福于人、帮助保护环境，为负责任的公司提供了很好的样板。商业的重心和方向若正确，真的可以用作行善事的力量。

为什么成为共益企业很重要

它迫使我们不断追求成为更好的Canvas Host，它不停地挑战我们，要求我们改进业务或将我们对社区和客户的影响变为积极的。成为一家共益企业，是如何帮到我们公司的，我很容易就能写出若干页，但我不打算展开来讲。总之，我们的可持续性项目从一个愿望发展到公司的一切都变得透明。我们不断提高可持续水平，并在工作流程、度量方法以及我们与顾客的交互方式方面都取得了巨大成功。

Emily Utz

DOJO4 的运营主任

Emily Utz 是 DOJO4 的可持续性顾问。现在，她利用十多年来为人权和非营利环保机构工作积攒的经验，帮公司变为社会和生态方面积极改革的催化剂。

为什么成为共益企业很重要

DOJO4 真的不是一家技术杂货铺。我们是一群在技术、艺术、社会改革和商业领域工作的人。虽然我们为自己的代码和作品而感到非常骄傲，但我们最重视的还是我们的人性。我们经营的是一家健康的公司，以支持员工、家庭和社区。成为共益企业，是我们对人类和地球责任感的自然地演化。共益企业身份帮我们将这种责任感扩展到全局。我们积极影响跟我们打交道的每个人的生活，而共益企业身份确保我们为此付出的努力与客户的目标、产品和服务的价值相一致。

Andy Crestodina

Orbit Media Studios 公司的合伙人和战略总监

Andy 是 Orbit Media 的合伙人和战略总监。Orbit Media 位于芝加哥，拥有 38 名员工，是一家一流的 Web 设计公司。过去 15 年，他为一千多家公司提供过 Web 战略咨询服务和建议。Andy 作为一名颇受好评的演讲家，经常参加美国全国性会议。他笔耕不辍，写过很多篇知名博文。他全身心投入营销教育。

Andy 就内容策略、搜索引擎优化、社交媒体和分析工具写过数百篇文章。

- 他是 2015 年《福布斯》（*Forbes*）评选的 10 大在线营销专家之一。
- 他是 2016 年《企业家杂志》（*Entrepreneur Magazine*）评选的 50 位最具营销影响力人士之一。
- 他担任美国第一大孵化器 1871 的导师。
- 他担任洛约拉大学（Loyola University）数字营销方向的兼职教授。

他还是《内容化学：内容营销图解指南》（*Content Chemistry: The Illustrated Handbook for Content Marketing*）一书的作者。

为什么成为共益企业很重要

成为共益企业，表明我们举手赞成商业是更宏大的画卷的一部分。它意味着商业、社会和环境相得益彰，相互促进。我们以此为契机，将“工作和生活平衡”这个短语变为公司认可的文化。我们虽是资本家，但相信一切都得有可持续性，不仅环境要可持续，就是整个经济和团队成员的生活也应该是可持续的。

JD Capuano

Closed Loop Advisors 公司的合伙人

JD 负责解决商业问题。他在战略、数据、技术和负责任商业这一交叉领域工作和教书。他参与项目实施的经历，使得他给出的战略性建议能很好地兼顾实际情况和创新。JD 的工作经历很丰富，他是一名企业家，曾在一家中等规模的公司工作。他也曾在一家财富 200 强公司的管理层干过，担任领导和顾问；他还曾为医疗保健、商业服务、电子商务、高科技、家具生产、非营利机构和政府工作过或提供咨询服务。他还是 Closed Loop Advisors 公司的合作人，该公司是一家共益企业。JD 还在巴德学院（Bard College）可持续性 MBA 项目任教。他从哥伦比亚大学获得了理学硕士学位，专业是可持续性管理。他从匹兹堡大学获得了工商管理和跨学科研究双学位。

为什么成为共益企业很重要

共益企业展示了公司成功的同时，还可兼顾员工、社区和地球的责任。共益企业运动真正令我喜欢，不只是因为它指导、激励一个个公司勇于承担责任，更是因为它象征着资本主义的演化，它需要更具社会和环境责任感。共益企业实验室收集了大量数据，证明了财务绩效和公司责任可齐头并进，我也很喜欢他们的这一做法。

Jill Pollack

StoryStudio Chicago 的创始人

作为职业故事家，Jill Pollack 不断追寻最好的故事……并将它们表述得更好。但她不满足讲一个好故事；她还要撒一些神经科学知识到里面。艺术 + 科学 = 一切问题的答案。Jill 是 StoryStudio Chicago 的创始人和主管。该公司为创意作者和商业人士提供写作培训。除了教书、写作和促使人们承认没有好故事他们无法生活之外，Jill 每年还负责培训 1200 多名学生，教他们如何写作。

她经常演讲，经常跟大家分享故事在我们生活和职业生涯所能发挥的力量。她再次荣登芝加哥 Newcity Lit 的 50 位文化人榜单。

为什么成为共益企业很重要

共益企业社区很给力。我们有幸成为其中一员的这个社区，我们给予它的和它回馈我们的，对我们非常重要。

StoryStudio 的干系人也许来自不同地区，但我们是一个更大的、世界范围的作家网络的一部分。我们的使命包括，以这个作家网络及其提供的机会，连接我们的学员。对我个人而言，我们当地的共益社区给予了我温暖、知识和支持。我永远记得，公司获得共益企业认证之后，就立即被充满生气的公司负责人和企业家群体所接受。我将其视为朋友和顾问，我无法想象没有他们的帮助我该如何经营公司。

Noel Burkman

Month16 公司的合伙人

Noel 从德保罗大学（DePaul University）获得计算机科学学位之后，他决定向西部进发，并落脚于湾区。那里是因特网发展的中心，他在此创办了人生的第一家创业公司，他随后连续创办了多家创业公司并担任负责人。

2000 年，他选择放弃企业家身份，只身到美国佛莱特高等教育集团（Follett Higher Education Group）回炉学习企业经营。在佛莱特，他组建了一个电子商务团队，用四年时间将电子商务收入从零做到了三亿多美元，使得佛莱特跻身全球 75 大电子商务创收网站。然后，他又用了几年时间将零售、批发和数字媒体整合到他们总的战略规划之中。

Noel 的下一次冒险将他带至华盛顿特区，为美国新闻协会（American Press Institute，API）工作。作为数字转型的主管，他建议并指导包括《论坛报》（*Tribune*）、《华盛顿邮报》和甘尼特（Gannett）在内的各媒体公司的高层，发展和实施新的商业模型，改变其传统媒体公司（换言之，印刷报纸）的角色。

电影《教父》（*The Godfather*）有一句台词“我以为我退出江湖了，命运总是在我要离开的前一刻将我拖回去。”[译注1]2010 年，Noel 回到佛莱特，历时三年时间，为这家拥有 140 年历史的公司，开发并实施了一个新品牌和新商业模型。2011 年夏

译注 1：该句台词的译文来自网络，在此向台词的译者表示感谢。

天，他策划并主导了 Skyo.com 活动。为应对在线市场份额被快速蚕食的不利境地，佛莱特发起了这场活动。虽然没有实际检验活动的效果，但可以肯定的是 Skyo.com 是增长最快的电子商务网站，从第一行代码到进账一千万美元只用了不到 9 个月。

2014 年年初，他加盟芝加哥一家巧克力公司，任职于公司的高层管理团队。该公司的产品属于奢侈品级别。新官上任，他面临无数困难，比如品牌混乱，竞品攻击，东拼西凑的技术基础设施效率低下。幸好团队很给力，他们一道制定了品牌战略，开发了技术基础设施。在他的带领下，一个高技术、个性化品牌矗立于线上。

现在，Noel 是 Month16 公司的合伙人。这也是他创办的第一家共益企业。Month16 的使命是增加早期阶段的投资回报率，并自觉减少业务。

为什么成为共益企业很重要

> 你听过“它只是商业”这种说法吗？若有人这么说，他可能是搞投机的，投机分子尝试借此将不道德的事合理化。对我而言，共益企业是一种文化，它追求平衡和长期价值。我是彻头彻尾的资本家。即便如此，我还是会关心利润的来源及其影响。实际情况是，从长期来看，推行共益文化的公司，比唯利是图的公司，获得的利润更多——其员工、供应链、合作方和顾客也会更健康，更幸福。

其他共益企业

非常感谢《共益企业指南》（*The B Corp Handbook*）的作者 Ryan Honeyman 和共益企业 Berrett-Koehler Publishers 的编辑团队，他们为本书大纲的头几个版本提供了最初的反馈和指导。

本书提到的非政府组织、教育工作者和设计师

David Pomerantz

美国绿色和平的资深气候和能源活动家

David Pomerantz是能源和政策研究所(Energy and Policy Institute，EPI)的执行理事。

加入EPI之前，David用了八年时间，跟绿色和平一道，推动电力部门从化石燃料向可再生能源转型。作为一名资深气候和能源活动家，David配合绿色和平的*Clicking Clean*活动，为建设更绿的因特网而努力。该活动促使包括Apple、Amazon在内的大因特网公司致力于100%用可再生能源电力为数据中心供电。该活动带动了数百兆瓦的可再生能源电力的开发，帮助保护或推广美国乃至海外的可再生能源政策和投资。David还带领绿色和平制定战略规划，推动爱荷华州、内华达州、北卡罗来纳州和弗吉尼亚州的公用事业公司，发展可再生能源事业。

此外，David为绿色和平在电力方面的相关工作，设计和实施了传播策略，吸引彭博商业周刊（Bloomberg Businessweek）、《洛杉矶时报》《纽约时报》《华尔街日报》《华盛顿邮报》和《连线》杂志（*Wired*）纷纷报道他们的工作。2010年到2011年，他还帮绿色和平建立在煤炭相关问题上的影响力。2008年到2009年，他

跟俄亥俄州和新英格兰州的社区一起，要求美国国会成员支持为气候变化和有毒化学品立法。他之前还曾在波士顿和纽约的几家报社担任记者。

David 毕业于塔夫斯大学（Tufts University），获得了最优等毕业生的荣誉，专业是历史。他是纽约人，目前生活在旧金山。

Pete Markiewicz

The Art Institutes 的导师、作者

Pete 的教育背景是科学。他先是从芝加哥大学取得博士学位，研究方向是分子和细胞生物学。后来，他研究多价疫苗，并来到加州大学洛杉矶分校（UCLA），师从 Jeffry Miller 博士，在其指导下研究蛋白质结构和进化。1993 年末，Pete 的职业生涯迎来了一次大转折，他从生物跨到交互设计和开发。他离开了 UCLA，与 Jeannie Novak 合伙成立了 Indiespace（前身为 Kaleidospace）。Indiespace 于 1994 年 3 月

上线，成为第一家通过因特网销售独立（indie）风格的音像制品的艺术和娱乐公司。20 世纪 90 年代到 21 世纪初，Indiespace 可谓是当代视频和音乐流媒体网站的原型。该网站如今仍在，网址是 *http://www.indiespace.com*。除了经营 Indiespace，Pete 还与 Jeannie Novak 合著了三本介绍因特网、技术和娱乐的书，从 Amazon 上就能买到。

Pete 对代际更替有着浓厚的兴趣。21 世纪初，他开始与 Lifecourse Associates 的 William Strauss 和 Neil Howe 合作，这两位提出了“千禧世代”（Millennial）概念。2006 年，他们合著了《千禧世代和流行文化》（*Millennials and the Pop Culture*），该书成功预测了我们今天在千禧时代身上看到的很多趋势。他还为美国南加州大学（USC）马歇尔商学院（Marshall School of Business）的 CTM 项目举办千禧世代、流行文化和虚拟世界相关研讨会。

2005 年，Pete 担任 Team Robomonster 团队的负责人，他们设计的自动驾驶汽车 Robomonster 参加了美国国防部高级研究计划局于 2005 年举行的挑战赛（DARPA 2005 Grand Challenge）。该比赛共分三轮，虽然团队成员大部分是 Web 设计和开发方向的学生，但他们仍成功晋级第二轮。当前，Pete 在加州洛杉矶艺术学院教授交互和 Web 设计，并为 Web、游戏和虚拟现实公司提供咨询服务。

过去几年，Pete 的 Web 经验促使他关注因特网的长期可持续性。他的主要兴趣从原来的 Web 性能优化（WPO）扩展到 Web 的可持续性，他想仿照建筑和工业设计领域的做法，为因特网制定一个可持续性框架。Pete 一直在开发“绿色样板”（Green Boilerplate）模板，该模板以可持续 Web 架构为设计理念，旨在为 Web 项目的设计和开发提供一个很好的基础。

James Christie

mad★pow

Mad*Pow 设计公司（美国新罕布什尔州朴茨茅斯）的体验设计主管
可持续用户体验：数字设计和气候变化会议（Sustainable UX: Digital Design versus Climate Change）的发起者

James 坐标新罕布什尔州，他是 MadPow.com 设计公司的用户体验设计主管，该公司以其在金融、教育和医疗保健领域的设计作品而闻名。James 自 2012 年起，不断就可持续 Web 设计主题进行写作，并举办相关讲座。2013 年，他的文章“可持续 Web 设计”（Sustainable Web Design）发表在 A List Apart 博客网站的第 383 期。他是可持续用户体验（Sustainable UX）虚拟大会的组织者，该会议的受众是关心气候变化的数字设计师。

Eric Janofski

Base1 的创始人

Eric Janofski 是美国密歇根州上半岛人，他是一名经验丰富的 Web 开发者和小企业主。他喜欢那里温暖的夏天和短暂的冬天，喜欢跟儿子到户外活动。

René Post

THE GREEN WEB FOUNDATION

The Green Web foundation（绿色 Web 基金会）的合伙人

自 20 世纪 90 年代中期，René Post 就创办了一系列以透明度、授权、去中心化、感知网络（sensor network）为关键词的因特网机构，尤其关注当今问题的技术含量相对较低的解决方案。他是绿色 Web 基金会的合伙人（*www.thegreenwebfoundation.org*）。

John Haugen

Third partners

美国 Third Partners 有限责任公司的合伙人和可持续性顾问

John 为各类机构提供关键可持续性难题的解决方案。他开发了碳足迹管理、绿色开发策略和全方位的能源分析项目。他从卫斯廉大学（Wesleyan University）取得文学学士学位，从哥伦比亚大学取得理学硕士学位。John 还在全球最大的清洁科技创业孵化器担任创业公司的导师。

Chris Adams

Product Science 公司的主任

Chris Adams 是一名关注环保的技术多面手。过去十五年，他曾在创业公司、非政府机构、蓝筹（blue-chip）公司和英国政府部门担任过设计师、用户体验研究员、系统管理员和产品经理职务。2013 年，他创办了数字公司[译注 2]Product Science。

译注 2：数字公司（digital agency），是指提供营销服务、因特网产品创意和技术开发服务的公司。

Todd Larsen

绿色美国的执行理事会理事

Todd Larsen 是绿色美国执行理事会理事。他指导绿色美国开展了一系列企业责任项目和消费者参与项目。绿色美国的企业责任项目，教育消费者和投资人，让他们了解大公司的环境和社会记录，鼓励他们采取行动促使大公司担负起更大的责任。此外，绿色美国还为各公司提供工具和资源，帮消费者、公司和投资人变他们对人类和地球的消极影响为积极影响。Todd 还推动绿色美国的 Climate Solutions Program（气候解决方案项目），致力于停止使用污染环境的能源，大力推广清洁能源，并吸引美国人为清洁能源投资。Todd 还是绿色美国可持续性解决方案中心绿色消费者趋势（Green Consumer Trends）资深专家，他为各公司提供最新的市场研究和消费者购买数据，助其了解市场上对更负责任的产品和服务的需求。Todd 在公共教育和企业活动方面有 15 年的工作经历。他从威斯康星大学麦迪逊分校（University of Wisconsin-Madison）取得了政治学硕士学位。

非常感谢万维网联盟（World Wide Web Consortium）的 Ian Jacobs、美国宾夕法尼亚州立大学(Penn State University)教师和《可持续 Web 生态系统设计》(*Sustainable Web Ecosystem Design*)的作者 Greg O'Toole,《可持续性时代背景下的用户体验》(*User Experience in the Age of Sustainability*）的作者 Kem-Laurin Kramer 和 Dave Bevans，他们就我最初的大纲提供了很有帮助的反馈意见。同时，把感谢送给 O'Reilly 公司

才华横溢的编辑团队（Angela Rufino 和 Nick Lombardi），他们帮我将一个粗糙的大纲变为一个连贯的故事。

Mightybytes 团队

写作本书，耗时甚多。这个过程令我兴奋、焦虑，它耗费了我大量的时间和精力，我在饱受挫折之余，也品尝到了收获的喜悦。它要求耐心、坚韧，要求自愿放弃生活和工作中你已习惯的一切。

虽然这是我第四次经历写作过程，但出于多方原因，这大概是最艰难的一次。首先，这是一个真正有激情的项目，因此我真的投入了我所有的一切。其次，本书的写作时间比前三本更短，这就要求我在更短的时间内做更多调研和投入更多精力。最后，写作本书时，Mightybytes 有几个大型项目正在进行中，对公司、本书以及我跟同事的关系都是巨大的挑战。

我必须衷心感谢 Mightybytes 团队，写作过程，他们不仅为本书的写作提供帮助，还分担了我的其他工作。感谢 Amber Vasquez 和 Eric Mikkelson 允许我为写作本书而采访他们。特别感谢 Carl Baar 帮我制作图表、处理图像和绘制插图。

最后，感谢在背后默默支持我的家庭。感谢与我患难与共的搭档 Jeff Yurkanin。我很感激你的支持，我热爱我们一起组建的生活。

作者介绍

Tim Frick 是美国伊利诺斯州 Mightybytes 公司的首席执行官。该公司是一家共益企业，为有良知的公司提供数字创意解决方案。Mightybytes 致力于用其作品解决社会和环境问题，引领可持续 Web 设计。